中欧建筑结构抗震设计标准对比分析

卢 傲 杨 武 刘 颖 编著

人民交通出版社股份有限公司

北 京

内 容 提 要

本书对欧洲建筑结构抗震设计标准与中国建筑结构抗震设计的有关规范从标准条款、设计要求、设计理论、设计方法等方面进行了全方位的对比分析和算例验证。主要内容包括:性能要求及合格标准、场地条件和地震作用、建筑设计、多层和高层钢筋混凝土房屋抗震设计、钢结构的抗震设计、钢-混凝土组合结构的抗震设计、木结构抗震设计、砌体结构抗震设计、隔震与消能、建筑物抗震性能评估与加固等。

本书可供建筑抗震设计的研究人员、规范编制人员、工程设计施工人员及高等院校相关专业的教师和学生参考。

图书在版编目(CIP)数据

中欧建筑结构抗震设计标准对比分析 / 卢傲,杨武,刘颖编著. — 北京 : 人民交通出版社股份有限公司,2019.12

ISBN 978-7-114-16146-9

Ⅰ.①中… Ⅱ.①卢… ②杨… ③刘… Ⅲ.①建筑结构—抗震结构—防震设计—设计标准—对比研究—中国、欧洲 Ⅳ.①TU973-65

中国版本图书馆 CIP 数据核字(2019)第 295387 号

Zhong-Ou Jianzhu Jiegou Kangzhen Sheji Biaozhun Duibi Fenxi

书　　名:中欧建筑结构抗震设计标准对比分析
著 作 者:卢　傲　杨　武　刘　颖
责任编辑:王景景　卢俊丽
责任校对:刘　芹
责任印制:刘高彤
出版发行:人民交通出版社股份有限公司
地　　址:(100011)北京市朝阳区安定门外外馆斜街 3 号
网　　址:http://www.ccpress.com.cn
销售电话:(010)59757973
总 经 销:人民交通出版社股份有限公司发行部
经　　销:各地新华书店
印　　刷:三河市国新印装有限公司
开　　本:880 × 1230　1/16
印　　张:13
字　　数:450 千
版　　次:2019 年 12 月　第 1 版
印　　次:2019 年 12 月　第 1 次印刷
书　　号:ISBN 978-7-114-16146-9
定　　价:230.00 元

前　言

Foreword

2018 年 6 月，由人民交通出版社股份有限公司主持的国家出版基金项目“土木工程欧洲规范翻译与比较研究出版工程（一期）”正式启动。该项目以欧洲结构设计标准为研究对象，包括 Eurocode 0 ~ 9、英国国家附件、法国国家附件、配套设计指南和对比研究。项目旨在便于国内相关科研院所及标准制修订者更广泛的研究借鉴，助力中国工程技术标准和设计咨询业“走出去”。

本书涉及建筑抗震设计中遇到的典型问题，并解释了 EN 1998-1、EN 1998-3 和国内建筑抗震设计标准的差异，可为进一步理解和使用 EN 1998-1 和 EN 1998-3 提供帮助与指导。

本书虽然旨在成为一份独立的文件，但为了让读者更为准确地理解欧洲结构设计标准的原意，很多情况下复述了其相应的条款，同时引用国内建筑抗震设计多个标准中的相关条款，因此读者应结合相关标准阅读本书。

全书共分 12 章，主要内容包括绪论、性能要求及合格标准、场地条件和地震作用、建筑设计、多层和高层钢筋混凝土房屋抗震设计、钢结构的抗震设计、钢-混凝土组合结构抗震设计、木结构抗震设计、砌体结构抗震设计、隔震与消能、建筑物抗震性能评估与加固等。为加强对欧洲结构设计标准的理解，保持内容的一致性，本书的第 1 ~ 10 章分别对应于 EN 1998-1 第 1 ~ 10 节的相关专题，第 11 章对应于 EN 1998-3 抗震性能评估与加固的内容，第 12 章对本书进行了总结。除个别章节有所变动外，基本沿用了 EN 1998-1 和 EN 1998-3 章节的结构顺序。

本书在编写过程中，重点对中欧标准的条文规定异同点进行了分析，并给出了大量的算例，分别采用中欧标准进行了计算，并对中欧标准计算方法的差异性进行了研究分析，希望为读者使用欧洲结构设计标准提供帮助，但限于作者水平，对中欧标准的研究和理解不透彻，肯定会有一些不准确和不完善之处，敬请读者不吝指教。

本书在对比中涉及的国内标准主要包括：

主要对比标准：

（1）《建筑抗震设计规范》（GB 50011—2010）

（2）《钢结构设计标准》（GB 50017—2017）

（3）《混凝土结构设计规范》（GB 50010—2010）

（4）《建筑地基基础设计规范》（GB 50007—2011）

（5）《建筑抗震鉴定标准》（GB 50023—2009）

（6）《砌体结构设计规范》（GB 50003—2011）

(7)《木结构设计标准》(GB 50005—2017)
(8)《建筑工程抗震设防分类标准》(GB 50223—2008)
(9)《建筑抗震加固技术规程》(JGJ 116—2009)

参考标准:

(1)《建筑结构可靠性设计统一标准》(GB 50068—2018)
(2)《中国地震动参数区划图》(GB 18306—2015)
(3)《超限高层建筑工程抗震设防专项审查技术要点》
(4)《高层建筑混凝土结构技术规程》(JGJ 3—2010)
(5)《混凝土结构加固技术规范》(GB 50367—2013)
(6)《预应力混凝土结构抗震设计规程》(JGJ 140—2004)
(7)《建筑边坡工程技术规范》(GB 50330—2013)

中交第二公路勘察设计研究院有限公司
卢 傲 杨 武 刘 颖
2019 年 10 月

目　录
Contents

第1章 绪论

1.1 中国建筑抗震设计规范概述

随着全球进入新一轮地震活跃期，地震对人类的影响越来越大。中国建筑抗震设计规范的发展与国内历次大地震的发生、国民经济的发展以及国内抗震科研水平的提高有着密切的关系。中国是一个地震多发国家，《建筑抗震设计规范》（下称 GB 50011—2010）附录 A 涵盖了全国所有县级及以上城镇。

在半个多世纪的发展历程中，中国建筑抗震设计规范从最初尚未颁布的《地震区建筑抗震设计规范》（草案）到 2016 年颁布的 GB 50011—2010，经历了从萌芽到初步完善的艰辛历程，其间每一次大地震的发生，不仅带来了血的教训和重大经济损失，也极大地促进了中国建筑抗震设计规范的发展和完善。

抗震设计的“三水准设防目标”和实现这一目标所采取的“两阶段设计法”是开展结构抗震性能设计的根本要求。

1.1.1 GB 50011—2010 增加或调整的主要内容

GB 50011—2010 是在 GB 50011—2008 的基础上修订而成的，根据建设主管部门的指示并征求国内许多著名专家的意见，修订工作遵从“依据中国国情，适当调整提高抗震设防标准”的原则，适度并有针对性地加强了山区房屋的抗震设计，补充了钢筋混凝土、砌体和钢结构房屋的抗震措施，改进了隔震和减震设计的规定。新增了多层工业厂房、混凝土结构和钢支撑、钢框架组成的混合结构、大跨度屋盖结构、地下结构的抗震设计及有关抗震性能化设计五部分内容，反映了近十年来中国工程抗震的新技术成果和设计经验。新规范共 14 章、59 节、12 个附录，合计 613 条，其中包括 56 条强制性条文，是国家工程建设强制性标准，直接涉及工程抗震设防质量和安全。GB 50011—2010 除保持 GB 50011—2008 版局部修订的框架外，主要修订内容有：

(1)将Ⅰ类场地细分为 I_0 和 I_1 两个亚类。

(2)调整了场地土液化判别的深度范围和判别公式，增补了软弱黏性土层的震陷判别方法及相应的处理对策。

(3)增加了抗震性能设计的原则规定、大跨屋盖结构、单建式地下建筑结构等抗震设计内容，相应增加了地震作用的计算要求，补充了多向、多点输入计算地震作用的原则规定。

(4)改进了地震影响系数曲线（反应谱）的阻尼系数和形状参数，补充完善了竖向地震作用的计算方法，并补充了竖向地震影响系数取值的规定。

(5)补充了 8 度区（0.30g）现浇钢筋混凝土结构房屋的最大适用高度及 6 度、7 度（0.10g）

区、高度小于24m、不设置抗震墙的板柱-框架结构的相关规定。

(6)修改了框架-抗震墙结构、剪力墙结构剪力调整系数以及与“强柱弱梁、强剪弱弯”原则有关的框架内力调整方法等相关规定,补充了对框架结构楼梯间的相关规定。

(7)取消了内框架砖房的相关规定,修改了多层砌体房屋的层数和高度限值、抗震横墙间距、底部框架-抗震墙房屋的结构布置、墙体受剪承载力验算、构造柱布置、圈梁设置、楼屋盖预制板的连接要求、楼梯间的构造要求等规定。

(8)补充了底部框架-抗震墙结构的过渡层要求、上部为混凝土小砌块墙体的相关要求、底框部分框架柱的专门要求等规定。

(9)补充了7度(0.15g)和8度(0.30g)区钢结构房屋最大适用高度,修改了钢结构的阻尼比取值、承载力抗震调整系数、地震作用下内力和变形分析等相关规定,增加了关于钢结构房屋的抗震等级规定,并补充了相应的抗震措施要求。

(10)修订了单层钢筋混凝土柱厂房可不进行抗震验算的范围,补充完善了柱间支撑节点验算要求、单层钢结构厂房防震缝及阻尼比的相关规定。

(11)修订了大跨空旷房屋砖柱的适用范围,增加了7度(0.15g)区钢筋混凝土柱和组合砖柱的构造要求。

(12)调整了隔震和消能减震房屋的适用范围,修改了水平减震系数的定义及相应的计算和构造要求,同时修改了消能部件性能检验要求等规定。

(13)增加了楼梯间及人流通道砌体填充墙的构造要求,补充了砌体女儿墙的抗震构造要求。

1.1.2 GB 50011—2010与其他相关标准的关系

(1)在结构抗震计算规定中,GB 50011—2010与《高层建筑混凝土结构技术规程》(JGJ 3—2010)及《混凝土结构设计规范》(GB 50010—2010)在内容上有交叉和重复,对GB 50011—2010条款的理解中凡涉及特一级抗震等级B级高度高层建筑时,均见JGJ 3—2010的相关规定。

(2)GB 50011—2010与JGJ 3—2010及GB 50010—2010为民用建筑结构设计的基本标准,但GB 50011—2010属于母标准,层级最高,JGJ 3—2010及GB 50010—2010作为子标准均应满足GB 50011—2010中规定的最低要求。

1.2 欧洲结构抗震设计标准发展历程

随着世界经济一体化的发展,标准化对市场的影响日益增强。特别是在高新技术领域,标准的制定都以该领域最尖端的科学技术为依托。在土木工程领域,欧洲标准发展成了颇具影响力和权威性的国际性规范。

近年来,地震活动给人类带来的影响和危害引起国际社会的广泛关注,欧洲结构抗震设计标准Eurocode 8的颁布促进了国际社会的交流合作,也逐渐影响着世界各国的抗震设计标准。中国也是深受地震灾害影响的国家,中国的抗震设计规范应结合中国的工程实践和国民经济状况,不断总结地震中的经验教训,参考国外的抗震设计规范,取长补短,不断发展和完善。

1961年3月,欧盟英、法、德、意等13个国家在巴黎召开会议,成立了欧洲标准化委员会(European Committee for Standardization,法文简称CEN)。CEN旨在促进成员国之间的标准化协作,负责制定欧盟地区的欧洲标准(电工电信领域除外)。如今参与制定欧洲标准化规范的国家有奥地利、比利时、保加利亚、塞浦路斯、捷克、丹麦、爱沙尼亚、芬兰、法国、德国、希腊、匈牙利、冰岛、爱尔兰、意大利、拉脱维亚、立陶宛、卢森堡、马耳他、荷兰、挪威、波兰、葡萄牙、罗马尼亚、斯洛伐克、斯洛文尼亚、西班牙、瑞典、瑞士、英国30个成员国(参考:http://www.cen.eu),并且欧洲标准以英语、法语、德语三种官方语言发布。

1990 年 5 月,CEN 第 250 技术委员会(CEN/TC-250)成立,确定了欧洲结构设计标准的名称,同时规定所制定的欧洲标准首先以试行欧洲标准(ENV)的形式在各成员国中试行一段时间,然后根据试行的经验,通过评议讨论最后修订成正式的欧洲标准,进而取代各成员国执行的国家标准,形成协调各成员国的统一执行标准。

1.2.1 欧洲标准概述

1975 年,欧洲共同体委员会(Commission of the European Community)根据欧洲共同体条约第 95 条,决定在建筑领域制定技术规范,并在筹划指导委员会的帮助下于 20 世纪 80 年代产生了第一部欧洲标准;1989 年,其又将制定和出版欧洲标准的任务转交给 CEN。经过近 20 年的发展后,主要由 CEN/TC-250 负责所有的结构标准。

CEN 的 30 个成员国一直把欧洲标准作为本国的国家标准,同时增加了适应于本国情况的国家附件(Annexe)来标定自己的国家设计标准,国家附件提供了使用欧洲标准所需的国家定义参数。因此,CEN 各成员国根据自己的实际情况,都有符合本国实际的国家标准,如对应于 Eurocode 8 的第一部分(EN 1998-1:2004),英国有 BS EN 1998-1:2005,德国有 DN EN 1998-1:2006,等等。

现行的欧洲结构标准主要由 Eurocode 0 ~ Eurocode 9 共 10 个分标准组成,见表 1-1。其中,Eurocode 0 和 Eurocode 1 是结构设计的基础,规定了结构设计和分析方法的基本原则;Eurocode 7为岩土工程设计标准,Eurocode 8 为针对地震作用而制定的结构抗震设计标准;Eurocode 2、Eurocode 3、Eurocode 4、Eurocode 5、Eurocode 6、Eurocode 9 是在 Eurocode 0 和 Eurocode 1 的基础上制定的混凝土结构设计、钢结构设计、钢-混凝土组合结构设计、木结构设计、砌体结构设计和铝结构设计的详细设计标准。欧洲标准各部分之间的关系如图 1-1 所示。

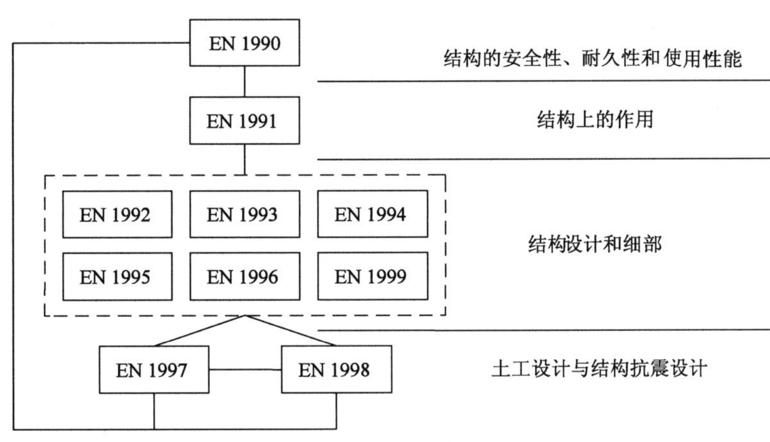

图 1-1 欧洲标准各部分之间的关系

欧洲标准的组成 表 1-1

标 准 名 称	简称	英 文 名 称	中 文 名 称
Eurocode 0	EN 1990	Basic of design	结构设计基础
Eurocode 1	EN 1991	Actions on structures	结构上的作用
Eurocode 2	EN 1992	Design of concrete structures	混凝土结构设计
Eurocode 3	EN 1993	Design of steel structures	钢结构设计
Eurocode 4	EN 1994	Design of composite steel & concrete structures	钢-混凝土组合结构设计
Eurocode 5	EN 1995	Design of timber structures	木结构设计

续上表

标准名称	简称	英文名称	中文名称
Eurocode 6	EN 1996	Design of masonry structures	砌体结构设计
Eurocode 7	EN 1997	Geotechnical design	岩土工程设计
Eurocode 8	EN 1998	Design provisions for earthquake resistance of structures	结构抗震设计
Eurocode 9	EN 1999	Design of aluminium structures	铝结构设计

1.2.2 欧洲标准

EN 1998 是在地震发生地区为土木工程提供的抗震设计标准,以确保在地震发生时人的生命财产安全。根据不同地区实际震害调查和研究结果,同时考虑不同建筑物抗震设计的差异性,EN 1998 主要从六个方面对土木工程结构抗震设计进行了规定。2004 年 10 月,CEN 出版了针对建筑结构抗震设计的欧洲抗震设计标准,作为 EN 1998 的第 1 部分(EN 1998-1:2004)。2005 年 6 月颁布了针对现有建筑的抗震评估与加固标准,作为 EN 1998 的第 3 部分(EN 1998-3:2005)。其他各部分在 2004 年到 2006 年间都相应面世。表 1-2 列出了各部分的具体内容及对应的中文名称。

欧洲结构抗震设计标准 EN 1998 的构成　　表 1-2

标准名称	内容	中文名称
EN 1998-1:2004	General rules, seismic actions and rules for buildings	一般规则——地震作用和建筑规则
EN 1998-2:2005	Bridges	桥梁
EN 1998-3:2005	Assessment and retrofitting of buildings	建筑物的加固和修复
EN 1998-4:2006	Silos, tanks and pipe lines	筒仓、储罐和管道
EN 1998-5:2004	Foundations, retaining structures and geotechnical aspects	基础、挡土结构及岩土工程
EN 1998-6:2005	Towers, masts and chimneys	塔架、桅杆和烟囱

其中,EN 1998-1:2004 为建筑抗震设计标准,替代了原来的 ENV 1998-1-1:1994,ENV 1998-1-2:1994 和 ENV 1998-1-3:1995 的结构抗震设计标准,主要内容涉及:

(1)适用于地震区建筑物的基本性能要求和遵守的准则。

(2)地震作用和与其他作用相结合的规则。

(3)有关设计和基础隔震结构的基本要求,特别是与基础隔震建筑安全有关的其他方面。

(4)特殊建筑的一般设计规则,包含混凝土、钢、钢筋混凝土、木材、砌体等特殊建筑材料。

EN 1998-2:2005 为桥梁抗震设计标准,包含桥梁抗震设计的特殊性能要求、遵守的准则和有关应用要求,但是该标准不包括吊桥、木桥、石桥、浮桥等的有关规定。标准的正文和附录的主要内容为:

(1)基本要求和遵守标准。

(2)地震作用。

(3)桥梁抗震设计分析。

(4)强度校核。

(5)详细设计。

(6)桥梁隔震和保护。

由于很多老建筑在建设初期并没有考虑地震作用,而地震危害评估表明,地震造成的危害需要进行大型的维修和加固,因此 CEN 在 ENV 1998-1-4:1996 的基础上专门颁布了针对现有建筑物的抗震评估与加固设计标准 EN 1998-3:2005,主要规定了:

(1)现有单个建筑物的地震评估准则。

(2)必要的经济调整措施的选择方法。

(3)未损坏结构物的强度加固准则及震坏建筑物的修复。

EN 1998-4:2006 替代了 ENV 1998-4:1997,提供了地面结构设施、地下管道系统和不同类型及用途的储油罐、水塔以及特定目的或粒状物料的封闭筒仓等结构抗震设计的相关应用规则。这个标准也可以用来作为现有结构抗震性能评估的基础。

EN 1998-5:2004 为岩土工程抗震设计标准,是 ENV 1998-5:1994 的修订版,规定了岩土工程抗震设计的相关要求、标准和规则,涵盖了不同的基础系统的设计、挡土结构设计以及地震作用下土-结构的相互作用问题。

EN 1998-6:2005 为 ENV 1998-3:1996 的修订版,主要规定了针对高耸结构,包括塔、桅杆、工业烟囱以及灯塔的抗震设计要求、标准和规则。第 5、6 部分分别阐述了对钢筋混凝土烟囱和钢烟囱的规定;第 7、8 部分分别规定了钢塔和桅杆的抗震设计规则。需要说明的是,该标准的规定不适用于冷却塔和海上结构。

1.3 中外抗震标准对比研究现状

中外抗震标准的对比,国外标准主要集中在美国、日本、欧洲等地的标准,如胡聿贤院士给出了中、日、美三国抗震规范的沿革与现状,王亚勇等人对这几个主要国家建筑抗震设计标准中的地震作用取值进行了比较,童树根和赵永峰对中日欧美抗震规范结构影响系数的构成及其对塑性变形需求的影响进行了探讨,武汉理工大学的胡兴和龙炳煌对中欧建筑抗震设计标准进行了较为系统的比较。对比主要集中在地震作用取值、抗震框架柱剪切抗力取值、框架梁剪切抗力取值、抗震框架梁与框架柱受拉钢筋最小配筋率取值等方面。

EN 1998 是一个较为系统的标准体系,少量条款的比较不能满足现有设计和施工单位的需要,本书致力于对中国与欧洲建筑抗震设计标准进行系统的比较,分析两者差异所在,以有助于今后中国抗震规范的修订与国际接轨。

1.4 本章小结

本章介绍了 GB 50011—2010 在 GB 50011—2008 基础上修订的主要内容。对欧洲标准做了总体介绍,并对抗震设计标准在整个欧洲标准中的地位和作用及其特点进行了总体介绍;介绍了中外抗震设计标准对比分析的研究现状和面临的问题。

第2章 性能要求及合格标准

2.1 范围

EN 1998-1 第 1.1.1 条规定,EN 1998-1 适用于地震区内建(构)筑物的设计和施工,是对地震区结构设计的补充规定。EN 1998 的目的主要在于地震发生时,保护人的生命财产安全,控制地震造成的损害,保证关系国计民生的重要结构功能不间断和能正常运行。一些特殊的建筑,如核电站、海上结构以及大坝等不在 EN 1998 的适用范围内。

GB 50011—2010 第 1.0.3 条规定,GB 50011—2010 适用于抗震设防烈度为 6 度、7 度、8 度和 9 度地区建筑工程的抗震设计以及隔震、消能减震设计。建筑的抗震性能化设计,可采用 GB 50011—2010 规定的基本方法,根据工程的具体情况,对抗震性能目标及抗震措施进行细化完善,并进行相应的审查。抗震设防烈度大于 9 度地区的建筑及行业有特殊要求的工业建筑,其抗震设计应按有关专门规定执行,抗震设防烈度为 6 度、7 度、8 度和 9 度地区的工业建筑,应区别对待。

2.2 基本要求

基本要求是按照规范设计时应当达到的要求,根据不同的要求采用不同的设计方法。

2.2.1 EN 1998-1 结构抗震设计性能需求

在 EN 1998-1 中,建筑结构抗震设计考虑与下列目标相对应的两个性能水准:

(1)通过防止结构局部或整体倒塌,保持结构的整体性,使结构有剩余承载能力,从而在罕遇地震作用下能保护人的生命安全。

(2)多遇地震作用下结构和非结构构件损坏的限制。

第一性能水准采用基于强度等级的承载力设计来实现;第二性能水准通过限制结构水平层间位移以使结构构件和非结构构件(填充墙、围护结构和大型设备等)的完整性能够保持在可接受范围内来实现。

按照安全与经济平衡分配国家资源的社会原则,Eurocode 8 允许各国在国家附件中划分与上述两种性能水准相对应的危险性水准。同时,对于普通结构,EN 1998-1 给出了如下建议:

(1)不倒塌要求(承载能力极限状态):结构设计和施工应保证结构能经受住设计地震作用,不出现局部或整体倒塌,发生地震后,结构能保持完整性及残余承载力。设计地震作用包括:①在 50 年内或一个基准重现期(T_{NCR})内,与基准超越概率(P_{NCR})有关的基准地震作用;

②考虑可靠性区别的重要性系数 γ_{I}。各国所用 P_{NCR} 或 T_{NCR} 的值参考该国的国家附件。

EN 1998 建议取值:$P_{\mathrm{NCR}}=10\%$,$T_{\mathrm{NCR}}=475$,即当遭受50年内超越概率 $P_{\mathrm{NCR}}=10\%$(重现期 $T_{\mathrm{NCR}}=475$ 年)的设计地震作用时,结构无局部或整体倒塌,并在地震后能够继续保持结构的整体性和一定的残余承载力。这一极限状态下基岩上普通结构的设计地震作用成为“基准”地震作用。

(2)受损极限要求(正常使用极限状态):当遭受10年内超越概率 $P_{\mathrm{DLR}}=10\%$(重现期 $T_{\mathrm{DLR}}=95$ 年)的地震作用时,结构应设计和建造成在地震作用下无损坏或使用上受限的情况。

EN 1998-1 建议:重要建筑或大型居住建筑应比普通结构具有更高的性能。可通过修改防止倒塌和损坏限制的危险等级(平均重现期)来实现这一目标。规范建议利用重要性系数 γ_{I} 来提高两种性能水准的基准地震作用。对于防止倒塌水准,规范建议的 γ_{I} 值变化范围在1.2(大型居住建筑)和1.4(重要建筑)之间。另外,对公共安全不太重要的建筑,规范允许使用 $\gamma_{\mathrm{I}}=0.8$。

EN 1998-1 给出重现期换算公式:

$$T_{\mathrm{R}}=\frac{-T_{\mathrm{L}}}{\ln(1-P_{\mathrm{R}})} \tag{2-1}$$

式中:T_{R}——平均重现期;

T_{L}——一定时期;

P_{R}——在 T_{L} 内的超越概率。

根据式(2-1),对于受损极限要求,若仍取重现期为95年,可换算出50年内的超越概率 P_{R} 为40%。

EN 1998-1 建议的性能水准和重现期如表2-1所示。

EN 1998-1 建议的性能水准和重现期 表2-1

性能状态	50年的超越概率	10年的超越概率	重现期	性能水准要求
损坏极限状态(损坏限制要求)	—	10%	95年	(1)能抵抗设计地震作用,无损伤; (2)避免使用受限和高维修费用
承载能力极限状态(防止倒塌要求)	10%	—	475年	(1)能抵抗设计地震作用,无局部或整体倒塌; (2)地震发生后保持结构的整体性和残余承载力

(3)关于防止倒塌要求和损坏极限要求的可靠性指标由相关国家自己确定。EN 1998 将结构划分为不同的重要性级别来体现可靠性的不同,每个重要性级别对应一个重要性系数 γ_{I},将 γ_{I} 乘以基准地震作用来体现可靠性的不同等级,或者在进行线性分析时将对应的地震作用效应乘以此重要性系数。

各种类型建筑的重要性系数 γ_{I} 如表2-2所示。

各种类型建筑的重要性系数 γ_{I} 表2-2

重要性等级	建筑物	γ_{I}
Ⅰ	对公共安全不太重要的建筑,如农业建筑	0.8
Ⅱ	不属于其他类别的普通建筑	1.0
Ⅲ	从倒塌后果看抗震性能重要的建筑物,如学校、礼堂、文化事业单位等	1.2
Ⅳ	地震中的完整性对人的保护至关重要的建筑物,如医院、消防站、发电厂等	1.4

2.2.2 GB 50011—2010 结构抗震设计基本原则

三水准设防目标的通俗说法为：小震不坏、中震（设防烈度地震）可修、大震不倒。中国三水准地震作用及不同超越概率（重现期）如表2-3所示。

中国三水准地震作用及不同超越概率（重现期） 表2-3

水准及烈度	50年的超越概率(%)	重现期(年)
多遇地震(小震)：约比设防烈度地震低一度半	63.2	50
设防烈度地震(中震)	10	475
罕遇地震(大震)	2～3	1641～2475

2.2.3 对中欧抗震设计标准基本要求的理解

GB 50011—2010是按照小震进行承载能力极限状态验算和建筑的弹性变形验算；同时满足第二水准中震可修的目标，要求建筑结构具有相当的变形能力，不发生不可修复的脆性破坏，用结构的延性设计来实现；对大部分结构，通过概念设计和构造措施满足第三水准设计要求；对于特殊要求的结构，进行弹塑性变形的验算。欧洲抗震设计标准在不倒塌要求水准上进行结构承载力设计，但是考虑到此水准下结构进入塑性，可利用后期结构的延性，从而引入性能系数 q 进行折减。q 的取值可以依据不同的结构类型考虑结构的延性性能，比较灵活。

GB 50011—2010有三水准设防目标和两阶段设计（承载力验算阶段和弹塑性变形验算阶段），总则第1.0.1条条文说明中规定第二阶段设计是弹塑性变形验算，对特殊要求的建筑、地震时易倒塌的结构以及有明显薄弱层的不规则结构，除进行第一阶段设计外，还要进行结构薄弱部位的弹塑性层间变形验算，并采取相应的抗震构造措施，实现第三水准的设防要求。中国标准在结构设计中，对罕遇地震有一个预估的标准，罕遇地震烈度约比设防地震烈度高一度。大震不倒要求所有进行抗震设计的结构，在遭遇不大于预估的罕遇地震时，结构不倒塌，在遭遇比设防烈度高一度以上的强烈地震时，结构也能做到不倒塌，这个不倒塌可以是极大的变形而接近倒塌。

EN 1998-1与GB 50011—2010抗震设防目标和设防水准可以用图2-1简单表示。EN 1998-1采用两水准抗震设防目标，大致对应GB 50011—2010的小震和中震的设防水准与设防目标，EN 1998-1限制破坏要求与GB 50011—2010小震不坏要求相比，设防目标基本相同，但设防水准较高，因此EN 1998-1更为严格。EN 1998-1的不倒塌要求与GB 50011—2010的中震可修要求的抗震设防水准相同，因此比中国小震的设防要求更为严格（见3.5节算例3-5和算例3-6）。EN 1998-1中没有对应GB 50011—2010大震水准的设防目标，中国标准抗震设防目标更为严格（见3.5节算例3-7）。EN 1998-1中没有高于设计地震水准的设防要求，针对GB 50011—2010规定的大震水准的设防要求，有的研究者认为设防标准过高，可以适当降低。

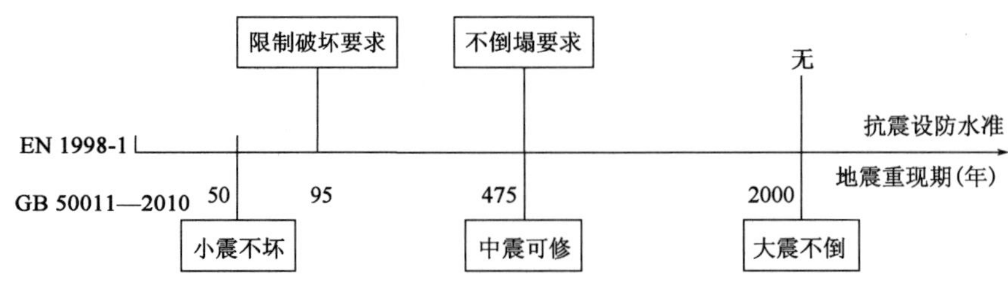

图2-1 EN 1998-1和GB 50011—2010抗震设防目标和设防水准

2.3 合格标准

2.3.1 EN 1998-1 性能目标实现

EN 1998 规定：抗震设计应复核承载能力极限状态和正常使用极限状态。承载能力极限状态是指与倒塌状态相关或与可能威胁人身安全的其他结构破坏形式相关的状态；正常使用极限状态是指与破坏相关的状态，若建筑物损伤超过此极限状态则不再满足正常使用极限要求。

在比设计地震作用更强的地震作用下，为限制结构的不确定性并使结构具有良好的性能，应采取一系列特殊的相关措施。

某些特定的结构类型，在低烈度地震作用下，采用比 EN 1998 的相关规定更简单的措施即可满足基本要求。在极低烈度地震作用下，不必遵守 EN 1998 的规定。

1）承载能力极限状态

抗震设计应复核确定结构体系具备规范所规定的承载能力与耗能能力。结构应具备的承载能力及耗能能力与其要利用的非线性反应范围有关。承载能力及耗能能力之间的平衡是由性能系数 q 的取值和相关延性级别决定的。在一定条件下，低耗能型结构的设计，不考虑任何滞回耗能，性能系数的取值通常不大于 1.5，否则强度会过大。对于钢结构或钢混组合结构建筑，性能系数 q 的限值可以是 1.5 或 2。对于耗能结构，由于耗能区的滞回耗能，其性能系数比上述限值要高。采用不同的性能系数，应采取对应的设计措施以满足预定的结构耗能能力。

抗震设计应对结构整体进行复核，保证其在设计地震作用下能保持稳定，并考虑倾覆及滑移稳定性；应复核确认基础及地基设计，保证其不会出现实质性永久变形，同时结构分析应考虑二阶效应可能造成的影响。

EN 1998 还规定，抗震设计应复核确认在设计地震作用下，非结构构件不会造成人员伤害，不会对结构构件有明显的影响。

2）正常使用极限状态

建筑应满足变形极限或其他相关极限要求，确保结构具有一定程度的可靠性，不会出现超出承载范围的损伤。民用的重要结构，抗震设计应复核确认结构体系具备足够的承载力和刚度，保证在发生与重现期相关的地震时关键设施能正常工作。

2.3.2 GB 50011—2010 设防目标实现

GB 50011—2010 采用两阶段设计来实现三水准设防目标（图 2-2）：

（1）第一阶段设计——承载力验算：取第一水准的地震动参数计算结构的弹性地震作用标准值和相应的地震作用效应，继续采用《建筑结构可靠性设计统一标准》（GB 50068—2018）规定的分项系数设计表达式进行结构构件的截面承载力抗震验算，这样既满足了在第一水准下具有必要的承载力可靠度，又满足了第二水准的中震可修的目标。对大多数结构而言，可只进行第一阶段设计，而通过概念设计和抗震构造措施来满足第三水准的设计要求。第一阶段设计适用于大多数结构，如规则结构及一般不规则结构等。

（2）第二阶段设计——弹塑性变形验算：对强烈地震时易倒塌的结构、有明显薄弱层的不规则结构（如特别不规则结构等）及其他有特殊要求的建筑，除进行第一阶段设计外，还要进行结构薄弱部位的弹塑性变形验算，并采取相应的抗震构造措施，实现第三水准的设防要求。

从某种意义上说，在低烈度区更应加强抗震概念设计并采取有效的抗震措施，确保“大震不倒”这一基本性能目标的实现。

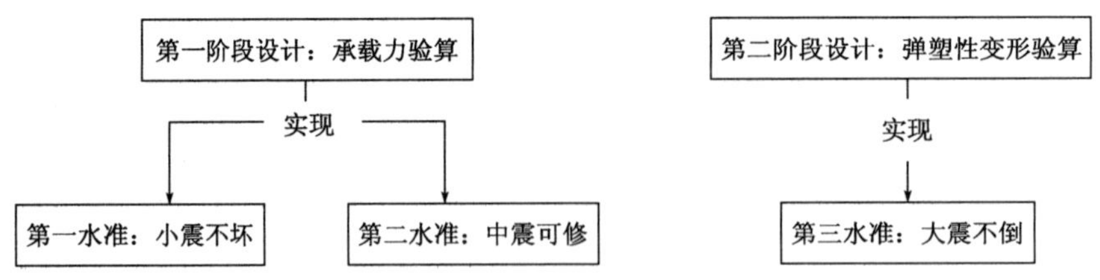

图 2-2　GB 50011—2010 采用两阶段设计来实现三水准设防目标的对应关系

2.4　抗震措施

2.4.1　结构体系设计

抗震设计的关键是解决承载力、刚度和延性问题，抗震结构采用合理经济的结构类型，结构方案选取是否合理对安全和经济起主要作用。影响结构体系的因素很多，如抗震设防类别、抗震设防烈度、建筑高度、场地条件、地基、结构材料和施工等。抗震结构体系要求受力明确、传力途径合理且传力路线不间断，使结构的抗震分析更符合结构在地震时的实际受力情况，对提高结构的抗震性能十分有利，是结构选型与布置结构抗侧力体系时应首先考虑的因素。

EN 1998-1 要求结构的平面及立面尽可能简洁和规则。如有必要，可设结构缝，将结构划分为动力独立单元。为保证结构整体能量耗散及延性性能，避免出现脆性破坏或过早形成不稳定结构，应根据 EN 1998 相关部分的要求，在承载能力设计时采取相应措施，保证结构具有适当的塑性机制并避免脆性破坏模式。EN 1998 只是给出了结构平面和立面的规则性准则，而未具体定义不规则准则。抗震设计时，建筑结构划分为规则建筑或不规则建筑，认为不符合规则准则的建筑均为不规则结构。GB 50011—2010 对不规则结构给出了明确规定，分为平面不规则和立面不规则两类，从三个方面给出判断：①结构平面或竖向的刚度和质量分布是否均匀；②平面或竖向几何尺寸是否规则；③楼层的承载能力是否连续。

在结构抗震设计中，GB 50011—2010 特别强调概念设计的重要性，第 3.5.2 条规定结构体系应符合下列各项要求：

(1)应具有明确的计算简图和合理的地震作用传递路径。强调计算机的使用无法取代结构工程师的概念设计工作。

(2)应避免因部分结构或构件破坏而导致整个结构丧失抗震能力或对重力荷载的承载能力。房屋倒塌的最直接原因是结构因破坏而丧失承受重力荷载的能力，因此，任何情况下都应首先保证结构对重力荷载的承载力。

(3)应具备必要的抗震承载力、良好的变形能力和消耗地震能量的能力。必要的抗震承载力是指结构具备必要的强度；良好的变形能力是指结构的变形不致引起结构功能丧失或超越容许破坏的程度；良好的消耗地震能量的能力是指结构能吸收和消耗地震输入的能量而保存下来的能力，也就是良好的延性。

(4)对可能出现的薄弱部位，应采取措施提高其抗震能力。

同时，GB 50011—2010 第 3.5.3 条规定结构体系尚宜符合下列各项要求：

(1)宜有多道抗震防线。

(2)宜具有合理的刚度和承载力分布，避免因局部削弱或突变形成薄弱部位，产生过大的应力集中或塑性变形集中。

(3)结构在两个主轴方向的动力特性宜相近。这里要求的是两向动力特性相近而不是刻意要求两个方向完全一致，过分强调两向一致必然会引起其他性能的过大差异，如抗震墙截面面积的较大差异,从而加大两向受剪承载力的差异等。

GB 50011—2010 第 3.5.4 条对结构构件、第 3.5.5 条对结构各构件之间的连接等也做了相关规定。

GB 50011—2010 将对结构体系的要求分为强制性和非强制性两类。第 3.5.2 条属于强制性要求的内容,第 3.5.3 条为非强制性要求,其中多道防线虽作为非强制性要求,但应设置多道防线的结构类型,在相关章节中予以明确规定。

2.4.2 基础

在基础方面,EN 1998-1 要求基础具有合适的刚度,尽可能将上部结构的作用效应均匀地传到地基。除桥梁外,原则上一个独立的结构单元只能采用一种基础形式,以避免不均匀沉降的影响。GB 50011—2010 规定得更为详细,第 3.3.4 条规定,地基和基础设计应符合下列要求:

(1)同一结构单元的基础不宜设置在性质截然不同的地基上。

(2)同一结构单元不宜部分采用天然地基、部分采用桩基;当采用不同基础类型或基础埋深显著不同时,应根据地震时两部分地基基础的沉降差异,在基础、上部结构的相关部位采取相应措施。

(3)地基为软弱黏性土、液化土、新近填土或严重不均匀土时,应根据地震时地基不均匀沉降和其他不利影响,采取相应的措施。

GB 50011—2010 同时对山区建筑基础进行了规定,边坡附近的建筑基础应进行抗震稳定性设计。建筑基础与土质、强风化岩质边坡的边缘应留有足够的距离,其值应根据设防烈度确定,并采取措施避免地震时地基基础破坏。限于对地基基础抗震性能了解的局限性,GB 50011—2010对其规定的抗震设计比上部结构的抗震设计粗放很多。目前,GB 50011—2010 规定的地基基础的抗震验算仍采用纯经验的拟静力法,假定地震作用如同静力,承载力的验算方法与静力状态下相同,但考虑了地震作用下天然地基抗震承载力的调整。

2.4.3 质量控制

EN 1998-1 第 2.2.4 条对结构构件的大小、材料特性和施工中需要检验的重要构件都要求在设计文件中予以明确。如有必要,设计文件也应包含要使用的特殊设备的特性以及结构构件与非结构构件的安装要求,同时也应给出必要的质量控制规定。施工阶段需特别复核的、具有特殊重要性的结构构件应在设计图纸中标出并给出详细要求。对于地震活动强度较高的地区及特别重要的结构,除应遵守其他相关欧洲标准规定的控制程序外,还应使用正式的质量体系计划,此计划包含设计、施工及使用过程。GB 50011—2010 对质量体系计划方面没有明确提出,主要对结构构件、非结构构件及抗震性能化设计等方面有一些规定。

2.5 本章小结

通过对比 EN 1998-1 和 GB 50011—2010 相关条文规定,可以得出以下结论:

(1)EN 1998-1 适用于地震区内建(构)筑物的设计与施工,每一分册分别对应于不同类型的土木工程。GB 50011—2010 仅仅对应于建筑抗震设计,桥梁、基础、支护结构及抗震评估分别有专门的规范或规程予以明确。

(2)EN 1998-1 采用两水准抗震设防目标,大致对应 GB 50011—2010 的小震和中震的设防水准和设防目标,没有对应 GB 50011—2010 中大震水准的设防目标,也就是说,GB 50011—2010 的抗震设防目标更为严格。

第3章 场地条件和地震作用

3.1 场地类型的划分

3.1.1 欧洲标准场地类型与地层类型划分

EN 1998-1 中，场地条件对地震作用影响重大。表 3-1 给出的地层剖面图和参数及后文中所定义的 A 类、B 类、C 类和 D 类等场地，说明了局部场地条件对地震作用的影响。各国使用的考虑深层地况的场地分类方案，可能会在其国家附件内详细说明，说明内容包含了定义水平及竖向弹性反应谱的参数 S、T_B、T_C 及 T_D 的取值。EN 1998-1 中规定，可根据平均剪切波速 $v_{s,30}$ 的值来进行场地分类。否则，应使用 N_{SPT}（标准贯入锤击数）值来判断。平均剪切波速 $v_{s,30}$ 按下式计算：

$$v_{s,30}=\frac{30}{\sum_{i=1}^{N}\frac{h_i}{v_i}} \tag{3-1}$$

式中：h_i、v_i——在地表 30m 内总计 N 层的土中，第 i 地层土的厚度（m）和剪切波速（其剪应变水平为 10^{-5} 或更小）。

如场地类型为 S1 或 S2，需对地震作用进行特别研究。针对这些类型，特别是 S2，应考虑地震作用下发生场地土破坏的可能性。

EN 1998 场地类型划分如表 3-1 所示。

EN 1998 场地类型划分 表 3-1

场地类型	地层剖面描述	参数		
		$v_{s,30}$（m/s）	N_{SPT}（次/30cm）	c_u（kPa）
A	岩石或其他类似岩石的地质形成，包括最多 5m 的软弱土覆盖层	>800	—	—
B	至少几十米厚的密实砂土、砂砾或非常密实的黏土沉积层，其力学性能随深度增加而逐渐增加	360 ~ 800	>50	>250
C	致密或中密的砂土、砂砾或硬黏土的深层沉积物，其厚度从几十米到几百米不等	180 ~ 360	15 ~ 50	70 ~ 250
D	松散 ~ 中等密实的非黏性土（有或没有软弱黏性层）形成的沉积层，或主要是软 ~ 硬黏土所形成的沉积层	<180	<15	<70

续上表

地层类型	地层剖面描述	参数		
		$v_{s,30}$(m/s)	N_{SPT}(次/30cm)	c_u(kPa)
E	厚5~20m不等的表面冲积层(C型或D型的v_s值)所组成的土剖面,其底层为v_s大于800m/s的刚性较大层	—	—	—
S1	由至少10m厚的高塑性指数(P_I>40)、高含水量软黏土/淤泥层所组成的沉积层或包含上述土层的沉积层	<100	—	10~20
S2	可液化的土、敏感的黏土或是A~E和S1类型以外的土剖面所形成的沉积层	—	—	—

注:N_{SPT}为标准贯入锤击数;$v_{s,30}$为剪切应变小于5~10m(应变无量纲)的覆盖层30m以内土层S波平均波速;c_u为土的不排水剪切强度。

值得注意的是,EN 1998-1规定在条件允许的地方,可以基于平均剪切波速$v_{s,30}$值进行场地分类,否则应采用N_{SPT}值。在岩土工程问题中,N_{SPT}值和c_u值是两个用于定义场地土的力学性质的典型参数。对于A类和E类场地土,EN 1998-1的表3.1并没有规定N_{SPT}值和c_u值。场地类型B的N_{SPT}值大于50,c_u值大于250kPa;而场地类型D的N_{SPT}值小于15,c_u值小于70kPa;场地类型C的N_{SPT}值和c_u值则取中间值。

EN 1998-1的表3.1中的场地类型范围很广,从岩石或岩石类地层(A类场地)到5~20m变化的表面冲积土(E类场地)。A类场地是由剪切波速$v_{s,30}$值表征的,其值大于800m/s;对由密实砂、碎石或硬黏土组成的地层,即B类场地,$v_{s,30}$取相对较小的值($360 \leqslant v_{s,30} \leqslant 800$m/s);C类场地包含深层的致密或中密的砂土、碎石或硬黏土,$v_{s,30}$值为$180 \leqslant v_{s,30} \leqslant 360$m/s;如果$v_{s,30} <$ 180m/s,则沉积物可能由无黏性土或黏性土组成。

3.1.2 GB 50011—2010中土的类型与场地类别划分

GB 50011—2010依据岩土名称和性状,并结合土层剪切波速划分土的类型。土层剪切波速的测量应符合第4.1.3条的规定(表3-2)。

GB 50011—2010中土的类型划分和剪切波速范围 表3-2

土的类型	岩土名称和性状	土层剪切波速范围(m/s)
岩石	坚硬、较硬且完整的岩石	$v_s > 800$
坚硬土或软质岩石	破碎和较破碎的岩石或软和较软的岩石,密实的碎石土	$500 < v_s \leqslant 800$
中硬土	中密、稍密的碎石土,密实、中密的砾、粗、中砂,$f_{ak}>150$的黏性土和粉土,坚硬黄土	$250 < v_s \leqslant 500$
中软土	稍密的砾、粗、中砂,除松散外的细、粉砂,$f_{ak} \leqslant 150$的黏性土和粉土,$f_{ak}>130$的填土,可塑新黄土	$150 < v_s \leqslant 250$
软弱土	淤泥和淤泥质土,松散的砂,新近沉积的黏性土和粉土,$f_{ak} \leqslant$ 130的填土,流塑黄土	$v_s \leqslant 150$

注:f_{ak}为由载荷试验等方法得到的地基承载力特征值(kPa);v_s为土层剪切波速。

GB 50011—2010中场地类别依据土层等效剪切波速和场地覆盖层厚度来确定,当有可靠的剪切波速和覆盖层厚度且其值处于第4.1.6条条文说明所列场地类别的分界线附近时,应允许按插值方法确定地震作用计算所用的特征周期,并规定此处仅对特征周期进行调整,对场地类别不调整。

表 3-3 中，对岩石采用剪切波速 v_s（$v_s > 500$m/s），不采用等效剪切波速 v_{se}；对其他土层采用等效剪切波速 v_{se}（$v_{se} \leqslant 500$m/s）。

GB 50011—2010 中各类建筑场地的覆盖层厚度（m） 表 3-3

岩石的剪切波速或土层等效剪切波速（m/s）	场地类别				
	I_0	I_1	Ⅱ	Ⅲ	Ⅳ
$v_s > 800$	0				
$500 < v_s \leqslant 800$		0			
$250 < v_{se} \leqslant 500$		<5	≥5		
$150 < v_{se} \leqslant 250$		<3	3~50	>50	
$v_{se} \leqslant 150$		<3	3~15	15~50	>80

土层等效剪切波速 v_{se} 应按下式计算：

$$v_{se} = \frac{d_0}{t} \tag{3-2}$$

$$t = \sum_{i=1}^{n}\left(\frac{d_i}{v_{si}}\right) \tag{3-3}$$

式中：v_{se}——土层等效剪切波速；

d_0——计算深度，取覆盖层厚度和 20m 两者的较小值；

t——剪切波在地表与计算深度间的传播时间；

d_i——计算深度范围内第 i 层土的厚度；

v_{si}——计算深度范围内第 i 层土的剪切波速；

n——计算深度范围内土层的分层数。

3.1.3 中欧标准关于地段划分的对比分析

EN 1998-1 认为，设计之前应该对场地条件进行适当的勘察，并根据第 3.1.2 条确定场地条件。施工现场及支撑场地的自然环境通常不应存在相关的危险，并应根据结构的重要性级别以及项目特殊条件的不同，进行场地勘察或地质研究，确定地震作用。

GB 50011—2010 也有类似规定。第 3.3.1 条规定：选择建筑场地时，应根据工程需要和地震活动情况、工程地质和地震地质的有关资料，对抗震有利、一般、不利和危险地段做出综合评价。对不利地段，应提出避开要求；当无法避开时应采取有效的措施。对危险地段，严禁建造甲、乙类建筑，不应建造丙类建筑，第 3.3.1 条为强制性条文，充分体现了建筑场地对建筑抗震安全的重要性及规范对建筑场地选择的重视程度。同时，规范第 4.1.1 条将建筑场地划分为对建筑抗震有利、一般、不利和危险的地段，如表 3-4 所示。

GB 50011—2010 中地震对建筑有利、一般、不利和危险地段的划分 表 3-4

地段类别	地质、地形、地貌
有利地段	稳定基岩，坚硬土，开阔、平坦、密实、均匀的中硬土等
一般地段	不属于有利、不利和危险的地段
不利地段	软弱土，液化土，条状突出的山嘴，高耸孤立的山丘，陡坡，陡坎，河岸和边坡的边缘，平面分布上成因、岩性、状态明显不均匀的土层（含古河道、疏松的断层破碎带、暗埋的塘浜沟谷和半填半挖地基），高含水量的可塑黄土，地表存在结构性裂缝等
危险地段	地震时可能发生滑坡、崩塌、地陷、地裂、泥石流等及地震断裂带上可能发生地表错位的部位

同时，GB 50011—2010 在第 3.3.4 条和第 3.3.5 条中对不同地基基础类型的要求以及山区房屋选址和地基基础设计提出了明确要求。

GB 50011—2010 中第 3.3.4 条规定地基和基础设计应符合：

(1)同一结构单元的基础不宜设置在性质截然不同的地基上。

(2)同一结构单元不宜部分采用天然地基、部分采用桩基；当采用不同基础类型或基础埋深显著不同时，应根据地震时两部分地基基础的沉降差异，在基础、上部结构的相关部位采取相应措施。

(3)地基为软弱黏性土、液化土、新近填土或严重不均匀土时，应根据地震时地基不均匀沉降和其他不利影响，采取相应的措施。

GB 50011—2010 中第 3.3.5 条针对山区房屋选址和地基基础设计，提出明确的抗震要求：

(1)山区建筑场地勘察应有边坡稳定性评价和防治方案建议；应根据地质、地形条件和使用要求，因地制宜地设置符合抗震设防要求的边坡工程。

(2)边坡设计应符合《建筑边坡工程技术规范》(GB 50330—2013)的要求；其稳定性验算时，有关的摩擦角应按设防烈度的高低相应修正。

(3)边坡附近的建筑基础应进行抗震稳定性设计。建筑基础与土质、强风化岩质边坡的边缘应留有足够的距离，其值应根据设防烈度确定，并采取措施避免地震时地基基础破坏。

3.1.4 中欧标准场地类型识别方法对比分析

建筑场地的类别划分，应以土层等效剪切波速和场地覆盖层厚度为准，这一点中国标准和欧洲标准规定类似。GB 50011—2010 评价场地类型时同时考虑等效剪切波速和覆盖层厚度，计算深度为 20m。欧洲抗震设计标准中仅按等效剪切波速大小划分，计算深度为 30m。以 30m 作为计算深度是基于 20 世纪 90 年代后，根据对 LomaPrieta 等地震中不同场地上的强震观测记录和土层地震反应分析比较结果得出的。这种划分原则清晰明确，实用性也比较强，但是没有考虑到 30m 以下的覆层，增加与土层厚度相关的指标应该是一个更为精确地划分土层性质的方向。

GB 50011—2010 第 4.1.6 条对场地类别的划分，考虑了覆盖层厚度的影响，并尽量保持抗震规范的延续性，从而形成了以平均剪切波速和覆盖层厚度作为评定指标的双参数分类方法。为了在保障安全的条件下尽可能减少设防投资，在保持技术上合理的前提下适当扩大了Ⅱ类场地的范围。另外，由于 GB 50011—2010 中Ⅰ、Ⅱ类场地的 T_g 值与国外抗震规范相比是偏小的，因此有意识地将Ⅰ类场地的范围划得比较小。

EN 1998 还特别规定了，如果场地条件是特殊场地 S1 或 S2 中的任何一种，则要求对地震作用的定义进行特别研究。仅用 EN 1998-1 表 3.1 中的场地类型评价给定建设场地的地层特征，可能会导致过度的简化。因此，应对场地条件进行更进一步的分类，以符合场地及其深层地质学特征。

在 GB 50011—2010 中，场地类别只会影响到反应谱特征周期的取值，地震强度没有差别。因此，在不同的场地上反应谱平台段的地震影响系数大小没有变化，只在中、长周期段的反应谱地震影响系数值有所差别。这相当于是认为在不同场地土条件下反应谱平台段最大值的差别不是很大，因此采用了统一的值。

EN 1998 的场地类别对地震强度和特征周期的取值都有影响。主要趋势是随着场地变软，地面有效峰值加速度被放大，特征周期也增大。E 类场地覆层下为剪切波速大于 800m/s 的硬质岩层，规律与前几种场地类型不同。

3.1.5 场地类别判定计算实例

卢华喜在论文《软弱土层对中欧场地划分影响的比较》中设计了四个例题用于对比分析，现直接引用如下。

算例 3-1：一般场地条件，土层剪切波速随深度逐渐增大

土层剖面如图 3-1 所示。

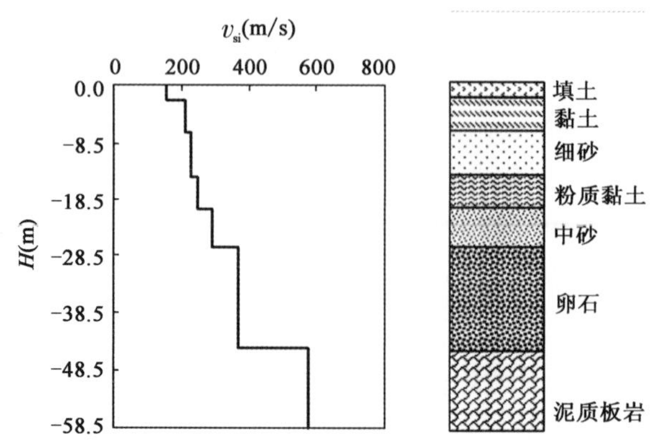

图 3-1　土层剖面（算例 1）

由表 3-5 的剪切波速计算结果可知，该场地的划分结果为：GB 50011—2010 为Ⅱ类场地；EN 1998 为 C 类场地。

剪切波速及计算结果（算例 1）　　表 3-5

层号	土层名称	土层厚度 d_i（m）	深度 H（m）	剪切波速 P_{si}（m/s）	$\frac{d_i}{v_{si}}$（s）	t（s）	P_{si}（m/s）	场地类别
1	填土	2.6	-2.6	159	0.0164	—	—	—
2	黏土	5.6	-8.2	210	0.0267	—	—	—
3	细砂	7.3	-15.5	225	0.0324	—	—	—
4	粉质黏土	5.5	-21	249	0.0181（至 20m） 0.0221（该土层）	0.09353（至 20m）	213.84（至 20m）	Ⅱ（GB 50011—2010）
5	中砂	6.7	-27.7	295	0.0227	—	—	—
6	卵石	17.4	-45.1	370	0.0062（至 30m）	0.12647（至 30m）	237.21（至 30m）	C（EN 1998）
7	泥质板岩	13.4	-58.5	580	—	—	—	—

算例 3-2：在 0～20m 深度范围内含有软弱夹层的场地条件

土层剖面如图 3-2 所示。

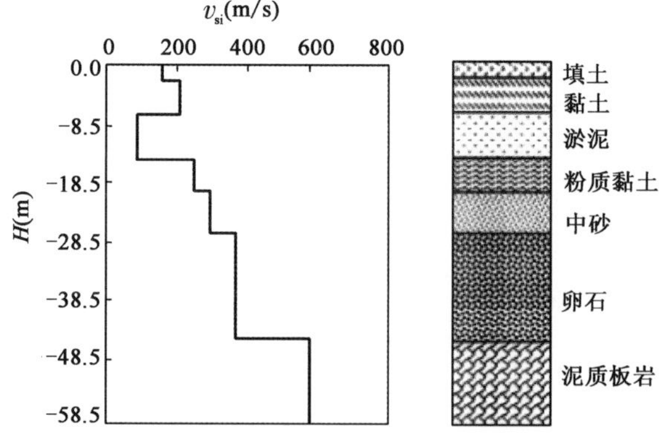

图 3-2　土层剖面（算例 2）

将算例 3-1 的细砂层变为淤泥层，其他土层及分布与算例 3-1 相同。为比较分析软弱夹层厚度对场地划分的影响，表 3-6 给出了分析结果。由表 3-6 可以发现，对于 0～20m 深度范围内存在软弱夹层的场地条件，只有软弱夹层达到一定厚度，两种标准的场地划分才能反映这一影响,但 GB 50011—2010 和 EN 1998 考虑这一影响的软弱夹层厚度是不一致的,就本算例而言,只有当软弱夹层的厚度不小于 7.39m 时,GB 50011—2010 才能反映出软弱夹层的影响;而 EN 1998 只需软弱夹层厚度超过 6.29m 时就能体现这一影响;所以 EN 1998 的场地类别对软弱夹层的反映比 GB 50011—2010 的更为敏感。

软弱夹层厚度的影响(算例 2) 表 3-6

采用规范	算例	夹层	软弱夹层厚度(m)	场地类别
GB 50011—2010	算例 1	细砂	—	Ⅱ
	算例 2	淤泥	<7.39	Ⅱ
	算例 2	淤泥	≥7.39	Ⅲ
EN 1998	算例 1	细砂	—	C
	算例 2	淤泥	≤6.29	C
	算例 2	淤泥	>6.29	D

算例 3-3:在 20 ~ 30m 深度范围内含有软弱层的场地条件

土层剖面如图 3-3 所示。

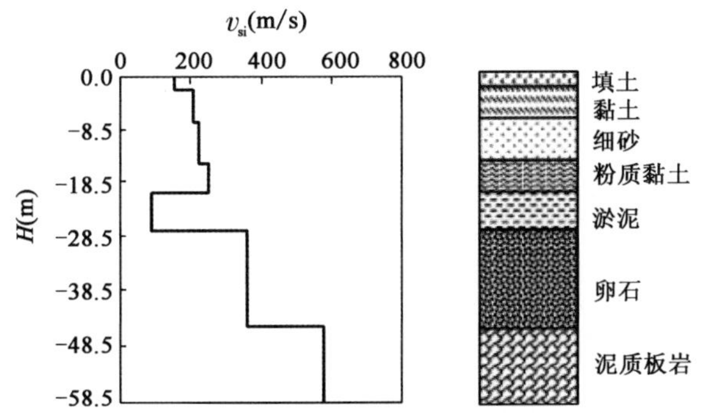

图 3-3 土层剖面(算例 3)

将算例 3-1 中的中砂层变为淤泥层,其他土层及分布与算例 3-1 相同。表 3-7 分析了软弱层厚度对场地划分的影响。从表 3-7 可以看出,GB 50011—2010 的场地划分没有反映出软弱层的影响,这是由于 GB 50011—2010 的计算深度不超过 20m,而本例的软弱层深度为 20 ~ 30m;但如果软弱层达到一定厚度,EN 1998 的场地划分却能反映这一影响,这是由于 EN 1998 的计算深度为 30m,所以 EN 1998 考虑的场地深度更为合理。

算例 3-4:存在深厚软弱下卧层的场地条件

土层剖面如图 3-4 所示。

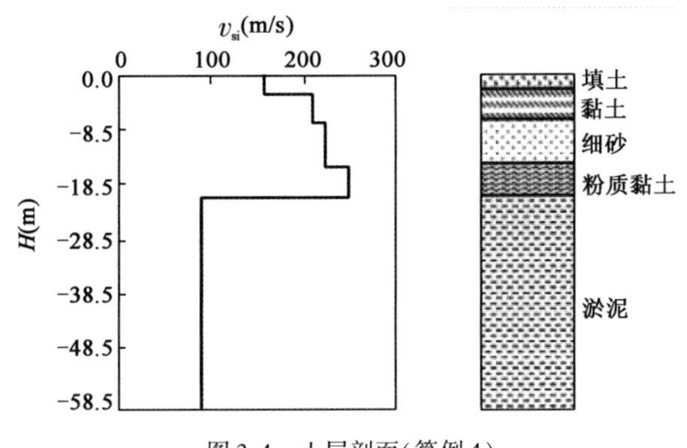

图 3-4 土层剖面(算例 4)

在 −21m 以下存在深厚淤泥，其他土层及分布与算例 3-1 相同。表 3-7 分析了软弱层厚度的影响，比较算例 3-1 和算例 3-4 可以看到，GB 50011—2010 也可以反映深度 20m 以下软弱层的影响，但从算例 3-3 和算例 3-4 的比较发现，软弱层的厚度必须足够大（对于本例需超过 29m），GB 50011—2010 的场地划分才能反映这一影响，场地类别由Ⅱ类改变为Ⅲ类；相比而言，EN 1998 对 20m 深度以下软弱层厚度的考虑更为细致，当软弱层厚度大于 5.33m 时，场地类别改变为 D 类，当软弱土层厚度进一步增大至 10m 时，场地类别改变为 S1 类。

软弱夹层厚度的影响（算例 3-3 和算例 3-4）　　表 3-7

采用规范	算例	夹层	软弱夹层厚度(m)	场地类别
GB 50011—2010	算例 3-1	一般场地	—	Ⅱ
	算例 3-3	存在软弱夹层	—	Ⅱ
	算例 3-4	存在深厚软弱层	≤29	Ⅱ
	算例 3-4	存在深厚软弱层	>29	Ⅲ
EN 1998	算例 3-1	一般场地	—	C
	算例 3-3	存在软弱夹层	≤5.33	C
	算例 3-3	存在软弱夹层	>5.33	D
	算例 3-4	存在深厚软弱层	<10	D
	算例 3-4	存在深厚软弱层	≥10	S1

3.2 地形条件放大系数

3.2.1 欧洲标准中地形条件放大系数

EN 1998 给出了在验证地基边坡稳定性时地震作用的简化放大系数 S_T，该系数是与基本自振周期无关的一个近似值，此放大系数建议应用于边坡等属于二维不规则形状的情况，如长的山脊和高于 30m 的悬崖。

如果平均坡度小于 15°，则可忽略地表不规则效应；而在非常不规则的局部地表，建议进行针对性的研究。对于更大的角度，采用以下原则：

（1）孤立的悬崖和边坡。在场地的顶部区域应采用 $S_T \geq 1.2$ 的值。

（2）山脊，其脊部宽度远小于基底宽度。对于平均坡度大于 30°的坡，在坡顶附近，应采用 $S_T \geq 1.4$ 的值。若坡度较小，则应采用 $S_T \geq 1.2$ 的值。

（3）存在松散表面层。确定的最小 S_T 值应至少增加 20%。

（4）放大系数的变化空间。底部同普通场地保持一致，在山脊或悬崖底部以上随高度线性变化。

3.2.2 中国标准中地形地震动参数的放大

GB 50011—2010 第 4.1.8 条规定了不利地段上建造丙类及丙类以上建筑时需要采取的措施，如表 3-8 所示。

不利地段上建造丙类及丙类以上建筑时需要采取的措施　　表 3-8

建筑的不利地段情况	应采取的相应技术措施
条状凸出的山嘴、高耸孤立的山丘、非岩石的陡坡、河岸和边坡边缘等不利地段建造甲、乙、丙类建筑	保证其在地震作用下的稳定
	估计不利地段对设计地震动参数可能产生的放大作用，其水平地震影响系数最大值应乘以增大系数，其值可根据不利地段的具体情况取 1.1～1.6

局部凸出地形顶部的地震影响系数的放大系数为:

$$\lambda = 1 + \xi\alpha \tag{3-4}$$

式中:λ——局部凸出地形顶部的地震影响系数的放大系数;

α——局部凸出地形地震动参数的增大幅度;

ξ——附加调整系数,与建筑场地离突出台地边缘(最近点)的距离 L_1 和相对高差 H 的比值有关。

3.3 地震作用

3.3.1 地震危险性区划概述

地震危险性是指某一场地(或某一区域)在一定时期内可能遭受到的最大地震破坏影响,它可以用地震烈度或地面运动参数来表示。从概率意义上讲,地震危险性是一种概率,即在某一给定点上的一定年限内,最大地面运动超过某一特定强度的概率,它可以用年超越概率或其倒数即重现期表示。

1)EN 1998-1 中的地震带

EN 1998-1 规定,各国应根据本国的地震危险性将领土划分为各个地震带,每个地震带中的地震危险性可假定为恒定。EN 1998 的大多数应用情况下,地震危险性用 A 类场地的基准峰值地震加速度值 a_{gR}来描述。不同国家 A 类场地的基准峰值地震加速度 a_{gR},可从该国国家附件的区划图中得出。各国为地震区确定的基准峰值加速度与各国选定的抗倒塌状态的地震作用基准重现期 T_{NCR}(或等效为50 年的基准超越概率为 P_{NCR})对应。为此,基准重现期周期定义为 1.0 的重要性系数,其他重现周期的地震作用可用 A 类场地的设计地震加速度 a_g 定义,$a_g = \gamma_I \cdot a_{gR}$,$\gamma_I$取值详见 EN 1998-1 中2.1(4)款注解。

低震级情况下,对于某些类型或类别的结构,可以采用简化的抗震设计程序,而烈度非常低的情况下,可不执行 EN 1998 的规定。不同国家或地区适用于低烈度规定的结构类型、场地类型及地震区的信息,可见其国家附件。建议可将 A 类场地的设计地震加速度 a_g 不大于 0.08g 或将 $a_g \cdot S$ 不大于 0.1g 考虑为低烈度情况,具体规定可见该国国家附件。

2)GB 50011—2010 中的设计分组

GB 50011—2010 中规定,建筑所在地区遭受的地震影响,应采用相应于抗震设防烈度的设计基本地震加速度和特征周期表征,GB 50011—2010 还在第2.1.7 条、第3.2.3 条、第4.1.6 条和第5.1.4 条中对特征周期的其他相关规定进行了描述。抗震设防烈度和设计基本地震加速度取值的对应关系,应符合表 3-9 的规定。设计基本地震加速度为 0.15g 和 0.30g 地区内的建筑除规范另有规定外,应分别按抗震设防烈度 7 度和 8 度的要求进行抗震设计。

GB 50011—2010 中的抗震设防烈度和设计基本地震加速度取值的对应关系 表 3-9

抗震设防烈度	6	7	8	9
设计基本地震加速度值	0.05g	0.10(0.15)g	0.20(0.30)g	0.40g

注:g 为重力加速度。

地震影响的特征周期应根据建筑所在地的设计地震分组和场地类别确定。GB 50011—2010 的设计地震共分为三组,其特征周期应按第 5 章的有关规定采用。特征周期值是计算地震作用的重要参数,采用设计地震分组法,基本反映了近震、中震和远震的影响,并在《中国地震动参数区划图》(GB 18306—2015)特征周期(B1 图)的基础上加以调整后确定。中国主要城镇(县级及县级以上城镇)中心地区的抗震设防烈度、设计基本地震加速度值和所属的设计地震分组,可按附录 A1 采用,附录 A 中没有覆盖的乡镇的抗震设防烈度、设计基本地震加速度和设计地震分组可按 GB 18306—2015 取用。

3.3.2 地震分析方法概述

1)EN 1998 地震分析方法概述

在 EN 1998 范围内,地震运动以弹性地震加速度反应谱(弹性反应谱)描述。弹性反应谱在承载能力极限状态(结构抗倒塌要求)和正常使用极限状态(损伤极限要求)两种状况下的地震作用是相同的。

水平地震作用由两个正交分量表示,并假设两个分量相互独立且采用同一反应谱。地震作用的三个分量,可根据地震源或震级的不同,采用一个或多个反应谱。不同国家或地区所使用的弹性反应谱条件参考该国的国家附件。当影响某地的地震有多种不同来源时,应考虑使用多种谱形,以充分考虑设计地震作用。此时,各种谱及地震均需不同的 a_g 值。对于重要结构($\gamma_I > 1.0$),应考虑地形条件放大系数。

地震分析也可采用时程分析法。一些特殊类型的结构可能需要考虑地面运动在空间及时间上的变化,即需要考虑地震的行波效应和局部场地效应(多点或多向地震激励)。

2)GB 50011—2010 地震分析方法概述

GB 50011—2010 在第 3.6 节专门列出了结构抗震分析方法的一般规定。结构分析是结构设计的前提,也是结构设计的重要依据性工作。合理的计算模型、计算假定和计算程序对结构设计影响重大。

振型分解反应谱法是目前结构抗震设计计算的主要方法(GB 50011—2010 中第 5.1.2 条),底部剪力法是一种简化的计算方法(GB 50011—2010 中第 5.1.2 条),随着计算机应用的普及,底部剪力法在实际工程中的应用正逐渐减少,但其物理概念简单清晰,在方案及初步设计中常用。时程分析法作为振型分解反应谱法的补充计算方法,在工程中的应用越来越普遍(GB 50011—2010 中第 3.6.1 条)。

3.3.3 弹性反应谱确定方法

地震反应谱是给定的地震加速度作用期间内,单质点体系弹性最大反应随质点自振周期变化的曲线。对于多质点体系来说,这种关系只是一种近似。然而,这给结构抗震分析带来了极大的简化,结构所受的水平地震作用可以转换为等效的侧向力。相应地,结构在地震作用下的作用效应分析也就转换为等效侧向力下的作用效应分析,因而,只要解决了等效侧向力的计算,地震作用效应的分析就可以采用静力学的方法来解决。

在各国抗震标准中,弹性反应谱理论仍是现阶段抗震设计的最基本理论,EN 1998-1 和 GB 50011—2010均不例外。

1)EN 1998 弹性反应谱

(1)水平弹性反应谱

EN 1998-1 给出了地震作用的弹性反应谱。其中地震作用水平分量的弹性反应谱 $S_e(T)$ 按下面的公式定义:

$$S_e(T) = a_g \cdot S \cdot \left[1 + \frac{T}{T_B}(\eta \cdot 2.5 - 1)\right] \quad (0 \leqslant T \leqslant T_B) \tag{3-5}$$

$T_B \leqslant T \leqslant T_C$:

$$S_e(T) = a_g \cdot S \cdot \eta \cdot 2.5 \tag{3-6}$$

$T_C \leqslant T \leqslant T_D$:

$$S_e(T) = a_g \cdot S \cdot \eta \cdot 2.5\left(\frac{T_C}{T}\right) \tag{3-7}$$

$T_D \leqslant T \leqslant 4\text{s}$:

$$S_e(T) = a_g \cdot S \cdot \eta \cdot 2.5\left(\frac{T_C T_D}{T^2}\right) \tag{3-8}$$

式中：$S_e(T)$——弹性反应谱；

T——线性单自由度体系的振动周期；

a_g——A 型场地的设计地震加速度（$a_g = \gamma_I \cdot a_{gR}$）；

T_B——恒定谱加速度分支周期的上限；

T_C——恒定谱加速度分支周期的下限；

T_D——谱的恒定位移反应起点的定义值；

S——场地土系数，为考虑不同场地地震作用的不同而引入的反应谱值调整系数；

η——阻尼修正系数，对于 5% 的黏滞阻尼，基准值为 1，$\eta = \sqrt{10/(5+\zeta)} \geq 0.55$。

EN 1998-1 的水平反应谱如图 3-5 所示。

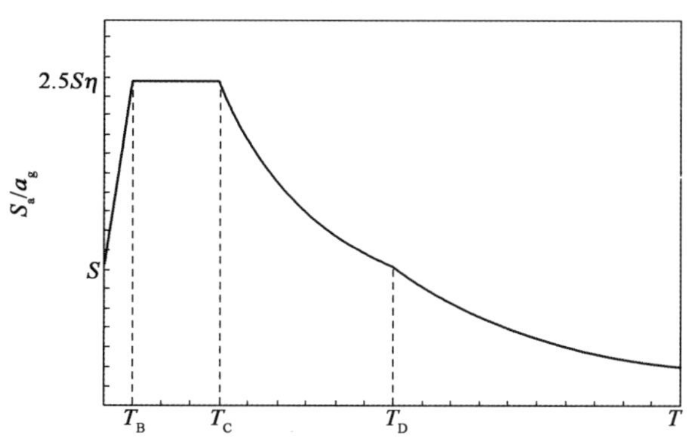

图 3-5　EN 1998-1 的水平反应谱

描述弹性反应谱的周期 T_B、T_C 和 T_D 的值以及场地土系数 S 的值取决于场地类型。不同国家使用的各种场地类型及谱型的 T_B、T_C 和 T_D 及 S 的值参考其国家附件。若未考虑深层地质条件因素，建议选择 1 型谱和 2 型谱。若地震最易于引起以概率危险性评估为目的而定义的地震危险，且地震的面波等级 M_s 不大于 5.5，建议采用 2 型谱。对于 A 类、B 类、C 类、D 类和 E 类五种场地，1 型谱的上述参数 S、T_B、T_C 和 T_D 在表 3-10 中给出；2 型谱的上述参数在表 3-11 中给出。图 3-6 和图 3-7 分别为建议的 1 型和 2 型谱的谱形，并且对于 5% 的阻尼比根据 a_g 取相对值。若考虑了深层地质条件因素，各国家附件可能有不同的谱定义。

对于 S1 和 S2 类场地，S、T_B、T_C 及 T_D 的取值应特别研究确定。

EN 1998-1 中 1 型弹性反应谱的参数值　　表 3-10

场地类型	S	T_B(s)	T_C(s)	T_D(s)
A	1.0	0.15	0.4	2.0
B	1.2	0.15	0.5	2.0
C	1.15	0.20	0.6	2.0
D	1.35	0.20	0.8	2.0
E	1.4	0.15	0.5	2.0

EN 1998-1 中 2 型弹性反应谱的参数值　　表 3-11

场地类型	S	T_B(s)	T_C(s)	T_D(s)
A	1.0	0.05	0.25	1.2
B	1.35	0.05	0.25	1.2
C	1.5	0.10	0.25	1.2
D	1.8	0.10	0.30	1.2
E	1.6	0.05	0.25	1.2

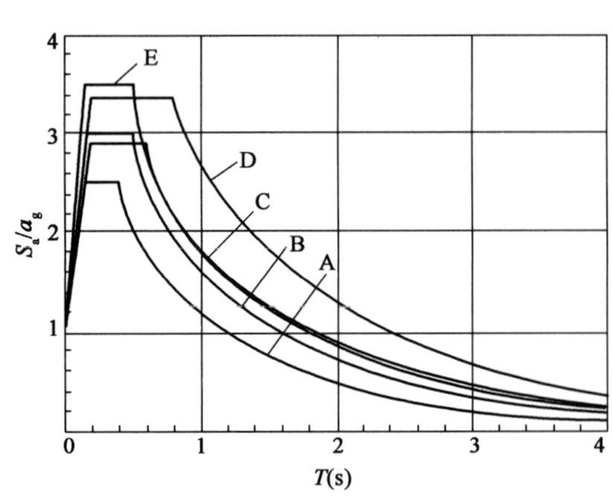

图 3-6 适用于 A ~ E 类场地的 1 型弹性反应谱(5% 阻尼)

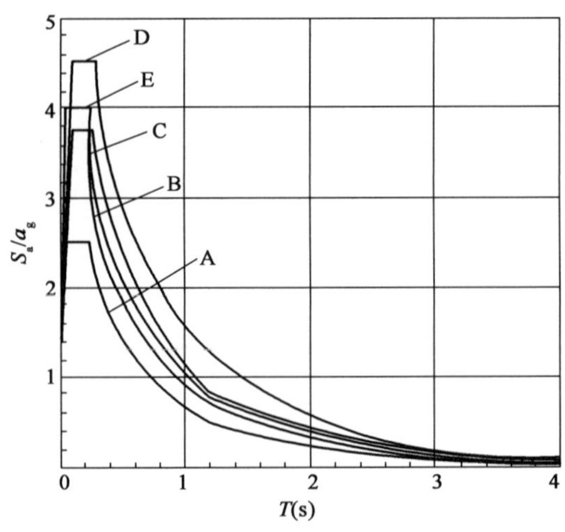

图 3-7 适用于 A ~ E 类场地的 2 型弹性反应谱(5% 阻尼)

(2)竖向弹性反应谱

地震作用的竖向分量应根据竖向弹性反应谱 $S_{ve}(T)$ 按下面的公式定义:

$0 \leqslant T \leqslant T_B$

$$S_{ve}(T)=a_{vg}\cdot\left[1+\frac{T}{T_B}(\eta\cdot 3-1)\right] \tag{3-9}$$

$T_B \leqslant T \leqslant T_C$

$$S_{ve}(T)=a_{vg}\cdot\eta\cdot 3.0 \tag{3-10}$$

$T_C \leqslant T \leqslant T_D$

$$S_{ve}(T)=a_{vg}\cdot\eta\cdot 3.0\left(\frac{T_C}{T}\right) \tag{3-11}$$

$T_D \leqslant T \leqslant 4\text{s}$

$$S_{ve}(T)=a_{vg}\cdot\eta\cdot 3.0\left(\frac{T_C T_D}{T^2}\right) \tag{3-12}$$

不同国家使用的各种场地类型及谱型的 T_B、T_C 和 T_D 及 S 的值参考其国家附件。建议选择两种类型的竖向谱:1 型和 2 型谱。对于定义地震水平作用的谱,若地震最易于引起以概率危险性评估为目的而定义的地震危险,且地震的面波等级 M_s 不大于 5.5,建议采用 2 型谱。对于 A 类、B 类、C 类、D 类和 E 类五种场地,竖直弹性反应谱的参数建议值在表 3-12 中给出。这些建议值不适用于 S1 及 S2 型特殊场地。

竖直弹性反应谱的参数建议值 表 3-12

谱	a_{vg}/a_g	T_B(s)	T_C(s)	T_D(s)
1 型	0.9	0.05	0.15	1.0
2 型	0.45	0.05	0.15	1.0

EN 1998 推荐的垂直反应谱并不随场地土条件的变化而改变(见 EN 1998-1 表 3.4 中的值),这是由于缺少场地土对垂直反应谱作用效应的数据造成的。

(3)水平弹性分析设计谱

线性范围内结构体系承受地震作用时,通常允许其抗震承载力的设计值小于线弹性反应谱对应的承载能力。为避免结构设计采用比较烦琐的非线性分析,可以采用与弹性反应谱相关的简化反应谱(弹性分析设计谱)进行弹性分析,以弹性反应谱为基础,假定不同水准的地震弹性反应谱形状相同,引入性能系数 q,将弹性反应谱折减后得到用于计算地震作用的设计反应谱 $S_d(T)$。以此考虑结构通过构件延性或其他塑性机制进行能量耗散的能力。

性能系数 q 的定义：当黏滞阻尼比为5%且反应的性质为完全弹性时，q 为结构承受的地震力与可能用于设计的地震力二者之间的近似比值（设计中使用传统弹性分析模型，仍可保证结构的实际反应是合理的）。EN 1998 规定了常用结构的延性级别，并给出了多种材料及结构体系的性能系数 q 的值，这些值也考虑了黏滞阻尼比不为5%的情况。尽管结构某方向上的延性级别均应相同，但在结构的不同水平方向上，性能系数 q 的值可能不同。

水平地震作用的设计反应谱与弹性反应谱的关系可以表达为：

$0 \leqslant T \leqslant T_B$

$$S_d(T) = a_g \cdot S \cdot \left[\frac{2}{3} + \frac{T}{T_B}\left(\frac{2.5}{q} - \frac{2}{3}\right)\right] \tag{3-13}$$

$T_B \leqslant T \leqslant T_C$

$$S_d(T) = a_g \cdot S \cdot \frac{2.5}{q} \tag{3-14}$$

$T_C \leqslant T \leqslant T_D$

$$S_d(T) = a_g \cdot S \cdot \eta \cdot \frac{2.5}{q}\left(\frac{T_C}{T}\right) \geqslant \beta \cdot a_g \tag{3-15}$$

$T_D \leqslant T$

$$S_d(T) = a_g \cdot S \cdot \frac{2.5}{q}\left(\frac{T_C T_D}{T^2}\right) \geqslant \beta \cdot a_g \tag{3-16}$$

式中：$S_d(T)$——设计谱；

β——水平设计谱的下限系数；

q——性能系数；

T、a_g、T_B、T_C、T_D 和 S 的定义同前。

（4）竖向弹性分析设计谱

对于竖向地震作用，其设计谱可参考式(3-12)～式(3-15)，此时用竖向地震加速度 a_{vg} 替代 a_g，S 取值1.0，其他参数均与本节(2)定义一致。对于竖向地震作用，性能系数 $q \leqslant 1.5$ 的情况通常适用于所有的材料及结构体系；对于在竖向采用 $q > 1.5$ 的情况，应通过适当的分析加以证明。

EN 1998 定义的上述设计谱不适用于基础隔震或效能减震结构体系的设计。

2）GB 50011—2010 弹性反应谱

（1）水平地震作用反应谱

GB 50011—2010 指出，弹性反应谱理论仍是中国现阶段抗震设计的基本理论，反应谱法仍是现阶段抗震设计计算的主要方法。GB 50011—2010 定义的地震影响系数曲线（反应谱）如图3-8所示。其水平地震影响系数最大值应按表3-13采用；特征周期应根据场地类别和设计地震分组按表3-14采用，计算地震烈度为8度、9度的罕遇地震作用时，特征周期应增加0.05s。

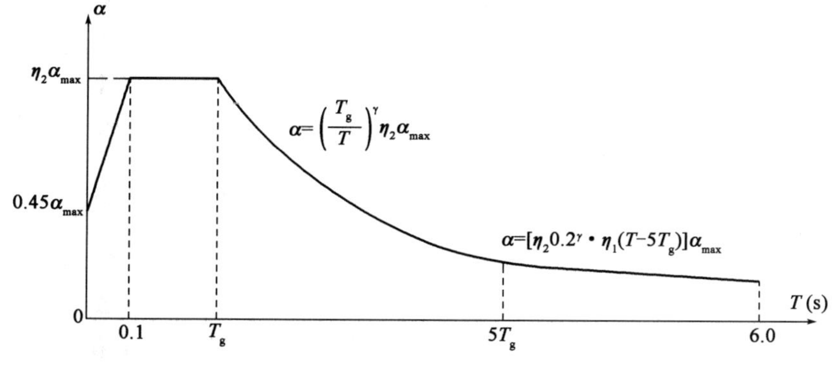

图3-8 GB 50011—2001 定义的地震影响系数曲线

GB 50011—2010 水平地震影响系数最大值 表 3-13

地震影响	6 度	7 度	8 度	9 度
多遇地震	0.04	0.08(0.12)	0.16(0.24)	0.32
罕遇地震	0.28	0.50(0.72)	0.90(1.20)	1.40

注：括号中数值分别用于设计基本地震加速度为 0.15g 和 0.30g 的地区。

GB 50011—2010 特征周期值(s) 表 3-14

设计地震分组	场地类别				
	I_0	I_1	Ⅱ	Ⅲ	Ⅳ
第一组	0.20	0.25	0.35	0.45	0.65
第二组	0.25	0.30	0.40	0.55	0.75
第三组	0.30	0.35	0.45	0.65	0.90

地震作用水平分量的地震影响系数 α 按下面的公式定义：

$0\leqslant T\leqslant 0.1$

$$\alpha=\alpha_{\max}\cdot[0.45+T(10\eta_2-4.5)] \tag{3-17}$$

$0.1\leqslant T\leqslant T_g$

$$\alpha=\alpha_{\max}\cdot\eta_2 \tag{3-18}$$

$T_g\leqslant T\leqslant 5T_g$

$$\alpha=\eta_2\cdot\alpha_{\max}\cdot\left(\frac{T_g}{T}\right)^{\gamma} \tag{3-19}$$

$5T_g\leqslant T\leqslant 6\mathrm{s}$

$$\alpha=\alpha_{\max}[\eta_2\cdot 0.2^{\gamma}-\eta_1(T-5T_g)] \tag{3-20}$$

式中：α——地震影响系数；

$\alpha_{\max}$——地震影响系数最大值；

T_g——特征周期；

T——结构自振周期；

γ——衰减系数。

GB 50011—2010 规定：当建筑结构的阻尼比按有关规定不等于 0.05 时，地震影响系数曲线的阻尼调整系数和形状参数应符合下列规定。

①曲线下降段的衰减指数应按式(3-21)确定：

$$\gamma=0.9+\frac{0.05-\zeta}{0.5+5\zeta} \tag{3-21}$$

式中：γ——曲线下降段的衰减指数；

ζ——阻尼比。

②直线下降段的下降斜率调整系数应按式(3-22)确定：

$$\eta_1=\frac{0.02+(0.05-\zeta)}{8} \tag{3-22}$$

式中：η_1——直线下降段的下降斜率调整系数，小于 0 时取 0。

③阻尼调整系数应按式(3-23)确定：

$$\eta_2=1+\frac{0.05-\zeta}{0.06+1.7\zeta} \tag{3-23}$$

式中：η_2——阻尼调整系数，当小于 0.55 时，应取 0.55。

(2)竖向地震作用反应谱

GB 50011—2010 第 5.3.4 条条文说明指出：空间结构的竖向地震作用，可采用竖向振型的振型分解反应谱方法。对于竖向反应谱，现阶段，多数规范仍采用水平反应谱的65%，包括最大值和形状参数，结构等效总重力荷载取重力荷载代表值的75%。但认为竖向反应谱的特征周期与水平反应谱相比，尤其在远震中距时，明显小于水平反应谱，故特征周期均按第一组采用。对处于地震断裂10km以内的场地，竖向反应谱的最大值可能接近于水平谱，但特征周期小于水平谱。

3.3.4 关于时程分析法的规定

地震运动也可用地震加速度及其他相关量（速度与位移）的时程来表示。当结构分析采用空间模型时，地震运动应由3个（两个水平正交分量和一个竖向分量）同时作用的加速度波构成，因此可用人工加速度波以及天然或模拟加速度波来描述地震运动。关于时程分析，中欧标准均有相关规定，且内容相差不大。

1）EN 1998关于时程分析法的规定

（1）人工加速度波对于黏滞阻尼比为5%的情况，应生成与规范反应谱相匹配的人工加速度波；加速度波的持续时间应与震级及其他基于确定a_g值的地震相关特性一致；当无法获得场地具体数据时，加速度波持续时间T_s不应小于10s。

人工加速度波应遵循的规定：最少使用3条加速度波；零周期谱加速度平均值（从单独时程计算出）应不小于$a_g \cdot S$，大于$0.2T_1 \sim 2T_1$（其中，T_1是加速度波作用方向上结构的基本周期）；所有时程波计算得出的5%阻尼弹性谱的平均值不应低于5%阻尼弹性谱对应值的90%。

（2）天然或模拟的加速度波。如果所使用的样本足以反映震源地震特征及与场地相应的土质条件，并且加速度波的幅值采用所考虑的地震区的$a_g \cdot S$值，那么可使用天然加速度波或通过震源和传播路径机理进行物理模拟而生成的加速度波。

地形放大效应分析及动态边坡稳定性验证可见EN 1998-5:2004第2.2节，拟使用的天然加速度波或模拟的加速度波应符合规定。

2）GB 50011—2010关于时程分析法的规定

（1）特别不规则的建筑、甲类建筑和GB 50011—2010表3.3.4-1所列高度范围的高层建筑，应采用时程分析法进行多遇地震下的补充计算；当取三组加速度时程曲线输入时，计算结果宜取时程法的包络值和振型分解反应谱法的较大值；当取七组及七组以上的时程曲线时，计算结果可取时程分析法的平均值和振型分解反应谱法的较大值。

（2）采用时程分析法时，应按建筑场地类别和设计地震分组选用实际强震记录和人工模拟的加速度时程曲线，其中实际强震记录的数量不应少于总数的2/3，多组时程曲线的平均地震影响系数曲线应与振型分解反应谱法所采用的地震影响系数曲线在统计意义上相符，其加速度时程的最大值按GB 50011—2010表3.3.4-2采用。弹性时程分析时，每条时程曲线计算所得结构底部剪力法不应小于振型分解反应谱法计算结果的65%，多条时程曲线计算所得结构底部剪力的平均值不应小于振型分解反应谱法计算结果的80%。

3.3.5 弹性反应谱计算实例

为了对EN 1998-1和GB 50011—2010定义的反应谱进行直观的比较，以地面加速度峰值$0.07g$（对应中国8度小震）、阻尼比0.05为例，并将GB 50011—2010反应谱由地震影响系数转化为加速度形式，绘制三条反应谱，如图3-9所示。其中，EC8为EN 1998-1中A类场地弹性反应谱，CC1为GB 50011—2010第一组地震分组I_1类场地反应谱，CC3为GB 50011—2010第三组地震分组I_1类场地反应谱。图3-9的比较仅就反应谱本身而言，并不直接反映地震作用的大小。

由以上比较可以看出，仅就弹性反应谱而言：

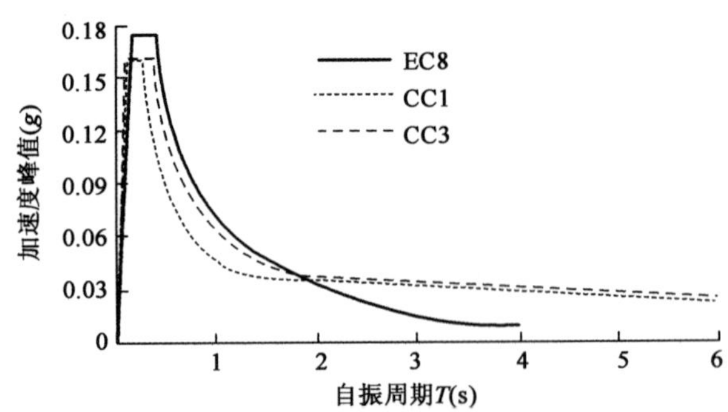

图 3-9 EN 1998-1 与 GB 50011—2010 在相同地面加速度峰值下的反应谱比较

(1)EN 1998-1 与 GB 50011—2010 反应谱具有相似的形状,都有上升段、平台和下降段。

(2)EN 1998-1 反应谱周期到 4s 截止,GB 50011—2010 反应谱周期到 6s 截止。

(3)相同条件下,EN 1998-1 反应谱平台宽度大于 GB 50011—2010 反应谱平台宽度。

(4)相同条件下,在周期 2s 以内,EN 1998-1 反应谱比 GB 50011—2010 反应谱取值大,周期 2s 以后,EN 1998-1 反应谱比 GB 50011—2010 反应谱取值小。

现将 GB 50011—2010 和 EN 1998-1 进行比较,主要差异如下:

(1)从反应谱的形状来看,中欧标准具有相同的基本特征,分为四个区段:直线上升段、水平段和两个下降段,但采用的表达式不同,反应谱的纵坐标也不同。

(2)对于反应谱的直线上升段,中欧标准的结构自振周期的范围是不同的。GB 50011—2010 取为 0 ~ 0.1s,EN 1998-1 取为 0 ~ T_B。也就是说,GB 50011—2010 反应谱平台的起始周期为固定的 0.1s,EN 1998-1 的 T_B 都是根据场地类别确定的。相比而言,中国标准没有欧洲标准的要求严格,起始周期及小于起始周期的谱形态对水工结构中的土石坝或其他一些自振周期在 0.1s 左右的建筑物影响较大,宜分别研究不同场地类别反应谱的起始周期。

(3)对于不同的阻尼比,中欧标准的反应谱都可以对阻尼比不等于 5% 的结构进行调整。

(4)在 GB 50011—2010 中,α_{max} 由设防地震动强度决定,场地条件的影响未得到体现。在 EN 1998-1 中,平台段值 $S_e = 2.5\alpha_g S$,由场地影响系数 S 和地震分区系数 α_g 决定,平台段值同样也随着场地及各地设防地震动参数影响而发生变化。

(5)对于水平段的终止周期,GB 50011—2010 的特征周期 T_g 是根据设计地震分组(考虑到震源远近及震源机制)和场地类别确定的;EN 1998-1 的 T_B 是在考虑震源远近的基础上,根据场地类别确定的。两本标准都注重场地条件及震源远近对平台段的终止周期的影响,但忽略了地震动强度对其值的影响。

(6)衰减指数是对长周期部分影响最为显著的因素。在 GB 50011—2010 中,曲线的下降一段衰减指数取 0.9。在 EN 1998-1 中,长周期下降一段与二段的衰减指数分别为 1 和 2。GB 50011—2010 中长周期下降趋势更显保守。

(7)当前,GB 50011—2010 采用多遇和罕遇地震作为设计地震动参数。GB 50011—2010 中的罕遇地震相当于 50 年超越概率 2% ~3% 的抗震设防水准。而 EN 1998-1 是按照 50 年超越概率 10% 重现期 475 年的抗震设防水平执行的,因此两本标准均取用相同的 50 年超越概率 10% 的标准。

3.4 抗震设防目标和水准

设防目标既是抗震规范编制工作的指导思想,又是工程技术人员应用规范进行抗震设计的指导思想。这种思想是基于地震的不确定性和国家的经济条件,在考虑国家经济力量可以承受的前提下,确定地震风险和建筑抗震安全之间的关系。

3.4.1 中国抗震设防目标

GB 50011—2010 采用的三水准设防的具体内容为：

（1）第一水准：小震不坏。一般情况下对应 50 年内超越概率为 63.2% 的地震作用（相当于重现期为 50 年），称为小震，小震烈度大约比设防烈度低一度半。小震不坏要求建筑结构满足多遇地震作用下的承载能力极限状态验算要求及建筑的弹性变形不超过规定的弹性变形限值。

（2）第二水准：中震可修。一般情况下，对应 50 年内超越概率为 10% 的地震作用（相当于重现期为 475 年），称为中震，中震烈度即为设防烈度。中震可修要求建筑结构具有相当的延性能力（变形能力），不发生不可修复的脆性破坏。

（3）第三水准：大震不倒。一般情况下对应 50 年内超越概率为 2% ~3% 的地震作用（相当于重现期平均约为 2000 年），称为大震，大震烈度比设防烈度约高一度。大震不倒要求建筑具有足够的变形能力，其弹塑性变形不超过规定的弹塑性变形限值。

3.4.2 欧洲抗震设防目标

EN 1998-1：2004 在第 1.1.1 条提出抗震设防目标：在地震发生时，保证人民生命安全，限制结构破坏，用于民众保护的重要建筑仍能保持运行。EN 1998-1 在第 2.1 节给出了地震区的结构在设计和建造时应该满足的设计原则：

（1）不倒塌要求。经抗震设计后，结构在设计地震作用下不发生局部或整体倒塌，从而保证结构上的完整和荷载的承受能力，即满足设计地震作用在 50 年内的超越概率 P_{NCR}、重现期 T_{NCR} 的要求，推荐值分别为 10%、475 年。

（2）受损极限要求。经抗震设计后，结构能够抵御设计地震作用，不发生破坏，使用不受到限制，经济损失较结构成本要小得多，即满足设计地震作用在 10 年内的超越概率 P_{DLR}、重现期 T_{DLR} 的要求，推荐值分别为 10%、95 年。

EN 1998-1 给出的换算公式如下：

$$T_{\mathrm{R}} = -\frac{T_{\mathrm{L}}}{\ln}(1 - P_{\mathrm{R}}) \tag{3-24}$$

式中：T_{R}——平均重现期；

T_{L}——一定时期；

P_{R}——在 T_{L} 内的超越概率。

根据此公式，对于在受损极限要求中，仍取重现期为 95 年的情况，可计算出 50 年内的超越概率 P_{R} 为 40%。

3.4.3 EN 1998-1 和 GB 50011—2010 设防目标的比较

3.4.3.1 实现抗震设防目标的方法比较

EN 1998-1 和 GB 50011—2010 在各地震水准下的验算要求可以用表 3-15 简单表示。EN 1998-1 为实现受损极限要求提出了基于层间变形限值的验算要求（EN 1998-1 第 4.4.3.2 条）：

（1）对有与主体结构相连的由脆性材料制成的非结构构件的建筑：$d_{\mathrm{r}}v \leqslant 0.005h$。

（2）对有延性非结构构件的建筑：$d_{\mathrm{r}}v \leqslant 0.0075h$。

（3）对有非结构构件，但非结构构件的固定不与结构位移发生干扰的建筑：$d_{\mathrm{r}}v \leqslant 0.010h$。

其中，h 为层高；d_{r} 为根据不倒塌要求地震水准按设计反应谱计算的设计层间侧移

[EN 1998-1第4.4.2.2(2)条];v 为说明对应限制损坏要求的较短重现期地震作用的折减系数,取决于建筑的重要性分类。采用该系数的前提是假定非倒塌要求的地震作用弹性反应谱与限制破坏要求的地震作用弹性反应谱形状相同。EN 1998-1 推荐的 v 值:对Ⅰ类和Ⅱ类重要性建筑,$v=0.4$;对Ⅲ类和Ⅳ类重要性建筑,$v=0.5$。

EN 1998-1 和 GB 50011—2010 在不同水准下地震作用的验算要求 表 3-15

地震水准	小震,限制破坏水准		中震,不倒塌水准		大震
验算要求	抗力验算	位移验算	—	—	—
EN 1998-1	—	位移验算	抗力验算(构件设计)	位移验算	—
GB 50011—2010	抗力验算(构件设计)	位移验算	不要求,由构造措施保证		位移验算

EN 1998-1 为实现不倒塌要求给出了基于力和基于位移的两种验算方法,并据此进行结构设计。基于力的设计方法可以用于脆性结构和延性结构,根据不倒塌要求水准和设计反应谱(由弹性反应谱按照 q 倍比例折算得到),采用线性方法分析结构地震效应,与其他荷载效应组合后满足式(3-25)抗力条件,同时结构和构件应满足一定的延性和整体性要求:

$$E_{\mathrm{d}} \leqslant R_{\mathrm{d}} \tag{3-25}$$

式中:E_{d}——抗震设计时作用效应设计值,是依据不倒塌要求水准的设计反应谱计算得到;

R_{d}——相应的构件设计抗力,按相应材料的规定(材性特征值 f_{k} 和分项安全系数 γ_{M})和结构体系类型的力学模型进行计算。

基于位移的设计方法只用于延性结构,根据不倒塌要求水准直接进行非线性分析(推覆方法或时程方法)得到结构的非线性位移。EN 1998-1 给出的基于位移的设计方法反映了基于性能抗震设计方法的一些思想,目前进行结构设计主要还是用基于抗力的设计方法。

GB 50011—2010 为实现小震不坏的目标,要求进行抗力和位移验算,依据多遇地震作用下的弹性反应谱计算地震作用,再与其他效应组合进行抗力验算,并据此进行结构设计,同时进行弹性层间位移验算。

为实现中震可修要求,GB 50011—2010 规定了一系列概念设计和构造措施来保证结构在中震下不致产生过大破坏。

为实现大震不倒要求,对不规则且具有明显薄弱部位、可能导致地震时严重破坏的建筑结构,GB 50011—2010 规定需要进行罕遇地震作用下的非线性变形分析,要求塑性层间变形不大于标准规定的限值。

在限制破坏要求上,EN 1998-1 主要考虑非结构构件的破坏,以位移为指标进行控制,层间位移的限值为 1/200 ~ 1/100,相比 GB 50011—2010 规定的小震 1/1000 ~ 1/300 的弹性层间位移限值要宽松。但 EN 1998-1 限制破坏要求的设防水准比 GB 50011—2010 小震设防水准高。

EN 1998-1 是在不倒塌要求水准(相当于中国中震水准)下进行结构强度设计,这不同于 GB 50011—2010 在小震水准下进行结构强度设计。由于不倒塌要求并不要求结构完全不破坏,因此可以让结构在此地震水准下进入塑性。为避免在设计中做细致的非线性分析,计算地震作用时可将弹性反应谱折减为设计反应谱,并据此进行线性分析。折减通过引入性能系数 q 实现,性能系数 q 是当结构反应为完全弹性、黏滞阻尼比为 5% 时,结构所遭受的地震力与设计中采用的按传统线性模型分析、保证结构反应满意的最小地震力之比的近似值。它和结构的延性、耗能、超强等因素有关。因为设计地震作用小于按弹性反应谱计算的地震作用,因此,必须要保证结构屈服后的延性。图 3-10 表示了按 EN 1998-1 和 GB 50011—2010 计算的地震作用的比较。

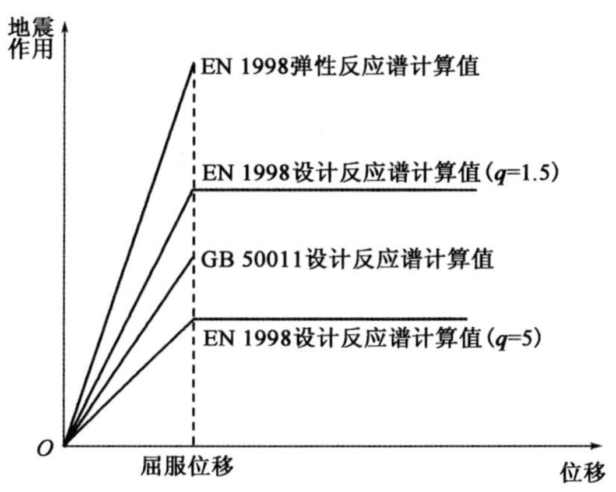

图 3-10 EN 1998-1 与 GB 50011—2010 地震作用计算的比较示意图

3.4.3.2 进行结构设计时地震作用计算的比较

GB 50011—2010 采用“三水准”抗震设防,认为在小震下结构处于完全弹性,这样可以直接利用弹性反应谱和线性分析方法计算地震作用,概念比较清晰,容易理解。但是存在一些不协调的地方:地震作用和内力分析时假定结构完全弹性,用线性分析方法,而在用弹性分析的力进行结构截面强度设计时又采用了截面塑性极限状态的假定。

EN 1998-1 以及世界上的大多数抗震规范是在设防地震水准(对应中国中震)下进行结构设计的。地震作用、内力分析和结构截面强度设计都假定结构处于塑性状态,前后协调一致。

由于 EN 1998-1 对不同类型结构采取不同的 q 值,使得在相同条件下,不同类型结构采用不同地震作用进行设计。延性较好的结构可以取用较小的地震作用进行强度设计,地震作用下较早进入塑性,然后靠延性和耗能保证结构的屈服后承载力;延性较差的结构取用较大的地震作用进行强度设计,地震作用下进入塑性较晚,对延性的依靠较小;完全脆性的结构可以直接用弹性反应谱进行结构强度设计,这样保证了在地震作用下结构保持弹性,完全靠强度抵抗地震作用。通过对性能系数 q 的灵活调整和相应延性要求的保证可以使不同类型结构都达到相同的抗震可靠度。

GB 50011—2010 实际等于对所有结构均采用了统一的 q 值,q 大致等于 3。进行结构设计时,所有结构将在同一地震水准下进入塑性。对于延性较好的结构,进入塑性后仍可以依靠延性耗能继续抵抗增大的地震作用;而对延性较差的结构,进入塑性后将很快破坏。显然,对不同延性结构采用统一的屈服标准很难达到各类结构抗震可靠度的一致。

3.5 计算实例

算例 3-5:多遇地震下两层框架地震作用计算

某两层钢筋混凝土框架结构,层高 $h_1 = h_2 = 4.5\text{m}$,集中于楼盖和屋盖处的重力荷载代表值相等,$G_1 = G_2 = 1400\text{kN}$,基本自振周期为 $T_1 = 1.02\text{s}$,建筑场地为Ⅱ类,抗震设防烈度为 9 度,设计地震分组为第二组,设计基本加速度为 $0.10g$,结构阻尼比 $\xi = 0.05$。计算该结构多遇地震时的水平地震作用(图 3-11)。

解:

1)按照 GB 50011—2010 计算

(1)由 GB 50011—2010 表 5.1.4-1 查得,当抗震设防烈度为 9 度,设计基本加速度为 $0.10g$的多遇地震时,$\alpha_{\max} = 0.32$;当Ⅱ类场地,设计地震分组为第二组时,查表 5.1.4-2,取 $T_g = 0.40\text{s}$。

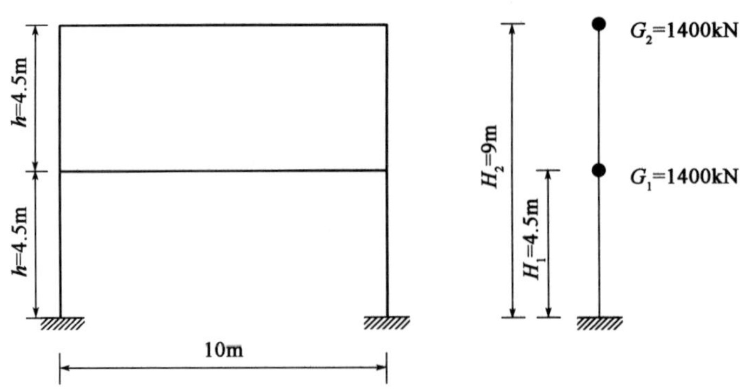

图 3-11　计算模型

因阻尼比 $\zeta=0.05$，根据规范第 5.1.5 条第一款阻尼比调整系数 $\eta_2=1.0$；

因为 $T_g=0.40s<T=1.02s<5T_g=5\times0.40=2s$；

故按规范图 5.1.5 曲线算出相应于第一振型自振周期 T_1 的地震影响系数。

地震影响系数：

$$\alpha_1=\left(\frac{T_g}{T}\right)^{\gamma}\eta_2\alpha_{max}=\left(\frac{0.40}{1.02}\right)^{0.9}\times1.0\times0.32=0.138$$

(2)结构总水平地震作用标准值(结构底部剪力)。

应用 GB 50011—2010 式(5.2.1-1)计算。

多遇地震：

$$F_{Ek}=\alpha_1G_{eq}=\alpha_1 0.85(G_1+G_2)=0.138\times0.85\times(1400+1400)=328.44kN$$

(3)作用在各质点的水平地震作用标准值。

由 GB 50011—2010 中 5.2.1 表查得，当 $T_g=0.40s$ 时，$T_1=1.02s>1.4T_g=1.4\times0.40=0.56s$时，须考虑结构顶部附加集中作用。

$$\delta_n=0.08T_1+0.01=0.08\times1.02+0.01=0.092$$

多遇地震：

$$\Delta F_n=\delta_n\cdot F_{Ek}=0.092\times328.44=30.22kN$$

应用规范式(5.2.1-2)计算 F_i：

多遇地震：

$$F_1=\frac{G_1H_1}{\sum_{j=1}^{n}G_jH_j}F_{Ek}(1-\delta_n)=\frac{1400\times4.5}{1400\times4.5+1400\times9}\times328.44\times(1-0.092)=99.41kN$$

$$F_2=\frac{G_2H_2}{\sum_{j=1}^{n}G_jH_j}F_{Ek}(1-\delta_n)=\frac{1400\times9}{1400\times4.5+1400\times9}\times328.44\times(1-0.092)=198.82kN$$

2)按照 EN 1998-1 计算

该两层钢筋混凝土框架结构所处建筑场地为二类，根据中国标准与欧洲标准场地类别划分标准，欧洲标准按 B 类场地计算；中国标准抗震设防烈度最高为 9 度，欧洲标准也取最大地震分区系数 0.4；对于延性等级，欧洲标准采用中等延性等级 DCM。

(1)水平地震作用。

根据 EN 1998-1：2004 中第 4.3.3.2.2 条，基底剪力 F_b 的计算公式为：

$$F_b=S_d(T_1)m\lambda$$

λ 为修正系数，如果 $T_1\leqslant2T_C$ 且建筑层数多于两层，则 $\lambda=0.85$，而在其他情况下 $\lambda=1.0$。

当为 B 类场地时，查 EN 1998-1 表 3.2 得：$T_C=0.5s$，$T_D=2.0s$

根据 EN 1998-1：$T_C=0.5s<T_1=1.02s<T_D=2.0s$

故采用 EN 1998-1 式(3.15)：

$T_C < T < T_D$

$$S_d(T) = a_g \cdot S \cdot \frac{2.5}{q} \cdot \left(\frac{T_C}{T}\right)$$

故对于中等延性等级 DCM 的两层钢筋混凝土框架结构，性能系数 q 取 3.5。

(2)结构总水平地震作用的标准值。

对于 B 类场地，场地土系数 $S=1.2$，因为结构阻尼比为 $\xi=0.05$，阻尼修正系数 $\eta=1$，地震分区系数 $a_g=0.4$。

$$F_b = S_d(T_1)m\lambda = a_g \cdot S \cdot \frac{2.5}{q} \cdot \left(\frac{T_C}{T}\right)m\lambda$$

$$=0.4\times1.2\times\frac{2.5}{3.5}\times\left(\frac{0.5}{1.02}\right)\times1400\times2 = 470.59\text{kN}$$

(3)各质点的水平地震作用标准值。

根据 EN 1998-1 式(4.11)：

$$F_i = F_b \cdot \frac{z_i \cdot m_i}{\sum z_j \cdot m_j}$$

式中：z_i、z_j——质点 m_i、m_j 相对于施加地震作用的高程的高度。

$$F_1 = F_b \cdot \frac{z_1 \cdot m_1}{\sum z_j \cdot m_j} = 470.59\times\frac{1400\times4.5}{1400\times4.5+1400\times9} = 156.86\text{kN}$$

$$F_2 = F_b \cdot \frac{z_2 \cdot m_2}{\sum z_j \cdot m_j} = 470.59\times\frac{1400\times9}{1400\times4.5+1400\times9} = 313.73\text{kN}$$

中欧标准地震作用值比较如图 3-12 所示。从对比结果可见，按照多遇地震进行设计，按照欧洲标准计算的地震作用比按照中国标准计算的地震作用增加约 58%。究其原因，欧洲地震力是按照不倒塌水准要求进行计算的，相当于中国的中震作用；而此处中国标准是按照小震设计的，所以欧洲标准要求更为严格，计算作用力也相对偏大。

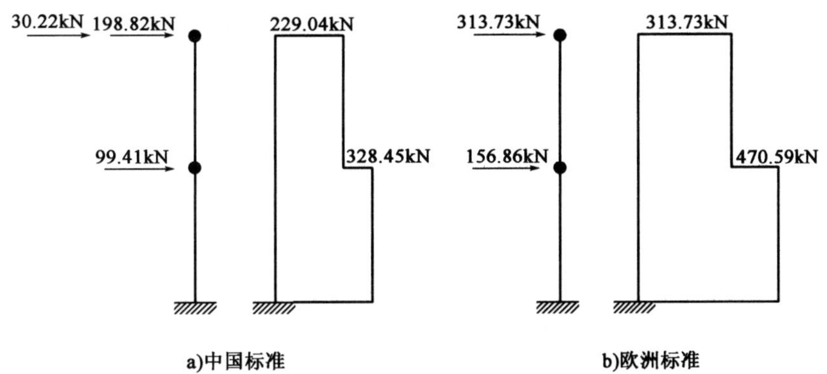

图 3-12　地震作用及层间剪力

算例 3-6：罕遇地震作用下三层框架地震作用计算

某三层钢筋混凝土框架结构，结构阻尼比 $\xi=0.05$，抗震设防烈度为 7 度，建筑场地为 I_0 类，设计地震分组为第一组，求其在不倒塌水准下的水平地震作用(图 3-13)。

解：

1)按照 GB 50011—2010 计算

罕遇地震作用，取 $\alpha_{max}=0.5$；场地类别为 I_0 类，设计地震分组为第一组，则 $T_g=0.25\text{s}$；$\xi=0.05$，取 $\gamma=0.9$，$\eta_2=1$。

结构自振周期 $T_1=0.397\text{s}$，则：

$T_g < T_1 < 5T_g$

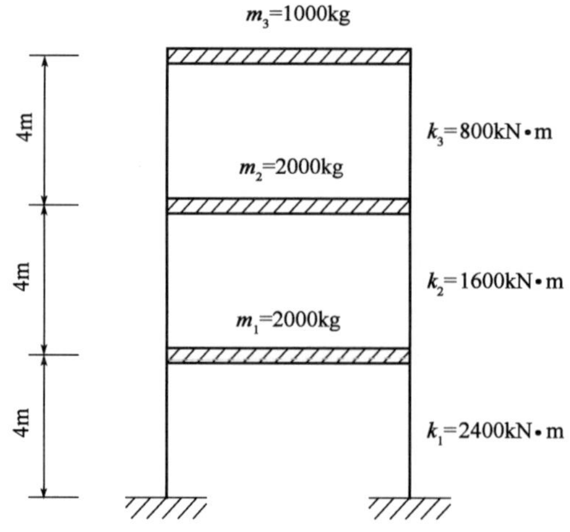

图 3-13 计算模型

得：

$$\alpha = \left(\frac{T_g}{T_1}\right)^{\gamma} \alpha_{max} = \left(\frac{0.25}{0.397}\right)^{0.9} \times 0.5 = 0.330$$

$T_g < 0.35$ 且 $T_1 > 1.4T_g = 0.35s$，则：

$$\delta_n = 0.08T_1 + 0.07 = 0.102$$

底部剪力为：

$$F_{Ek} = \alpha_1 G_{eq} = 0.330 \times 0.85 \times (1000 + 2000 + 2000) \times 9.8 = 13.745kN$$

各层水平地震作用为：

$$F_1 = \frac{G_1 H_1}{\sum_{i=1}^{3} G_i H_i} F_{Ek}(1-\delta_n) = \frac{2 \times 4}{2 \times 4 + 2 \times 8 + 1 \times 12} \times 13.745 \times (1 - 0.102) = 2.744kN$$

$$F_2 = \frac{G_2 H_2}{\sum_{i=1}^{3} G_i H_i} F_{Ek}(1-\delta_n) = \frac{2 \times 8}{2 \times 4 + 2 \times 8 + 1 \times 12} \times 13.745 \times (1 - 0.102) = 5.487kN$$

$$F_3 = \frac{G_3 H_3}{\sum_{i=1}^{3} G_i H_i} F_{Ek}(1-\delta_n) = \frac{1 \times 12}{2 \times 4 + 2 \times 8 + 1 \times 12} \times 13.745 \times (1 - 0.102) = 4.115kN$$

$$\Delta F_n = \delta_n F_{Ek} = 0.102 \times 13.745 = 1.399kN$$

$$V_1 = F_{Ek} = 13.745kN$$

$$V_2 = F_2 + F_3 + \Delta F_n = 11.001kN$$

$$V_3 = F_3 + \Delta F_n = 5.514kN$$

2）按照 EN 1998-1 计算

7 度设防，中国标准采用Ⅰ类弹性反应谱；场地类别为 I_0，欧洲标准取 A 类场地，查表得出：

$$S = 1.0, T_B = 0.15s, T_C = 0.4s, T_D = 2.0s$$

取 $a_g = 0.1g$，$q = 2$，由于 $T_B < T_1 < T_C$，则：

$$S_d(T_1) = a_g \cdot S \cdot \frac{2.5}{q} = 0.1g \times 1 \times \frac{2.5}{2} = 0.125g$$

又由于 $T_1 < 2T_C = 0.8s$，层数 $n > 2$，故取 $\lambda = 1.0$。

底部剪力为：

$$F_b = S_d(T_1) \cdot m\lambda = 0.125 \times 9.8 \times (2000 + 2000 + 1000) = 6.125kN$$

各层在基本周期下的位移比值 $s_1 : s_2 : s_3 = 0.314 : 0.686 : 1$

各层水平地震作用为：

$$F_1 = F_b \frac{s_1 m_1}{\sum_{i=1}^{3} s_i m_i} = 6.125 \times \frac{0.314 \times 2000}{3000} = 1.282\text{kN}$$

$$F_2 = F_b \frac{s_2 m_2}{\sum_{i=1}^{3} s_i m_i} = 6.125 \times \frac{0.686 \times 2000}{3000} = 2.802\text{kN}$$

$$F_3 = F_b \frac{s_3 m_3}{\sum_{i=1}^{3} s_i m_i} = 6.125 \times \frac{1 \times 1000}{3000} = 2.042\text{kN}$$

各层间剪力为

$V_1 = F_b = 6.125\text{kN}$

$V_2 = F_2 + F_3 = 4.844\text{kN}$

$V_3 = F_3 = 2.042\text{kN}$

计算结果如表3-16所示。从表3-16可以看出，按照“不倒塌”的要求，欧洲标准计算结果比中国标准的小50%左右。究其原因，是欧洲标准的“不倒塌”要求相当于中国的设防地震（中震）作用，而中国的“不倒塌”需求对应的是罕遇地震（大震）作用。

EN 1998-1 和 GB 50011—2010 的计算结果对比 表3-16

项目	F_1(kN)	F_2(kN)	F_3(kN)	V_1(kN)	V_2(kN)	V_3(kN)
中国标准	2.744	5.487	4.115	13.745	11.001	5.514
欧洲标准	1.282	2.802	2.042	6.125	4.844	2.042

算例3-7：多遇地震作用下三层框架地震作用计算（振型分解法）

某三层钢筋混凝土框架结构如图3-14所示，层高5.2m，跨度8m。抗震设防烈度为8度，设计基本加速度为0.2g，Ⅰ类场地，地震分组第一组，已知各质点的重力荷载代表值分别为：$G_1 = 1200\text{kN}$；$G_2 = 1200\text{kN}$；$G_3 = 700\text{kN}$。由结构动力学求得三个周期为 $T_1 = 0.6334\text{s}$，为基本周期；$T_2 = 0.2315\text{s}$；$T_3 = 0.1684\text{s}$，对应的三个主振型（图3-14）为：

$$\begin{Bmatrix} X_{11} \\ X_{12} \\ X_{13} \end{Bmatrix} = \begin{Bmatrix} 1 \\ 1.752 \\ 2.061 \end{Bmatrix};\begin{Bmatrix} X_{21} \\ X_{22} \\ X_{23} \end{Bmatrix} = \begin{Bmatrix} 1 \\ 0.127 \\ -0.982 \end{Bmatrix};\begin{Bmatrix} X_{31} \\ X_{32} \\ X_{33} \end{Bmatrix} = \begin{Bmatrix} 1 \\ -1.543 \\ 1.368 \end{Bmatrix}$$

试计算多遇地震下的楼层地震剪力。

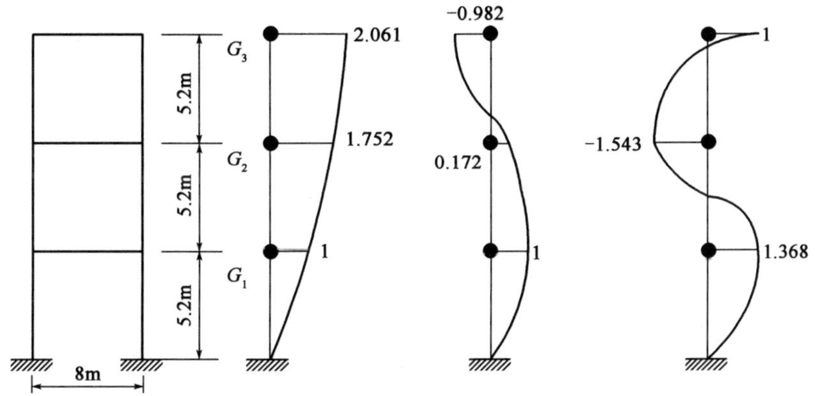

图3-14 计算模型及振型

解：

1）按照GB 50011—2010计算

（1）确定与三个周期对应的地震影响系数。

由于是钢筋混凝土框架结构($\zeta=0.05$)，因此应按规范图 5.1.5(地震影响系数曲线)确定 α 值。Ⅰ类场地第一分组查出特征周期为 $T_g=0.25\text{s}$，8 度多遇地震 $\alpha_{max}=0.16$，第一周期 $T_1=0.6334\text{s}$，大于 T_g 小于 5 倍 T_g，因此：

$$\alpha_1=\left(\frac{T_g}{T}\right)^{\gamma}\eta_2\alpha_{max}=\left(\frac{0.25}{0.6334}\right)^{0.9}\times1\times0.16=0.0693$$

$T_2=0.2315\text{s}$、$T_3=0.1684\text{s}$ 均小于 T_g 又大于 0.1s，从规范中地震影响系数曲线图可以看出，α 处于平台部分，因此与周期值无关，有 $\alpha_2=\alpha_3=\alpha_{max}=0.16$。

(2)计算三个振型参与系数。

将 X_{ji} 与 G_i 分别代入规范公式(5.2.2-2)，得到：

$$\gamma_1=\frac{\sum_{i=1}^{n}X_{ji}G_i}{\sum_{i=1}^{n}X_{ji}^2G_i}=\frac{1\times1200+1.752\times1200+2.061\times700}{1^2\times1200+1.752^2\times1200+2.061^2\times700}=0.6039$$

$$\gamma_2=\frac{\sum_{i=1}^{n}X_{ji}G_i}{\sum_{i=1}^{n}X_{ji}^2G_i}=\frac{1\times1200+0.172\times1200+(-0.982)\times700}{1^2\times1200+0.172^2\times1200+(-0.982)^2\times700}=0.3763$$

$$\gamma_3=\frac{\sum_{i=1}^{n}X_{ji}G_i}{\sum_{i=1}^{n}X_{ji}^2G_i}=\frac{1.368\times1200+(-1.543)\times1200+1\times700}{1.368^2\times1200+(-1.543)^2\times1200+1^2\times700}=0.0844$$

(3)水平地震作用标准值。

利用规范中的公式(5.2.2-1)计算水平地震作用标准值：

$F_{11}=\alpha_1\gamma_1X_{11}G_1=0.0693\times0.6039\times1\times1200=50.22\text{kN}$

$F_{12}=\alpha_1\gamma_1X_{12}G_2=0.0693\times0.6039\times1.752\times1200=87.99\text{kN}$

$F_{13}=\alpha_1\gamma_1X_{13}G_3=0.0693\times0.6039\times2.061\times700=60.38\text{kN}$

$F_{21}=\alpha_2\gamma_2X_{21}G_1=0.16\times0.3763\times1\times1200=72.25\text{kN}$

$F_{22}=\alpha_2\gamma_2X_{22}G_2=0.16\times0.3763\times0.127\times1200=9.18\text{kN}$

$F_{23}=\alpha_2\gamma_2X_{23}G_3=0.16\times0.3763\times(-0.982)\times700=-41.39\text{kN}$

$F_{31}=\alpha_3\gamma_3X_{31}G_1=0.16\times0.0844\times1\times1200=16.20\text{kN}$

$F_{32}=\alpha_3\gamma_3X_{32}G_2=0.16\times0.0844\times(-1.543)\times1200=-25.00\text{kN}$

$F_{33}=\alpha_3\gamma_3X_{33}G_3=0.16\times0.0844\times1.368\times700=12.93\text{kN}$

图 3-15 绘出了各振型的地震力，图 3-16 显示了各振型由地震力所产生的楼层剪力标准值，它们是各振型自上而下的代数和。最后确定各层的地震剪力标准值(图 3-17)，利用 GB 50011—2010 中式(5.2.2-3)求得：

$V_1=\sqrt{\sum V_j^2}=\sqrt{198.59^2+40.04^2+4.13^2}=202.63\text{kN}$

$V_2=\sqrt{\sum V_j^2}=\sqrt{148.37^2+32.21^2+12.07^2}=152.31\text{kN}$

$V_3=\sqrt{\sum V_j^2}=\sqrt{60.38^2+41.39^2+12.93^2}=74.34\text{kN}$

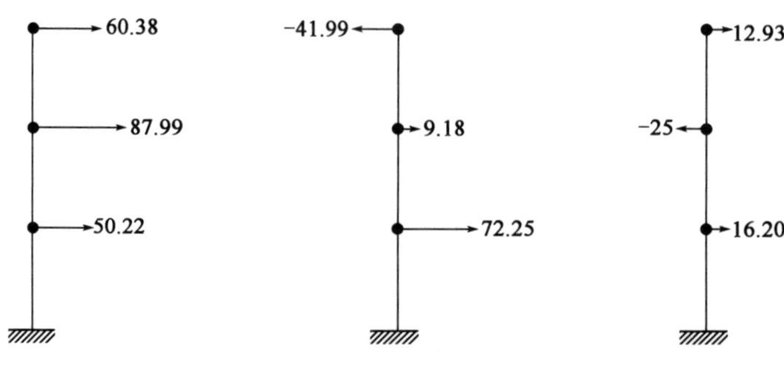

图 3-15　各振型的地震力

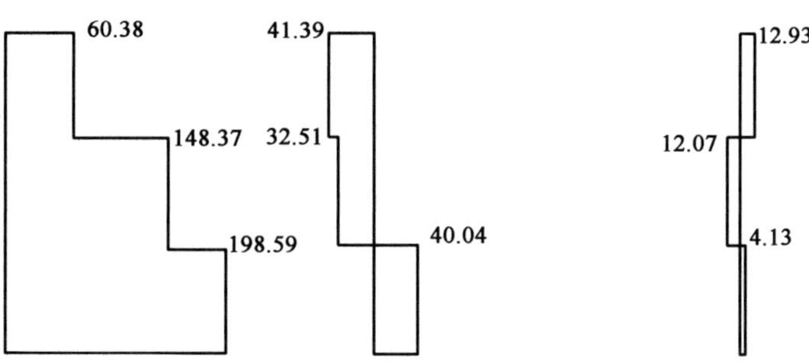

图 3-16 各振型楼层剪力标准值

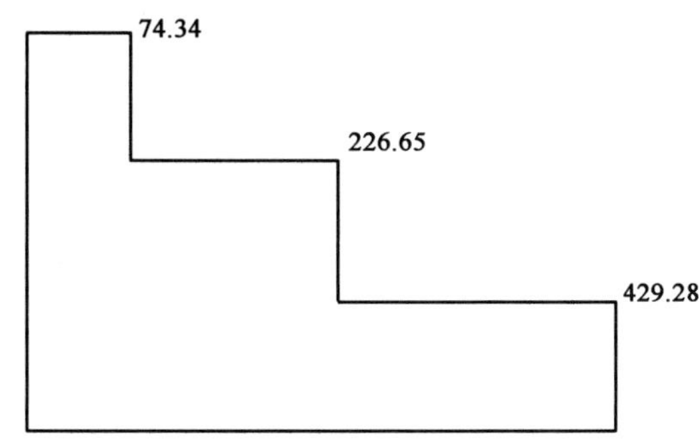

图 3-17 各楼层剪力标准值

2)按照 EN 1998-1 计算

EN 1998-1 中没有涉及振型分解法的相关说明。因此依然按照弹性反应谱法求解。EN 1998-1 按A 类场地计算,$S=1.0$,延性等级采用中等延性等级 DCM,其自振周期采用基本周期。

(1)水平地震作用。

当 A 类场地时,查 EN 1998-1 表 3.2 得:$T_C=0.4\text{s}$,$T_D=2.0\text{s}$

根据 EN 1998-1:$T_C=0.4\text{s}<T_1=0.6334\text{s}<T_D=2.0\text{s}$

故采用 EN 1998-1 式(3.15)计算 $S_d(T)$

$$T_C<T<T_D: S_d(T)=a_g\cdot S\cdot\frac{2.5}{q}\cdot\left(\frac{T_C}{T}\right)$$

对于中等延性等级 DCM 的三层钢筋混凝土框架结构,性能系数 q 取 3.5。

(2)结构总水平地震作用的标准值。

对于 A 类场地,场地土系数 $S=1.0$,结构阻尼比取 $\xi=0.05$,阻尼修正系数 $\eta=1$,地震分区系数取 $a_g=0.4$。

$$\begin{aligned}F_b&=S_d(T_1)m\lambda=a_g\cdot S\cdot\frac{2.5}{q}\cdot\left(\frac{T_C}{T}\right)m\lambda\\&=0.4\times1.0\times\frac{2.5}{3.5}\times\left(\frac{0.4}{0.6334}\right)\times(1200+1200+700)\\&=559.34\text{kN}\end{aligned}$$

(3)各质点的水平地震作用标准值。

根据 EN 1998-1 式(4.11):

$$F_i=F_b\cdot\frac{z_i\cdot m_i}{\sum z_j\cdot m_j}$$

式中:z_i、z_j——质点 m_i、m_j 相对于施加地震作用的高程的高度。

$$F_1=F_b\cdot\frac{z_1\cdot m_1}{\sum z_j\cdot m_j}=559.34\times\frac{1200\times5.2}{1200\times5.2+1200\times10.4+700\times15.6}=117.76\text{kN}$$

$$F_2=F_b\cdot\frac{z_1\cdot m_1}{\sum z_j\cdot m_j}=559.34\times\frac{1200\times10.4}{1200\times5.2+1200\times10.4+700\times15.6}=235.51\text{kN}$$

$$F_3 = F_b \cdot \frac{z_1 \cdot m_1}{\sum z_j \cdot m_j} = 559.34 \times \frac{700 \times 15.6}{1200 \times 5.2 + 1200 \times 10.4 + 700 \times 15.6} = 206.07\text{kN}$$

其剪力值如图3-18所示。由图3-18可知,中欧标准采用不同的计算方法时,得出的剪力值结果相差较大。

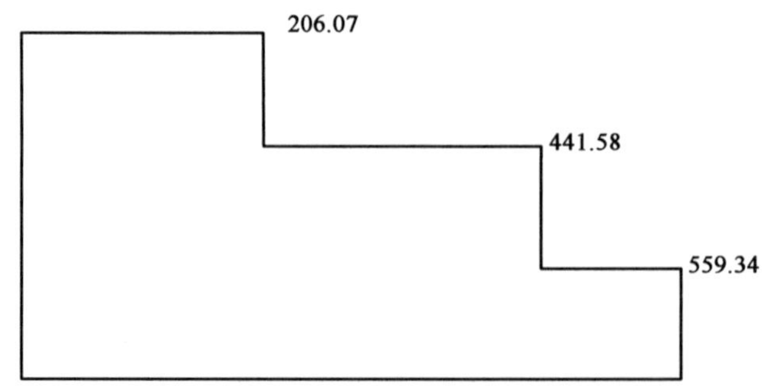

图3-18 欧洲标准算出的剪力值

中欧标准地震作用值比较如表3-17所示。由结果对比可见,根据欧洲标准计算的地震作用比按中国标准计算的地震作用均有增加。究其原因,是欧洲标准按照"不倒塌"要求设计,相当于中国标准中的中震,而中国标准按照多遇地震(小震)设计,所以欧洲标准要求得更为严格,计算作用力也相对偏大。

EN 1998-1 和 GB 50011—2010 的计算结果对比 表3-17

项 目	V_1(kN)	V_2(kN)	V_3(kN)
中国标准	429.28	226.65	74.34
欧洲标准	559.34	441.58	206.07

3.6 本章小结

(1)EN 1998-1采用两水准抗震设防目标,大致对应GB 50011—2010中小震和中震的设防水准与设防目标;EN 1998-1限制破坏要求与GB 50011—2010小震不坏要求相比,设防目标基本相同,但设防水准较高,因此EN 1998-1要求得更为严格。EN 1998-1的不倒塌要求与GB 50011—2010中的中震可修要求的抗震设防水准相同。EN 1998-1中没有对应GB 50011—2010大震水准的设防目标,GB 50011—2010抗震设防目标更为严格。

(2)EN 1998-1采用的反应谱与GB 50011—2010的反应谱形状相似,但具体情况有所不同。

(3)EN 1998-1在中震水准下进行结构强度设计, GB 50011—2010在小震水准下进行结构强度设计,但EN 1998-1通过性能系数 q 将地震作用折减,使得设计地震作用总体水平与GB 50011—2010相当。

(4)EN 1998-1通过调整性能系数 q 的大小和保证相关延性指标可以使不同类型结构具有相同的抗震可靠度;GB 50011—2010由于对所有结构采用了同一 q 值(q 约等于3),其结果是使脆性结构抗震可靠度偏小,延性结构抗震可靠度偏大,很难做到不同类型结构抗震可靠度的统一。

第 4 章 建筑设计

4.1 结构重要性

4.1.1 建筑重要性规定

《建筑工程抗震设防分类标准》(GB 50223—2008)对建筑抗震设防类别进行了划分(表 4-1),主要根据如下:

(1)建筑破坏造成的人员伤亡、直接和间接经济损失及社会影响的大小。

(2)城镇的大小、行业的特点、工矿企业的规模。

(3)建筑使用功能失效后,对全局的影响范围大小、抗震救灾影响及恢复的难易程度。

(4)建筑各区段的重要性有显著不同时,可按区段划分抗震设防类别。下部区段的类别不应低于上部区段。

(5)不同行业的相同建筑,当所处地位及地震破坏所产生的后果和影响不同时,其抗震设防类别可不相同。

GB 50223—2008 中抗震设防类别的划分 表 4-1

序号	类　别	简称	建　筑
1	特殊设防类	甲类	指使用上有特殊设施,涉及国家公共安全的重大建筑工程和地震时可能发生严重次生灾害等特别重大灾害后果,需要进行特殊设防的建筑
2	重点设防类	乙类	指地震时使用功能不能中断或需尽快恢复的生命线相关建筑,以及地震时可能导致大量人员伤亡等重大灾害后果,需要提高设防标准的建筑
3	标准设防类	丙类	指大量的除 1、2、4 款以外按标准要求进行设防的建筑
4	适度设防类	丁类	指使用上人员稀少且震损不致产生次生灾害,允许在一定条件下适度降低要求的建筑

GB 50223—2008 提出对学校、医院、体育场馆、博物馆、文化馆、图书馆、影剧院、商场、交通枢纽等人员密集的公共服务设施,应当按照高于当地房屋建筑的抗震设防要求进行设计,增强抗震设防能力的要求,提高某些建筑的抗震设防类别,主要是:

(1)特别加强对未成年人在地震等突发事件中的保护。

(2)扩大了划入人员密集建筑的范围,提高了医院、体育场馆、博物馆、文化馆、图书馆、影剧院、商场、交通枢纽等人员密集的公共服务设施的抗震能力。

(3)提高了地震避难场所建筑、电子信息中心建筑的要求。

不同的设防类别有着不同的地震作用和不同的抗震措施:标准设防类应按本地区抗震设防

烈度确定其抗震措施和地震作用;重点设防类应按高于本地区抗震设防烈度一度的要求加强其抗震措施,但抗震设防烈度为9度时应按比9度更高的要求采取抗震措施,同时应按本地区抗震设防烈度确定其地震作用;特殊设防类应按高于本地区抗震设防烈度一度的要求加强其抗震措施,但抗震设防烈度为9度时应按比9度更高的要求采取抗震措施,同时应按批准的地震安全性评价的结果且高于本地区抗震设防烈度的要求确定其地震作用;适度设防类允许比本地区抗震设防烈度的要求适当降低其抗震措施,但抗震设防烈度为6度时不应降低。一般情况下,仍应按本地区抗震设防烈度确定其地震作用。

4.1.2 结构重要性

EN 1998-1 第4.2.5条根据结构倒塌对生命、社会和经济的影响,以及震后建筑在公共安全及群众防护中的重要性,将建筑的重要性分为四个级别,如表4-2所示。可以看出,EN 1998-1建筑重要性等级与中国标准建筑抗震设防分类都分为四个类别,较为相似。

EN 1998-1 中的建筑重要性等级 表4-2

重要性等级	建 筑
Ⅰ	对公众安全次要的建筑,如农舍等
Ⅱ	不属于其他等级的一般建筑
Ⅲ	倒塌后果严重的重要建筑,如学校、礼堂、文化机构等
Ⅳ	地震时,保持其完整性对群众防护至关重要的建筑,如医院、消防站、核电站、电厂等

在EN 1998-1中,通过定义参数γ_I来说明重要性等级,Ⅱ级的重要性系数取1.0,在不同国家中使用的γ_I值可以在其国家附件中找到,对于Ⅰ级、Ⅲ级和Ⅳ级,EN 1998-1建议分别取0.8、1.2和1.4。

4.1.3 结构重要性分类比较

中欧标准中的建筑重要性分类是基本对应的。在中国标准中,规定甲类建筑的地震作用按地震安全性评价确定,抗震措施提高一度;乙类建筑,地震作用不提高,抗震措施提高一度;丁类建筑可适当降低抗震措施。而欧洲标准中直接对地震作用进行调整,对设计地面加速度按20%一个等级进行提高或降低,并对结构侧向位移限制和其他抗震设计措施有不同层次的规定。

4.2 抗震概念设计

地震是一种随机振动,有难以把握的复杂性和不确定性,要准确预测建筑物遭遇地震的特性和参数,目前尚难做到。因此,工程抗震问题不能完全依赖计算设计解决,必须首先由结构工程师进行概念设计。概念设计是指不经数值计算,尤其在一些难以做出精确力学分析或在标准难以规定的问题中,从整体的角度来确定建筑结构的总体布置和抗震细部措施的宏观控制。历次大地震灾害证明,一个合理的抗震设计,在很大程度上取决于良好的概念设计。

4.2.1 欧洲标准抗震概念设计要求

EN 1998-1 规定,在建筑概念设计的初步阶段,应考虑地震危险性,以保证结构体系符合结构抗震设计的基本要求。方案设计应考虑以下几个方面:结构简单,结构均匀、对称及超静定,结构具有双向承载力及刚度,结构具有合适的整体抗扭承载力及扭转刚度,保证楼层横隔板的承载力(楼板的性能),基础稳定。具体要求如下:

1)结构的简单性

结构抗震设计的一个重要目标就是结构的简单性,即有明确、直接的传递地震作用路径。应牢记的是,即使对精心设计的建筑结构,一次强度较大的地震总是一种极端事件,在这种地震作用下,应迫使结构达到极限状态,并暴露其所有隐蔽的弱点和缺陷。简单的结构处于有利地位,因为其模拟、分析、尺寸确定,详细设计和施工等都具有较小的不确定性,因此其抗震性能具有更高的一致性。

2)结构的均匀性、对称性和超静定性

结构的均匀性是指在平面内结构单元均匀分布,并且由结构质量引起的内力传递路线短而直接。如果必要,可以通过抗震缝把整个结构分割成独立单元来实现其均匀性。结构立面的均匀性也是很重要的,它可以消除应力集中或较大塑性变形等可导致结构倒塌的薄弱环节,如软弱层。质量分布与抗力和刚度分布之间也要一致,以消除质量和刚度带来的大偏心。

结构构件平面的对称性或半对称性对建筑地震响应是非常有利的特征,可使结构在平面内分布均匀。因为它在两个独立的水平方向减弱了建筑的振动模态,因此其对地震激励的响应是非常简单的,并且不易产生扭转效应。

结构的均匀性可增加结构的超静定性,也可得到一个更合理的荷载分布,并且使能量通过整个结构广泛地耗散。

3)满足双向抗力与刚度要求

水平地震运动是一种双向运动现象,因此,建筑结构应该能够抵抗任何方向的水平作用。实现该要求最直接的方法是,在平面结构布局中以正交方式布置结构构件。这种布局可以保证结构构件作为一个整体在两个主要正交的方向上具有相近的抗力和刚度特性。

在概念设计阶段,结构刚度特性的选择也是很重要的一步。事实上,刚度特性控制着将来地震中建筑结构的动态响应特性。例如,降低刚度,结构的反应转移到了反应谱上靠后的位置,加速度更小。同时,降低刚度也能限制过度的位移发生,这种位移可能因二阶效应造成结构不稳定或过度损伤。

4)满足扭转抗力与刚度要求

抗扭刚度和强度是显著影响建筑结构地震反应特性的重要因素。以平移运动为主的响应比以扭转为主的响应更为有利,因为它们通常以更均匀的方式将力施加于不同的结构构件。

为了抵消建筑的扭转反应,结构振动的主要模式应该是平动(或在非纯对称建筑中主要是平动)。为了达到这一目的,结构的扭转刚度必须足够大,以确保第一次扭转振动模式的频率高于平动模式。

为了保证具有足够的扭转刚度和强度,抵抗地震作用的主要构件在平面上应更均匀地分布,它们应靠近建筑的周边,并沿两个主要方向定位。应避免主要横向抗力构件设置在建筑的平面中心,因为即便是对称的结构形式,这种布置也可能发生较大的不可控的扭转变形。

5)楼层横隔板的承载力

在建筑结构中,楼板(包括屋盖)在整个结构抵抗地震作用过程中起着重要作用。楼板的作用相当于水平隔板,集中并传递内力到竖向结构体系,以确保体系间共同抵抗水平地震荷载。楼层中的横隔板作用对于那些把不同水平变形特性联系起来的体系(如双向或混合体系)同样很重要,在此情形中,不同结构体系间相互作用沿建筑高度发生变化,由于横隔板的作用也保证了不同结构体系之间的变形协调,应该保证楼板在平面内的刚度和抗力,并保证与竖向结构系统的连接。应特别注意,结构平面不紧凑或很长形状的情况以及楼板大开洞的情况,尤其是后者,如果发生在主要竖向单元附近,会影响楼板与竖向结构系统的有效连接。当竖向结构系统刚度有很大的变化时,或隔板上下竖向单元有错位时更应保证楼板有足够的刚度。

6)满足基础要求

适当的基础条件选择对保证建筑结构具有良好的地震反应是非常重要的。事实上,应强调的一个前提条件是,在地震活动中幸存的结构,其支撑重力的主要构件(其中基础是最为重要的构件)在地震活动期间和震后仍能保持其承载能力。而且,即使基础没有倒塌,若遭受到损害,其修复也是很困难的,通常导致拆除,即经济上的损失。考虑地震作用下,结构基础的设计及与上部结构连接构件的设计都要确保整个结构是均匀的,对于由很多离散墙所组成的结构,不同的宽度和刚度可选择有基础板和盖板的刚性地基、箱形地基。对于有独立基础单元的结构,可以采用基础板或在结构主方向的单元之间采用连梁。

4.2.2 中国标准抗震概念设计要求

GB 50011—2010 在第 2.1.9 条定义了抗震概念设计的主要内涵:抗震概念设计就是把地震及其影响的不确定性结合起来,设计时应着眼于结构的总体反应,依据结构破坏机制和破坏过程,灵活应用抗震设计准则,从一开始就全面合理地把握好结构设计的本质问题(如把握好总体布置、结构体系、承载能力与刚度分布、结构延性等),顾及关键部位的细节,力求消除结构中的薄弱环节(或对关键部位制定明确的抗震性能目标),从根本上保证结构的抗震性能。GB 50011—2010 在第 3.4 节和第 3.5 节从结构布置和体系两方面对建筑抗震概念设计进行了详细规定,并注重结构关键部位的抗震设计。

抗震概念设计应把握的重点问题有:

(1)体系问题是结构设计应该把握的头等重要的问题,应注意体系的合理性问题,优先考虑采用抗震能力强、延性好、耗能能力强、便于施工的具有多道防线的结构体系(如采用设置耗能连梁的抗震墙结构、框架-抗震墙、框架-筒体结构等,避免采用抗震能力较低的板柱-抗震墙结构、框架结构,尤其是单跨框架结构等),注意对承载力和刚度及延性的合理把握,采用合理的地基基础方案。

(2)注意结构布置问题,应采用概念清晰、传力路径明确的结构布置,避免造成结构扭转、平面和立面的里出外进、竖向传力构件的间断等。注意把握抗震墙的合理间距问题、结构的协同工作问题、上部结构与地基基础的协调变形问题等。

(3)注意结构抗震设计的关键部位。注意对结构体系、结构构件等关键部位的把握,遵循“强剪弱弯、强柱弱梁、强节点弱杆件及强柱根”的设计理念。注意对加强部位(竖向构件的加强部位、楼面结构的加强部位、地基基础的加强部位等)的把握。

4.2.3 中欧标准抗震概念设计的比较

GB 50011—2010 的抗震概念设计基本原则有如下几方面:场地(有利、一般、不利和危险地段)的划分、发震断裂的影响、液化的判别、桩基、抗液化措施、结构体型规则、合理选择结构体系与布置抗侧力体系、宜设多道抗震防线、避免抗震薄弱层、提高结构构件及其之间连接的强度和延性、防止脆性与失稳破坏以及增加延性等。

从中欧标准建筑抗震概念设计的基本规定可以看出,两标准同时在结构的均匀性与规则性,提高结构构件强度和刚度,以及场地、地基、基础等方面给出了基本要求。其区别在于:

(1)EN 1998-1 强调的是基础设计和上部结构连接构件设计,从而保证整个结构的均匀性;而 GB 50011—2010 比 EN 1998-1 多了一个重要方面,那就是增加结构延性设计和强剪弱弯、强柱弱梁的设计原则。

(2)由于欧洲建筑风格受其文化底蕴的影响,建筑结构形式都非常个性化,几乎每个建筑结构无论在平面上还是立面上、外观要求还是功能要求,都不是对称、均匀、规则的。考虑到结构的不对称性与不规则性,EN 1998-1 把扭转作为建筑抗震概念设计的一个基本原则给出。随着中国经济的开放与发展,建设单位对建筑的功能与外观的个性化需求也越来越强烈,致使现今建筑设计出现了多样化的发展,导致了建筑结构也出现不对称和不均匀。针对这种变化,GB 50011—2010 通过定义平面不规则性,并对其水平地震作用计算和应采取的措施加以规定,与 EN 1998-1 提高扭转构件抗力和刚度要求的规定只是处理方式不同。

4.3 结构规则性

建筑结构平、立面的规则性布置是抗震设计中首先需要注重的问题。震害表明,简单、对称的结构在地震时较不容易发生破坏,这主要是因为对于简单、对称的结构容易估算其地震反应,容易采取抗震构造措施。为保证结构的规则性,建筑师和结构工程师需要共同协调、相互配合,这样才能设计出具有良好抗震性能的建筑。

规则的建筑方案体现为体型(平面和立面的形状)简单,抗侧力体系的刚度和承载力上下变化连续、均匀,平面布置基本对称。即在平立面、竖向剖面或抗侧力体系上,没有明显的、实质的不连续(突变)。

4.3.1 GB 50011—2010 对结构规则性的要求

在实际工程设计中,建筑的平、立面往往是多变的,一般较难做出明确的规定,只能要求设计者根据工程实践和地震灾害经验来合理处理。但随着社会的发展、不规则建筑的增多,它们在强震中的表现差异很大,中国抗震专家通过总结经验,在 GB 50011—2010 第 3.4 节对建筑设计和建筑结构的规则性做了详细的规定。

GB 50011—2010 将建筑设计应符合抗震概念设计的要求、不应采用严重不规则的设计方案这一条文规定作为强制性条文,并规定:建筑及其抗侧力结构的平面布置宜规则、对称,并应具有良好的整体性;建筑的立面和竖向剖面宜规则,结构的侧向刚度宜均匀变化,竖向抗侧力构件的截面尺寸和材料强度宜自下而上逐渐减小,避免抗侧力结构的侧向刚度和承载力突变(表 4-3)。表 4-4 和表 4-5 分别给出了平面不规则和竖向不规则的类型,同时规定砌体房屋、单层工业厂房、单层空旷房屋、大跨屋盖建筑和地下建筑的平面及竖向不规则性的划分,应符合 GB 50011—2010 有关章节的规定。GB 50011—2010 还规定,当存在多项不规则或某项不规则超过规定的参考指标较多时,应属于特别不规则的建筑。

不规则情况　　表 4-3

序号		不规则类型	简要含义	把握要点
1	a	扭转不规则	考虑偶然偏心的扭转位移比大于 1.2	
	b	偏心布置	偏心率大于 0.15 或相邻层质心相差大于相应边长 15%	
2	a	凹凸不规则	平面凸凹尺寸大于相应边长 30% 等(深凹进平面在凹口设置连梁,当连梁刚度较小,不足以协调两侧的变形时,仍视为凹凸不规则,不按楼板不连续的开洞对待)	
	b	组合平面	细腰形或角部重叠形	
3		楼板不连续	有效宽度小于 50%,开洞面积大于 30%,错层大于梁高	
4	a	刚度突变	相邻层刚度变化大于 70%(按 JGJ 3—2010 考虑层高修正时,数值相应调整)或连续三层变化大于 80%	
	b	尺寸突变	竖向构件改进位置高于结构高度 20% 且收进大于 25%,或外挑大于 10% 和 4m,多塔	

续上表

序　号	不规则类型	简 要 含 义	把握要点
5	构件间断	上下墙、柱、支撑不连续，含加强层、连体类	
6	承载力突变	相邻层受剪承载力变化大于80%	
7	局部不规则	如局部的穿层柱、斜柱、夹层、个别构件错层或转换，或个别楼层扭转位移略大于1.2等	

GB 50011—2010 中平面不规则的主要类型　　表4-4

不规则类型	定义和参考指标
扭转不规则	在规定的水平力作用下，楼层的最大弹性水平位移（或层间位移），大于该楼层两端弹性水平位移（或层间位移）平均值的1.2倍
凹凸不规则	平面凹进的尺寸，大于相应投影方向总尺寸的30%
楼板局部不连续	楼板的尺寸和平面刚度急剧变化，如有效楼板宽度小于该层楼板典型宽度的50%，或者开洞面积大于该层楼面面积的30%，或者较大的楼层错层

GB 50011—2010 中竖向不规则的主要类型　　表4-5

不规则类型	定义和参考指标
侧向刚度不规则	该层的侧向刚度小于相邻上一层的70%，或小于其上相邻三个楼层侧向刚度平均值的80%；除顶层或出屋面小建筑外，局部收进的水平向尺寸大于相邻下一层的25%
竖向抗侧力构件不连续	竖向抗侧力构件（柱、抗震墙、抗震支撑）的内力由水平转换构件（梁、桁架等）向下传递
楼层承载力突变	抗侧力结构的层间受剪承载力小于相邻上一楼层的80%

为了方便理解表4-4和表4-5中所列的不规则类型，以图4-1～图4-6所示典型示例作为示意。

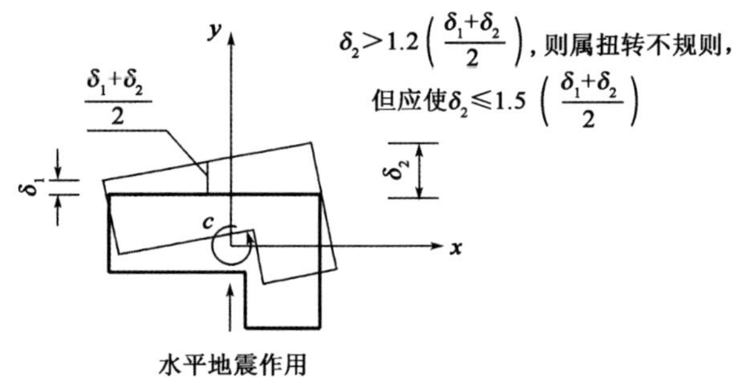

图4-1　扭转不规则

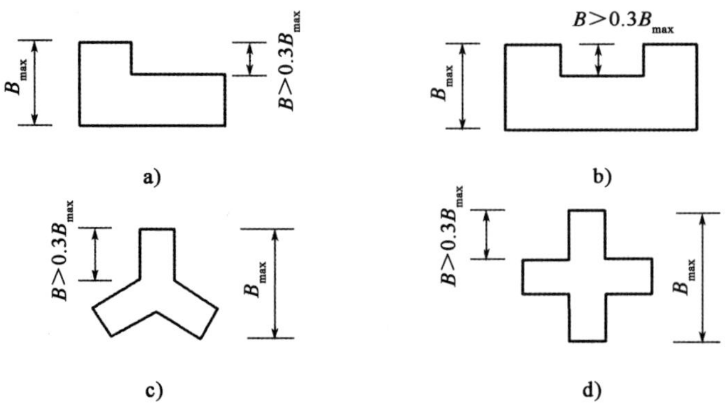

图4-2　凸角或凹角不规则

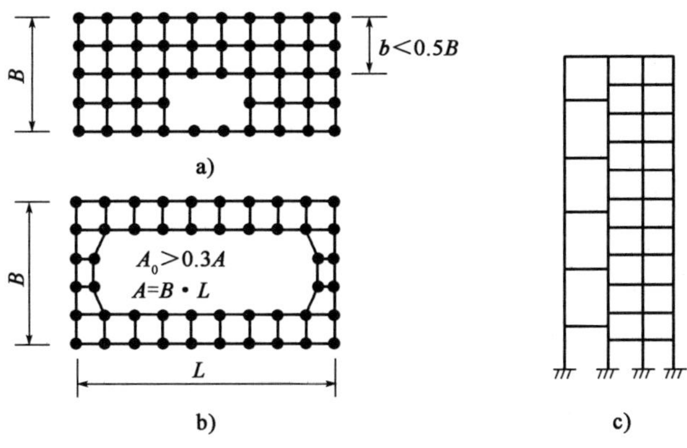

图 4-3 局部不连续

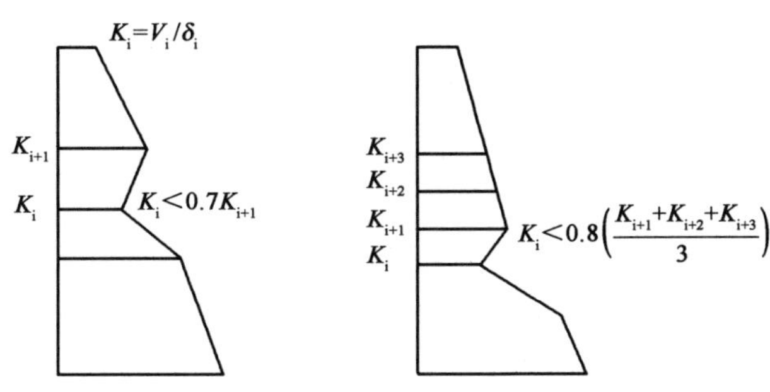

图 4-4 侧向刚度不连续

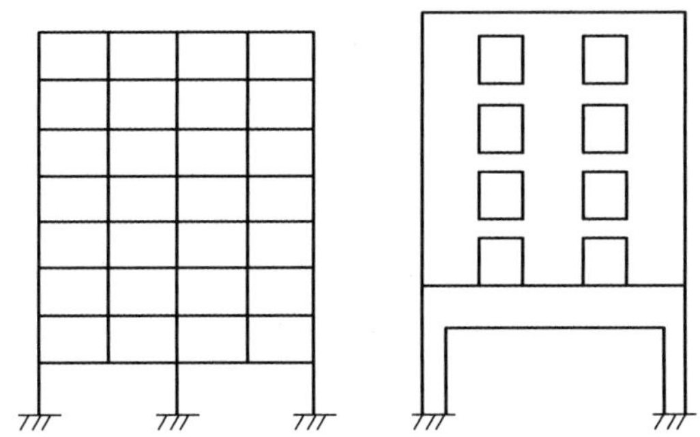

图 4-5 竖向抗侧力构件不连续

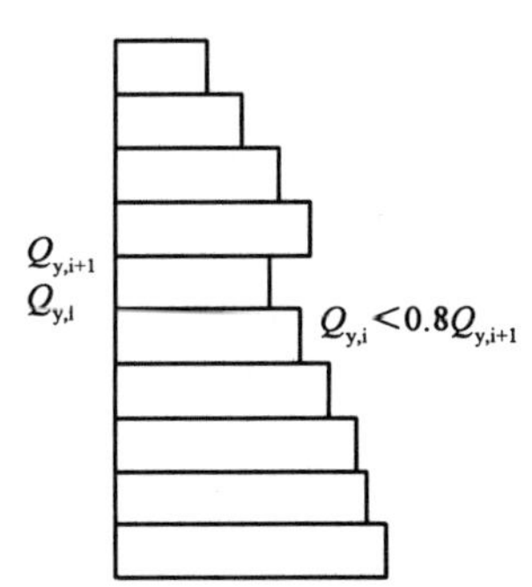

图 4-6 竖向抗侧力结构抗屈服强度非均匀变化(有薄弱层)

不规则结构在抗震上的不利因素主要有以下两点:①对合理有效的布置抗侧力构件产生不利的影响,减弱甚至严重影响建筑结构的抗震能力;②对合理有效的结构计算模型产生不利的影响,以致不能正确估算结构和构件的实际受力状况及变形情况,往往低估了结构某些部位的实际应力和变形,特别是应力集中和变形集中的部位。

为此,GB 50011—2010 第 3.4.4 条规定,对于不规则的建筑结构,应按下列要求进行水平地震作用计算和内力调整,并应对薄弱部位采取有效的抗震构造措施:

1)平面不规则而竖向规则的建筑

这类建筑应采用空间结构计算模型,并应符合下列要求:

(1)扭转不规则时,应计入扭转影响,且楼层竖向构件最大的弹性水平位移和层间位移分别不宜大于楼层两端弹性水平位移与层间位移平均值的 1.5 倍,当最大层间位移远小于规范限值时,可适当放宽。

(2)凹凸不规则或楼板局部不连续时,应采用符合楼板平面内实际刚度变化的计算模型;高烈度或不规则程度较大时,宜计入楼板局部变形的影响。

(3)平面不对称且凹凸不规则或局部不连续,可根据实际情况分块计算扭转位移比,对扭转较大的部位应采用局部的内力增大系数。

2)平面规则而竖向不规则的建筑

这类建筑应采用空间结构计算模型,刚度小的楼层的地震剪力应乘以不小于1.15的增大系数,其薄弱层应按本规范有关规定进行弹塑性变形分析,并应符合下列要求:

(1)竖向抗侧力构件不连续时,该构件传递给水平转换构件的地震内力应根据烈度高低和水平转换构件的类型、受力情况、几何尺寸等,乘以1.25~2.0的增大系数。

(2)侧向刚度不规则时,相邻层的侧向刚度比应依据其结构类型符合本规范相关章节的规定。

(3)楼层承载力突变时,薄弱层抗侧力结构的受剪承载力不应小于相邻上一楼层的65%。

3)平面不规则且竖向不规则的建筑

这类建筑应根据不规则类型的数量和程度,有针对性地采取不低于本条1)、2)款要求的各项抗震措施。特别不规则的建筑,应经专门研究,采取更有效的加强措施或对薄弱部位采用相应的抗震性能化设计方法。

对于规则与不规则的区分,GB 50011—2010在第3.4.3条规定了一些定量的参考界限,但实际上引起建筑不规则的因素还有很多,特别是复杂的建筑体型,很难一一用若干简化的定量指标来划分,但是,有经验的、有抗震知识素养的建筑设计人员,应该对所设计的建筑的抗震性能有所估计,要区分不规则、特别不规则和严重不规则等不规则程度,避免采用抗震性能差的严重不规则的设计方案。

三种不规则程度的主要划分方法如下:

(1)不规则,指的是具有表4-4和表4-5中一项及多项不规则指标的情况。

(2)特别不规则,指具有较明显的抗震薄弱部位,可能引起不良后果者,其参考界限可参见《超限高层建筑工程抗震设防专项审查技术要点》,通常有三类:其一,同时具有表4-4和表4-5所列六项主要不规则类型的三项或三项以上;其二,具有表4-6后四项不规则中的一项不规则;其三,具有表4-4、表4-5中所列不规则类型中的一项,同时具有表4-6中所列前四项不规则类型中的一项;其四,具有表4-6所列不规则类型前四项中的两项不规则情况。对于特别不规则的建筑方案,只要不属于严重不规则,结构设计应采取比GB 50011—2010第3.4.4条的要求更加有效的措施。

特别不规则的项目举例 表4-6

序号	不规则类型	简要含义
1	扭转偏大	裙房以上有较多楼层考虑偶然偏心的扭转位移比大于1.4
2	抗扭刚度弱	扭转周期比大于0.9,混合结构扭转周期比大于0.85
3	层刚度偏小	本层侧向刚度小于相邻上层的50%
4	塔楼偏置	单塔或多塔的质心与大底盘的质心偏心距大于底盘相应边长20%
5	高位转换	框支墙体的转换构件位置:7度超过5层,8度超过3层
6	厚板转换	7~9度设防的厚板转换结构
7	复杂连接	各部分层数、刚度、布置不同的错层或连体两端塔楼显著不规则的结构
8	多重复杂	同时具有转换层、加强层、错层、连体和多塔类型中的2种以上

(3)严重不规则,指的是形体复杂,多项不规则指标超过GB 50011—2010第3.4.4条上限值或某一项大大超过规定值,具有现有技术和经济条件不能克服的严重的抗震薄弱环节,可能导致地震破坏的严重后果者。

4.3.2 EN 1998-1对结构规则性的要求

EN 1998-1:2004指出,结构应该在平面和立面都采用简单和规则的形式,如果必要的话,可以通过节点将结构细分为若干个独立单元。EN 1998-1 的第 4.2.3 条给出了结构规则性的标准。平面规则性的标准如表 4-7 所示，在所有的楼层，如果满足表 4-7 所示条件，则该结构就能被表征为平面规则结构。

平面规则性的标准　　表 4-7

序　号	规则标准
1	侧向刚度和质量分布在建筑结构平面内的两正交轴方向上大体是对称的
2	平面轮廓简洁紧凑，每一层的形状要采用凸多边形。如果平面内存在缩进（凹角或边缘凹进），而这些缩进若不影响楼层平面内刚度，并且每段缩进面积不超过楼层总面积的 5%，平面的规则性仍被认为是满足的
3	楼层平面内刚度与竖向结构构件的侧向刚度相比足够大，因此楼层变形对于竖向结构构件的内力分布影响很小。在这方面，L、C、H、I、X 这些平面形状应该被认真考虑，特别是对侧向分支刚度的关注，为了满足刚性横隔板的情况，这一刚度要与中心部分的刚度相当
4	平面内结构的长细比 $\lambda = L_{max}/L_{min}$ 不大于 4，其中 L_{max} 及 L_{min} 分别指建筑在正交方向上测量的平面较大及较小尺寸
5	每一层的 x、y 方向分析时，结构的偏心率 e 和扭转半径 r 要核实下面两种情况： ① $e_x \leqslant 0.3r_x$，$e_y \leqslant 0.3r_y$ ② $r_x \geqslant e_s$，$r_y \geqslant l_s$ 式中：e_x、e_y——沿着 x 方向或 y 方向刚心和质心的距离，即垂直于分析所考虑的方向； r_x、r_y——沿着 y 方向或 x 方向扭转刚度与侧向刚度比值的平方根（扭转半径）； l_s——楼层平面的回转半径（地板质量中心平面内楼板质量的极惯性矩与楼板质量之比的平方根）

在大多数类型的结构系统中，由于超静定造成的系统结构超强，为了表征结构的超强能力，引入系数 $q = \alpha_u/\alpha_1$。其中：α_u 为系统进入完全塑性机制时的地震作用，α_1 为系统刚进入塑性状态时的地震作用。α_1 的值是在比值为 $(S_{Rd} - S_v)/S_E$ 的结构中，所有构件中地震作用的最低值，S_{Rd} 是刚进入塑性的作用效应承载力的设计值，S_E 是来自弹性分析的设计地震作用的作用效应值，S_v 是包括于荷载效应组合中的重力荷载值。α_u 的值可能为根据静力弹塑性分析得到的完全进入塑性状态的基底剪力与设计地震作用产生的剪力之比（EN 1998-1 图 5.2）。设计者可能认为进行静力弹塑性迭代价值不大，只需以弹性分析为基础计算 α_u/α_1 的值以确定比值 q 即可，EN 1998-1 第 5.7 节给出了该比值的默认值。对平面规则的建筑，默认值范围从 $\alpha_u/\alpha_1 = 1.0$（有较少结构冗余的建筑）到 $\alpha_u/\alpha_1 = 1.3$（多层多跨度的框架），默认值 $\alpha_u/\alpha_1 = 1.2$ 用于较普通混凝土双向系统（框架或等效剪力墙）、混凝土耦合墙系统和钢结构或有偏心支撑的组合框架。

在平面不规则建筑中，α_u/α_1 的默认值是 1.0 和平面规则建筑的默认值的平均值。作为大多数平面规则的一般结构体系，指定的默认值为 $\alpha_u/\alpha_1 = 1.2 \sim 1.3$，默认系数 q 的折减约为 10%。如果设计者认为不能接受这种折减，他可以根据静力弹塑性分析的迭代计算和基于弹性分析的设计，为非规则结构体系确定一个可能更高的 α_u/α_1 值。竖向规则性的标准如表 4-8 所示。

竖向规则性的标准　　表 4-8

序　号	规则标准
1	所有抗侧力体系，如筒体结构、剪力墙和框架，从基础到顶层都没有中断，或如果建筑在不同的高度存在缩进部分，这些部分到顶层的相关区域没有中断
2	从基础到顶层的各层侧向刚度和质量保持不变或逐渐减小，没有突变
3	在框架结构中，相邻层间的实际楼层抗力与通过分析得到的要求抗力之间的比值变化不能失衡

续上表

序　号	规则标准
4	当竖向存在缩进时,下面的附加情况应满足: (a)对于渐变的缩进应保持轴向的对称,任何一层的缩进尺寸不应大于之前该方向平面尺寸的20%[图4-7a)和图4-7b)]。 (b)在主要建筑体系高度的15%以下有一次缩进,缩进尺寸不应大于之前平面尺寸的50%[图4-7c)]。在这种情况下,上部楼层竖向突出部分相应的结构根部的水平剪力设计值应该不小于与其相似但底部不加大建筑的水平剪力的75%。 (c)如果缩进部分不能保持对称,那么每一侧面任一层缩进的尺寸的总和不能超过底层平面尺寸的30%,并不能超过前一层平面尺寸的10%[图4-7d)]

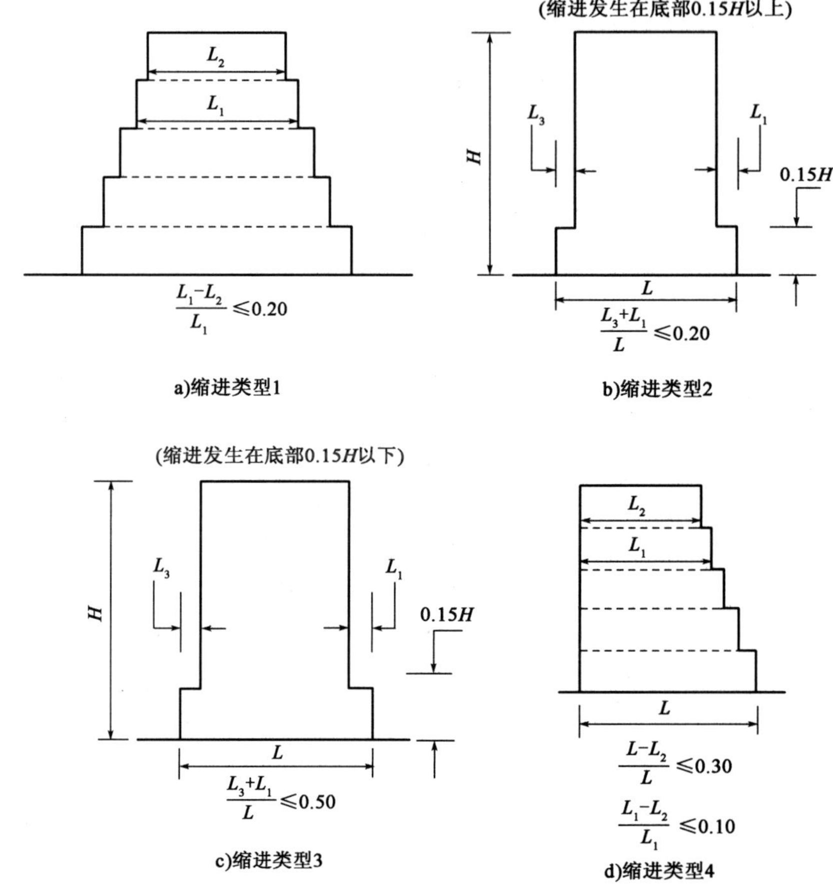

图4-7　有缩进建筑规则性的标准

4.3.3　中欧标准中对结构规则性要求的对比

引起建筑结构不规则的因素有很多,很难用定量的指标来进行限制。EN 1998 中对规则性要求的规定与 GB 50011—2010 中的规定有一些差别,但是控制的目标基本上是一致的。

对比 GB 50011—2010 和 EN 1998-1 中关于结构规则性的规定可以看出,GB 50011—2010 是从结构平面和竖向不规则角度进行定义的,而 EN 1998-1 则是从结构规则性的标准进行衡量的。

EN 1998-1 给出的是结构平面和竖向规则性的标准,虽然规定的角度与 GB 50011—2010 不同,但规定所关注的方面还是有部分相同点的。在平面规则性的标准中,EN 1998-1 与 GB 50011—2010 同样关注了结构的侧向刚度和质量的对称性、结构平面的凸凹。同时,EN 1998-1 比 GB 50011—2010 增加了平面内刚度、平面内结构长细比、结构偏心率和扭转半径的要求；在竖向规则性的规定中，EN 1998-1 与 GB 50011—2010 同样关注了竖向抗侧力构件的连续性、侧向刚度是否有突变，同时比 GB 50011—2010 增加了结构存在竖向缩进情形的要求。

4.4 结构抗震分析模型

4.4.1 EN 1998 中结构抗震分析模型

EN 1998 规定：分析模型应充分体现结构的质量及刚度分布特征，以便能够对地震作用引起的变形及惯性力进行恰当分析。模型也应反映节点区对建筑变形能力的影响，如框架结构的梁端或柱端区，还应考虑可能影响主抗震结构反应的分结构构件。

通常可将结构视为通过水平横隔板连接的一系列竖向构件组成的抗侧力体系。建筑的横隔板在其平面上可认为是刚性的，此时，每一楼层的质量及惯性矩可集中在其质心。如将横隔板视为刚性的，则抗震设计时用实际面内刚度进行模拟和用刚性横隔板进行假设，前者分析得到的任何一处绝对水平位移不会大于后者对应位置绝对水平位移的 10%。

应考虑对建筑的侧向刚度及侧向承载力有很大影响的填充墙。如基础变形可能对结构反应产生不利的影响，也应在模型中考虑这些变形。对应平面规则性建筑，可使用两个主方向的平面模型来进行分析。

为考虑地震作用时结构质量位置及空间变化的不确定性，每个楼层(i)质量中心应考虑一个偶然偏心距：

$$e_{ai} = \pm 0.05L_i \tag{4-1}$$

式中：e_{ai}——楼层质量 i 相对于其质心位置的偶然偏心，所有楼层偏心均为同一方向；

L_i——垂直于地震作用方向的楼板尺寸。

4.4.2 GB 50011—2010 中结构抗震分析模型

GB 50011—2010 第 3.6.4 ~ 3.6.6 条对结构计算模型进行了规定：

(1)结构抗震分析时，应按照楼、屋盖的平面形状和平面内的变形情况确定刚性、分块刚性、半刚性、局部弹性和柔性等的横隔板，再按抗侧力系统的布置确定抗侧力构件间的共同工作并进行各构件间的地震内力分析。

(2)质量和侧向刚度分布接近对称且楼、屋盖可视为刚性横隔板的结构以及本标准有关章节有具体规定的结构，可采用平面结构模型进行抗震分析。其他情况，应采用空间结构模型进行抗震分析。

(3)利用计算机进行结构抗震分析时，应符合：

①计算模型的建立、必要的简化计算与处理，应符合结构实际工作状况，计算中应考虑楼梯构件的影响。

②计算软件的技术条件应符合规范及有关标准的规定，并应阐明其特殊处理的内容与依据。

③复杂结构在多遇地震作用下的内力与变形分析时，应采用不少于两个合适的不同力学模型，并对其计算结果进行分析比较。

④所有计算机计算结果，应经分析判断确认其合理、有效后方可用于工程设计。

同时，GB 50011—2010 第 3.4.3 条对结构偶然偏心进行了定义：偶然偏心由两部分组成，一是质量偏心。实际工程都有设计及施工误差，使用时荷载尤其是活荷载的布置与结构设计时的设想也有偏差，因此，实际质量中心与理论计算的质量中心有差异。二是地震地面运动的扭转分量等因素引起的偶然偏心。计算单向地震作用时，用质心的偏移值来综合考虑上述两项偏心的影响,将各振型地震作用沿垂直于地震作用方向,从质心位置偏移 $\pm e_i$ 来考虑质量偶然偏心的影响,$e_i = 5\% l_i$,l_i 为第 i 层垂直于地震作用方向建筑物的总投影长度(m)。

4.5 抗震分析方法

地震作用不是直接作用在结构上的荷载,而是地面运动引起的结构上的惯性力;地震的地面运动不仅有两个方向的运动分量,还有竖向分量以及转动分量;地震作用的发生和强度又具有很大的不确定性。因此,地震作用计算特别是建筑结构抗震设计的计算,应在符合结构地震反应特点和规律的基础上尽量给予简化。结构类型以及体型的简单与复杂存在差异,因此地震作用计算方法又可分为简化计算方法和较为复杂的精细化计算方法。

早期的抗震设防标准大多采用基于设防地震水平的单水准设防目标,如 TJ 11—74、TJ 11—78 等,均是考虑设防地震水平下的强度设计。中国抗震设计标准 GBJ 11—1989 开始采用多级设防目标,将抗震设防水准细分为大、中、小三级,分别制定设防目标,这反映了基于性能抗震设计方法的雏形。GB 50011—2010 认为在小震下结构处于完全弹性,这样可以直接利用弹性反应谱和线性分析方法计算地震作用,概念比较清晰,容易理解。但是也存在一些不协调的地方:地震作用和内力分析时假定结构完全弹性,用线性分析方法,而在用弹性分析的力进行结构截面强度设计时又采用了截面塑性极限状态的假定。

4.5.1 中国标准抗震分析方法

地震作用计算是结构抗震设计的重要内容,也是进行构件截面设计的重要依据。地震作用计算包括水平地震作用计算和竖向地震作用计算。在上述两部分中,水平地震作用计算是基础。地震作用计算的主要方法有:底部剪力法、振型分解反应谱法和时程分析法等。水平地震作用计算是结构抗震计算的重要组成部分,是结构抗震设计计算的基础,GB 50011—2010 确定的地震作用计算的过程,可用图 4-8 表示。

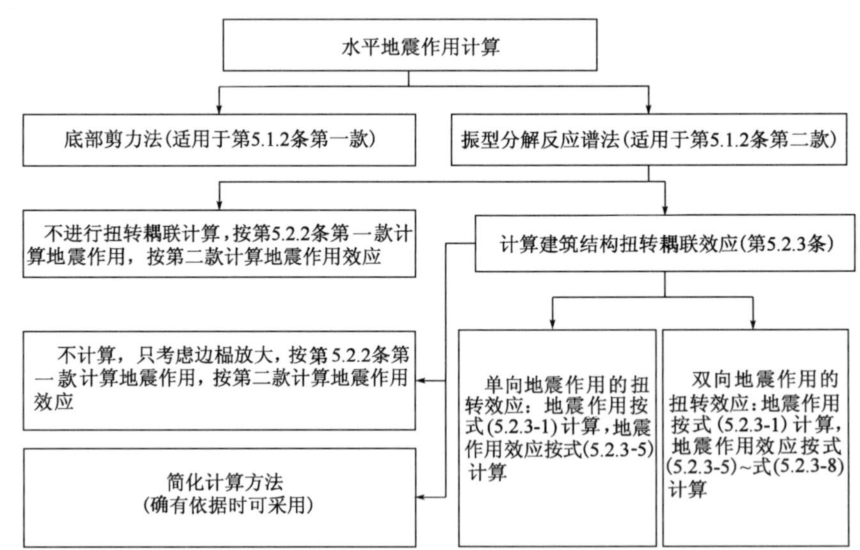

图 4-8 水平地震作用计算过程框图

GB 50011—2010 中对于高度不超过 40m,以剪切变形为主且质量和刚度沿高度分布比较均匀的结构,以及近似于单质点体系的结构,可采用底部剪力法等简化方法。采用底部剪力法时,各楼层可仅取一个自由度,结构的水平地震作用标准值应按下列公式确定(其计算简图如

图 4-9 所示)：

$$F_{EK}=\alpha_1 G_{eq} \quad (4\text{-}2)$$

$$F_i=\frac{G_iH_i}{\sum_{j=1}^{n}G_jH_j}F_{EK}(1-\delta_n) \qquad (i=1,2,3,\cdots,n) \quad (4\text{-}3)$$

$$\Delta F_n=\delta_n F_{EK} \quad (4\text{-}4)$$

式中：F_{EK}——结构总水平地震作用标准值；

α_1——相应于结构基本自振周期的水平地震影响系数值，多层砌体房屋、底部框架和多层内框架砖房，宜取水平地震影响系数最大值；

G_{eq}——结构等效总重力荷载，单质点应取总重力荷载代表值，多质点可取总重力荷载代表值的 85%；

F_i——质点 i 的水平地震作用标准值；

G_i、G_j——集中于质点 i、j 的重力荷载代表值；

H_i、H_j——质点 i、j 的计算高度；

δ_n——顶部附加地震作用系数，多层钢筋混凝土和钢结构房屋可按表 4-9 采用，多层内框架砖房可采用 0.2，其他房屋可采用 0.0；

ΔF_n——顶部附加水平地震作用。

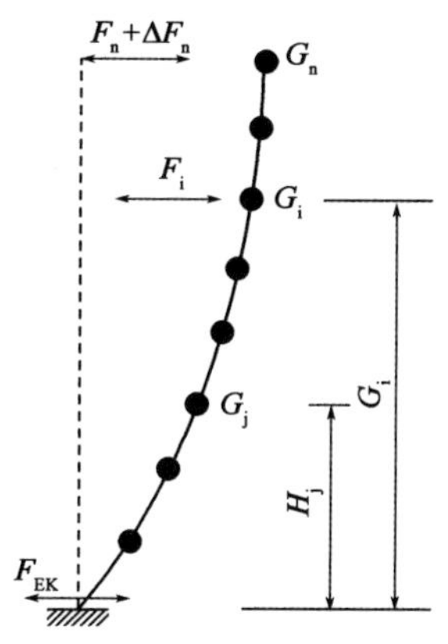

图 4-9 计算简图

顶部附加地震作用系数 表 4-9

T_g(s)	$T_1>1.4T_g$	$T_1\leq1.4T_g$
$T_g\leq0.35$	$0.08T_1+0.07$	0.0
$0.35<T_g\leq0.55$	$0.08T_1+0.01$	
$T_g>0.55$	$0.08T_1-0.02$	

进一步说明：①引入等效质量系数 0.85，它反映了多质点系底部剪力值与对应单质点系（质量等于多质点系总质量，周期等于多质点系基本周期）剪力值的差异；②地震作用沿高度倒三角形分布，在周期较长时顶部误差可达 25%，故引入依赖于结构周期和场地类别的顶点附加集中地震力予以调整。

对于采用底部剪力法范围以外的建筑物，宜采用振型分解反应谱法。

采用振型分解反应谱法时，不考虑扭转影响的结构，可按下列规定计算地震作用和作用效应：

（1）结构 j 振型 i 质点的水平地震作用标准值，应按下列公式确定：

$$F_{ji}=\alpha_j\gamma_jX_{ji}G_i \qquad (i=1,2\cdots,n,j=1,2,\cdots,m) \quad (4\text{-}5)$$

$$\gamma_j=\frac{\sum_{i=1}^{n}X_{ji}G_i}{\sum_{i=1}^{n}X_{ji}^2G_i} \quad (4\text{-}6)$$

式中：F_{ji}——j 振型 i 质点的水平地震作用标准值；

α_j——相应于 j 振型自振周期的地震影响系数；

X_{ji}——j 振型 i 质点的水平相对位移；

γ_j——j 振型的参与系数。

(2)水平地震作用效应(弯矩、剪力、轴向力和变形),应按式(4-7)确定:

$$S_{EK} = \sqrt{\sum S_j^2} \tag{4-7}$$

式中:S_j——j 振型水平地震作用标准值的效应,可只取前 2 ~ 3 个振型,当基本自振周期大于 1.5s 或房屋高宽比大于 5 时,振型个数应适当增加。

水平地震作用下建筑结构的扭转耦联地震效应应符合下列要求:

①规则结构不考虑扭转耦联计算时,应采用增大边榀结构地震内力的简化处理方法,即平行于地震作用方向的两个边榀,其地震作用效应应乘以增大系数。一般情况下,短边可按1.15 采用,长边可按 1.05 采用;当扭转刚度较小时,宜按不小于 1.3 采用。角部构件宜同时乘以两个方向各自的增大系数。

②控扭转耦联振型分解法计算时,各楼层可取两个正交的水平位移和一个转角共三个自由度,并按 GB 50011—2001 中 5.2.3 节所列公式计算结构的地震作用和作用效应。

(3)j 振型 i 层的水平地震作用标准值的计算公式参考 GB 50011—2010 中式(5.2.3-1)。

当取与 x 方向斜交的地震作用时:

$$\gamma_{tj} = \gamma_{xj}\cos\theta + \gamma_{yj}\sin\theta \tag{4-8}$$

式中:γ_{xj}、γ_{yj}——参与系数;

θ——地震作用方向与 x 方向的夹角。

(4)单向水平地震作用的扭转效应,可按下列公式确定:

$$S_{EK} = \sqrt{\sum_{j=1}^{m}\sum_{k=1}^{m}\rho_{jk}S_jS_k} \tag{4-9}$$

$$\rho_{jk} = \frac{8\zeta_j\zeta_k(1+\lambda_T)\lambda_T^{1.5}}{(1-\lambda_T^2)^2 + 4\zeta_j\zeta_k(1+\lambda_T)^2\lambda_T} \tag{4-10}$$

式中:S_{EK}——地震作用标准值的扭转效应;

S_j、S_k——j、k 振型地震作用标准值的效应,可取前 9 ~ 15 个振型;

ζ_j、ζ_k——j、k 振型的阻尼比;

ρ_{jk}——j 振型与 k 振型的耦联系数;

λ_T——k 振型与 j 振型的自振周期比。

(5)双向水平地震作用的扭转效应,可按下列公式中的较大值确定:

$$S_{Ek} = \sqrt{S_x^2 + (0.85S_y)^2} \tag{4-11}$$

或

$$S_{Ek} = \sqrt{S_y^2 + (0.85S_x)^2} \tag{4-12}$$

式中:S_x、S_y——x、y 向单向水平地震作用按式(4-9)计算的扭转效应。

进一步说明:①GB 50011—2010 增加了考虑双向水平地震作用下的地震效应组合。根据强震观测记录的统计分析,两个水平方向地震加速度的最大值不相等,两者之比约为 1:0.85;而且两个方向的最大值不一定发生在同一时刻,因此采用平方和开方计算两个方向地震作用效应的组合。②GB 50011—2010 增加了不同阻尼比时耦联系数的计算方法,以供高层钢结构等使用。

4.5.2 欧洲标准抗震分析方法

EN 1998-1 和世界上大多数规范都是针对设防水准地震(对应中国的中震)进行结构设计的。地震作用、内力分析和结构截面强度设计都假定结构处于塑性状态,前后协调一致。由于 EN 1998-1 对不同类型结构采取不同的 q 值,使得在相同条件下,不同类型结构采用不同地震作用进行设计。延性较好的结构可以取用较小的地震作用进行强度设计,地震作用下较早进入塑性,然后靠延性和耗能保证结构的屈服后承载力;延性较差的结构取较大的地震作用进行强度设计，地震作用下进入塑性较晚，对延性的依靠较小；完全脆性的结构可以直接用弹性反应谱进行结构强度设计，这样保证在地震作用下结构保持弹性，完全靠强度抵抗地震作用。通过对性能系数 q 的灵活调整和相应延性要求的保证，可以使不同类型结构都达到相同的抗震可靠度。

1）侧向力分析法（底部剪力法）

（1）基本要求。

EN 1998-1 在第 4.3.3.2.1 条中指出，这种分析方法适用于每一主方向的地震动反应不受高阶（这里指高于一阶）振型显著影响的建筑物，符合这一条件的建筑物需满足以下两点：

①结构两个主要方向的基本自振周期 T_1 满足式(4-13)。

②满足 EN 1998-1 第 4.2.3.3 节中关于结构规则性的原则。

$$T_1 \leqslant \begin{cases} 4T_C \\ 2.0\text{s} \end{cases} \tag{4-13}$$

式中：T_C——谱加速度平台段的上限周期值，在 EN 1998-1 第 3.2.2.2 条中的表 3.2 和表 3.3 中给出。

（2）基底剪力。

采用底部剪力法时，结构各水平方向地震作用产生的基底剪力 F_b 按式(4-14)计算：

$$F_b = S_d(T_1)m\lambda \tag{4-14}$$

$$F_i = F_b \cdot \frac{s_i \cdot m_i}{\sum s_j \cdot m_j} \tag{4-15}$$

式中：F_b——结构的基底剪力；

$S_d(T_1)$——自振周期 T_1 所对应的设计反应谱值；

T_1——所考虑方向结构侧向振动的基本自振周期；

m——结构总质量（基础或刚性地基顶部之上的结构总质量），包括恒载和活载；

λ——修正系数，当 $T_1 \leqslant 2T_C$ 且建筑层数多于 2 层时，$\lambda = 0.85$；其他情况，$\lambda = 1.0$；

F_i——i 层侧向力；

m_i、m_j——i 层、j 层的结构质量；

s_i、s_j——i 层、j 层在基本振型下的位移。

EN 1998 鼓励用基于结构动力学的方法估算基本周期 T_1，Rayleigh 提供了一个相当准确的 T_1 评估值：

$$T_1 = 2\pi\sqrt{\frac{\sum\limits_i m_i\delta_i^2}{\sum F_i\delta_i}} \tag{4-16}$$

式中：δ_i——在结构体系自由度方向一组侧向力 F_i 的作用下，结构弹性分析的自由度为 i 的侧向位移。

EN 1998-1 也允许在式(4-16)中使用 T_1 值，该值是通过经验估算的，且主要采用 SEAOC 99（加州建筑工程协会）的规定。T_1 以秒为单位，尺寸以米为单位：

- $T_1 = 0.085H^{3/4}$，适用于高度小于 40m 的受弯钢框架结构；
- $T_1 = 0.075H^{3/4}$，适用于高度小于 40m 的混凝土框架或有偏心支撑的钢框架；
- $T_1 = 0.05H^{3/4}$，适用于高度小于 40m 任何类型的结构体系（包括混凝土剪力墙结构）；
- $T_1 = 0.075/\{\sum A_{wi}[0.2 + (l_{wi}/H)^2]\}^{1/2}$，适用于混凝土结构或砌体结构。

其中：H——从基础或刚性基础顶面算起的建筑总高度；

A_{wi}、l_{wi}——墙 i 的水平横截面积和长度，其值为平行于估算 T_1 的方向所有底层墙 i 的总和。

（3）水平地震力分布。

EN 1998-1 规定，可使用结构动力学方法计算得出或通过沿建筑高度线性增加的水平位移来近似模拟结构水平方向上的基本振型。

①楼层地震作用水平力 F_i 按式(4-17)计算:

$$F_i = F_b \cdot \frac{s_i \cdot m_i}{\sum s_j \cdot m_j} \tag{4-17}$$

式中:F_i——作用于 i 层的水平力;

F_b——根据式(4-14)得出的地震基底剪力;

s_i、s_j——基本振型质量 m_i、m_j 处的位移;

m_i、m_j——楼层质量。

②若结构的基本振型是按沿高度线性增加的水平位移计算出的,那么 F_i 应按式(4-18)计算:

$$F_i = F_b \cdot \frac{z_i \cdot m_i}{\sum z_j \cdot m_j} \tag{4-18}$$

式中:z_i、z_j——i 层、j 层的计算高度(从基础或刚性地基顶部算起)。

EN 1998-1 规定,根据式(4-17)、式(4-18)确定的水平力 F_i 应按抗侧力体系的水平刚度进行分配(假定楼板在其平面内具有无限刚度)。

(4)扭转效应。

如果侧向刚度及质量在平面内对称分布,均应将构件的作用效应乘以系数 δ 来考虑偶然扭转效应,除非另有更精确的方法来考虑偶然偏心。

$$\delta = 1 + 0.6 \cdot \frac{x}{L_e} \tag{4-19}$$

式中:x——垂直于地震作用方向上构件与平面内建筑质量中心的距离;

L_e——垂直于地震作用方向上最外侧的两个抗侧力构件之间的距离。

如果使用两个平面模型(每个主水平方向一个模型)进行分析,可将式(4-1)中的偶然偏心 e_{ai}乘以 2 并使用上述方法,同时将式(4-19)中的系数 0.6 增至 1.2 来考虑扭转效应。

2)模态反应谱分析法(振型分解反应谱法)

(1)基本要求。

模态反应谱分析第一步是确定结构的振型和振动的固有频率(特征模型和特征值)。目前,模态分析可通过计算机完成。结构的模态分析一般通过空间模型来完成,即使建筑在两个正交水平方向均符合单独的平面分析条件。

EN 1998-1 在第 4.3.3.3.1 条中指出,模态反应谱分析法适用于不符合侧向力分析法的结构。采用此法时,应考虑所有对结构整体反应有明显贡献的振型,即满足下列任一条,就算所有振型都计入了总地震反应:①计入的有效振型质量的总数至少达到结构总质量的 90%;②所计入的振型对应的有效振型质量均超过总质量的 5%。

振型 k 对应的有效振型质量为 m_k,地震作用方向上振型 k 的基底剪力 F_{bk} 可表示为:$F_{bk} = S_d(T_k) \cdot m_k$。可以看出,某一方向上有效振型质量总和等于结构质量。

使用空间模型时,应针对各相关方向复核上述条件。若无法满足以上两条(如明显受到扭转振型影响的建筑),那么按空间模型分析得出的最低振型数量 k 应满足:$k \geq 3\sqrt{n}$ 且 $T_k \leq 0.2\text{s}$,n 为总层数(从基础或刚性底板算起),T_k 为 k 阶振型所对应的结构自振周期。

(2)振型反应组合。

如果两个振型 i 振型和 j 振型(包括平移及扭转振型)所对应的结构自振周期 T_i、T_j(假设 $T_j \leq T_i$)满足 $T_j \leq 0.9T_i$,那么这两个振型可视为相互独立的(不耦联)。若计入总地震反应的所有振型都是相互独立的,那么最大地震效应 E_E 值可按式(4-20)计算:

$$E_E = \sqrt{\sum E_{Ei}^2} \tag{4-20}$$

式中:E_E——所考虑的地震效应(力、位移等);

E_{Ei}——i 振型的地震效应值。

如果振型之间不相互独立,应采用更精确的振型最大值组合方法[如"完全二次组合(CQC)"法]。

(3)扭转效应。

采用空间分析模型时,可将偶然扭转效应等效为静力荷载施加在结构上,其为各楼层扭矩 M_{ai}(绕竖直轴)的叠加。

$$M_{ai} = e_{ai}F_i \tag{4-21}$$

式中:M_{ai}——施加到楼层 i 上绕楼层 i 的竖向轴的扭矩;

e_{ai}——所有相关方向上楼层 i 质量的偶然偏心;

F_i——作用于楼层 i 的水平力。

分析中应考虑地震作用效应的正负号,同一工况下,所有楼层用相同符号。

如分析中使用了两个独立的平面模型,可依据本章 4.5.2 节第(4)条的规定来考虑扭转效应。

3)非线性分析方法

(1)基本要求。

弹性分析的数学模型可以考虑结构的弹性性能,也可以考虑其弹塑性性能。分析模型中构件应至少采用双线性的作用力-变形本构关系。材料本构中可假定屈服后刚度为零。如屈服后材料强度会降低(如砌体墙和脆性构件),必须在作用力-变形关系中考虑这些影响。除非有其他规定,通常情况下构件特性应基于材料特性的平均值。新结构的材料特性平均值可基于 EN 1992 ~ EN 1996 或基于其他欧洲标准的材料特征值来估算。

分析模型中应考虑重力荷载,重力荷载的计算可参考 EN 1998-1 中 3.2.4 节规定。作用力-变形关系应考虑重力荷载所产生的轴力影响。竖向结构构件中重力荷载所产生的弯矩可忽略,但这些弯矩严重影响整体结构性能的情况除外。

应在正负方向施加地震作用,并采用两个方向地震效应的最大值。

(2)非线性静力分析(Pushover 分析)。

Pushover 分析是在重力荷载恒定、水平荷载单调增加的条件下进行的非线性静力分析。可以就下列目的,将其运用于新结构的设计和现有建筑抗震性能校验中:

①校验或修正超强比值 α_u/α_1。

②推测预期弹性机理及损坏分布。

③就 EN 1998-3 中所给出性能指标,评估现有或翻新建筑的结构性能。

④作为基于线弹性分析的替代方案。

不符合规则性标准的建筑,应使用空间分析模型,并在两个方向上分别施加侧向荷载,进行独立分析。符合规则性标准的建筑,可使用两个主方向上的两个平面模型来进行分析。

Pushover 法的优缺点如表 4-10 所示。

Pushover 法的优缺点 表 4-10

Pushover 法的优点	Pushover 法的缺点
作为一种简化的非线性分析方法,Pushover 法能够从整体上把握结构的抗侧力性能,可以对结构关键机构及单元进行评估,找到结构的薄弱环节,从而为设计改进提供参考	它假定所有的多自由度体系均可简化为等效单自由度体系,这一理论假定没有十分严密的理论基础
Pushover 分析可以获得较为稳定的分析结果,减小分析结果的偶然性,同时花费较少的时间和劳力,较之时程分析方法有较强的实际应用价值	对建筑物进行 Pushover 分析时首先要确定一个合理的目标位移和水平加载方式,其分析结果的精确度很大程度上依赖于这两者的选择
	只能从整体上考察结构的性能,得到的结果较为粗糙。且在过程中未考虑结构在反复加载过程中损伤的累积及刚度的变化,不能完全真实地反映结构在地震作用下的性状

(3)非线性时程分析。

通过对结构施加加速度时程,结构的时变反应可通过对其运动微分方程直接数值积分来获得。如进行了至少7种加速度波的非线性时程分析,那么结构验算时的相关验证中作用效应E_d的设计值可取时程分析结果的平均值。否则,E_d应取所有时程分析结果的最大值。

非线性时程分析法的优缺点如表4-11所示。

非线性时程分析法的优缺点 表4-11

非线性时程分析法优点	非线性时程分析法缺点
√采用地震动加速度时程曲线作为输入,进行结构地震反应分析,从而全面考虑了强震三要素,也自然地考虑了地震动丰富的长周期分量对高层建筑的不利影响	√时程分析的最大缺点在于时程分析的结果与所选取的地震动输入有关,地震动时程的选择应保证地表波频谱特性与建筑场地条件相符合,否则不同时程输入结果差异很大
√采用结构弹塑性全过程恢复力特性曲线来表征结构的力学性质,从而比较确切地、具体地和细致地给出结构的弹塑性地震反应	√时程分析法采用逐步积分的方法对动力方程进行直接积分,从而求得结构在地震过程中每一瞬时的位移、速度和加速度反应。所以此法的计算工作十分繁重,必须借助计算机才能完成。而且大型复杂结构对计算机要求更高,耗时耗力
√能给出结构中各构件和构件出现塑性铰的时刻和顺序,从而可以判明结构的屈服机制	√对工程技术人员素质要求较高,工程应用要求较高。从结构模型建立,材料本构的选取、地震波选取,到参数控制及庞大计算结果的整理和甄别都要求技术人员具有扎实的专业素质以及丰厚的工程经验
√对于非等强结构,能找出结构的薄弱环节,并能计算出柔弱楼层的塑性变形集中效应	

4.5.3 中欧标准抗震分析方法对比

EN 1998主要通过线弹性分析来确定抗震设计的地震效应及其他作用的效应。确定地震效应的参考方法为振型分解反应谱法,这种分析使用结构的线弹性模型和地震设计反应谱。根据建筑的结构特性,可使用侧向力分析法(基底剪力法)或振型分解反应谱分析法(适用于所有结构)。作为线性分析方法的替代方法,也可使用非线性分析方法,如非线性静力分析和非线性时程(动力)分析。应从地震输入、所用材料的本构模型、分析结果的说明以及需要达到的要求等方面来对非线性分析结果进行论证。对于不使用性能系数q的非线性推覆分析而进行设计的非隔震结构,应符合相关要求,且应符合EN 1998-1:2004。

中欧相关标准计算方法及其适用范围基本相同。EN 1998-1对不被高阶振型影响很大的结构进行抗震设计时,采用侧向力分析法(底部剪力法、水平地震力分布法)进行计算;对于用上述方法计算不安全的结构,采用模态反应谱分析法(振型分解反应谱法)进行抗震计算;在计算结构的单元强度和弹性后性状(Post-elastic behavior)时所采用的方法是静力弹塑性分析法(Pushover法);对于计算结构加载-卸载过程可采用非线性时程分析方法(动力时程分析法)。

GB 50011—2010所采用的主要计算方法有底部剪力法、振型分解反应谱法、时程分析法、简化弹塑性分析法和静力弹塑性分析法或弹塑性时程分析方法。GB 50011—2010在第5.1.2条给出了结构抗震计算方法的规定:底部剪力法和振型分解反应谱法是结构抗震计算的基本方法;时程分析法作为补充计算方法,特别不规则、特别重要的和较高的高层建筑采用此方法。采用弹性时程分析法做补充计算时,时程曲线的选取需要满足一定要求,当时程分析法的计算结果大于振型分解反应谱法时,相关部位的构件内力和配筋应进行相应调整。

中欧相关标准在对隔震结构进行抗震设计时,结构的简化模型有所不同,EN 1998-1采用等效线性模型进行时程分析,而GB 50011—2010采用剪切型结构模型进行时程分析。

4.6 地震作用效应的方向组合

4.6.1 水平地震作用组合

1)欧洲标准

欧洲标准规定,应同时考虑两个方向的地震作用,地震作用水平分量的组合可采用下列原则:

应使用规定的振型反应组合方法分别计算结构各方向地震作用。双向地震作用效应的最大值,可采用各方向地震作用效应平方总和的平方根来估算。按上述组合得出最大值的方法(平方和开平方)可能会超过地震作用效应,是偏安全的估算方法。也可使用其他更精确的方法来估算双向地震作用效应。

可同时使用下列两个组合来计算双向地震作用效应:

$$E_{\mathrm{Edx}}+0.30E_{\mathrm{Edy}} \tag{4-22}$$

$$0.30E_{\mathrm{Edx}}+E_{\mathrm{Edy}} \tag{4-23}$$

式中:E_{Edx}——x 方向地震作用效应;

E_{Edy}——y 方向地震作用效应。

上述组合中的各种分量应考虑正负号,并取作用效应最为不利的情况。如果结构体系或立面规则性分类在不同的水平方向上不同,那么性能系数 q 值也可能不同。

使用非线性静力(Pushover)分析空间模型时,x 方向上目标位移(E_{Edx})对应的力、变形以及 y 方向上目标位移(E_{Edy})对应的力、变形,适用本节上述组合规则,组合后的结构内力应不大于结构构件的承载能力。

采用结构空间分析模型并使用非线性时程分析时,应同时在两个水平方向上施加加速度波。平面规则性建筑且在两个主水平方向上采用结构墙体或独立支撑体系为主抗震构件的建筑,可假定地震沿结构的两个主正交方向分别作用,不采用双向地震作用的组合。

2)中国标准

GB 50011—2010 中第 5.2.3 条规定,同时考虑双向水平地震作用组合时,即考虑 x、y 方向地震作用的扭转耦联效应。组合地震效应按照式(4-11)、式(4-12)确定。

4.6.2 竖向地震作用组合

1)欧洲标准

如 a_{vg}大于 $0.25g$ ($2.5\mathrm{m/s^2}$),下列情况应考虑竖向地震:跨度为 20m 或更大的水平或近似水平的结构构件,长度大于 5m 的水平或近似水平的悬臂梁构件,水平或近似水平的预应力构件,托柱梁,基础隔震结构。如进行非线性静力分析,可忽略竖向地震作用。

竖向地震作用的分析可基于某种空间模型,模型包含了承受竖向地震作用且考虑相邻构件刚度的构件。如这些构件要考虑水平地震作用,可适用 EN 1998-1 第 2.8.7-1 条的规定,两个方向的水平地震作用和竖向地震作用的组合如下:

$$E_{\mathrm{Edx}}+0.30E_{\mathrm{Edy}}+0.30E_{\mathrm{Edz}} \tag{4-24}$$

$$0.30E_{\mathrm{Edx}}+E_{\mathrm{Edy}}+0.30E_{\mathrm{Edz}} \tag{4-25}$$

$$0.30E_{\mathrm{Edx}}+0.30E_{\mathrm{Edy}}+E_{\mathrm{Edz}} \tag{4-26}$$

式中:E_{Edz}——竖向地震作用效应。

2)中国标准

中国标准考虑竖向地震作用计算时,无论计算公式的形式还是相关数据的取值上都与水平地震作用计算十分相似。GB 50011—2010 规定:9 度时的高层建筑,其竖向地震作用标准值应按式(4-27)、式(4-28)确定;楼层的竖向地震效应可按各构件承受的重力荷载代表值的比例分配,并乘以增大系数 1.5。

$$F_{Evk} = \alpha_{vmax} G_{eq} \tag{4-27}$$

$$F_{vi} = \frac{G_i H_i}{\sum (G_j H_j)} F_{Evk} \tag{4-28}$$

式中:F_{Evk}——结构竖向地震作用标准值;

F_{vi}——质点 i 的竖向地震作用标准值;

α_{vmax}——竖向地震影响系数的最大值,可取水平地震影响系数最大值的 65%;

G_{eq}——结构等效总重力荷载,可取其重力荷载代表值的 75%。

水平地震作用和竖向地震作用效应组合时,GB 50011—2010 地震作用分项系数按照表 4-12 取值。

地震作用分项系数 表 4-12

地 震 作 用	γ_{Eh}	γ_{Ev}
仅计算水平地震作用	1.3	0.5
仅计算竖向地震作用	0.0	1.3
同时计算水平地震与竖向地震作用(水平地震为主)	1.3	0.5
同时计算水平与竖向地震作用(竖向地震为主)	0.5	1.3

三向地震作用,GB 50011—2010 没有明确要求,可对重要建筑考虑三向地震作用效应组合进行抗震设计,通知对加速度峰值记录和反应谱的分析发现,当同时考虑水平与竖向地震时,二者的效应组合比为 0.4。因此,三向地震作用效应组合标准值 S_{Ek} 按下列三个公式中的较大值确定:

$$S_{Ek} = \sqrt{S_x^2 + (0.85S_y)^2} + 0.4S_z \tag{4-29}$$

$$S_{Ek} = \sqrt{S_y^2 + (0.85S_x)^2} + 0.4S_z \tag{4-30}$$

$$S_{Ek} = S_z \tag{4-31}$$

多遇地震作用下截面抗震验算时,三向地震作用效应组合设计值在上述三式等号右端乘以 1.3 的分项系数,取最大值。

当直接采用动力方程进行弹性、弹塑性时程分析计算地震反应时,可以采用以下两种方法:

(1)直接参考采用具有三向地震运动记录的地震波:$S_{Ek} = S_x + S_y + S_z$。

(2)采用场地安评报告提供的人工模拟水平单向地震波或采用已有水平单向地震记录的地震波时:

沿结构 x 向作用为主

$$S_{Ek} = S_x + 0.85S_y + 0.65S_z$$

沿结构 y 向作用为主

$$S_{Ek} = S_y + 0.85S_x + 0.65S_z$$

4.7 本章小结

本章主要针对中欧标准中结构重要性、结构概念设计、建筑结构的规则性和地震作用计算等内容进行了对比分析。主要差异在于:

(1)中欧标准关于建筑重要性分类基本对应,GB 50011—2010 对于不同重要性类别建筑的抗震设计,通过调整地震作用取值和抗震构造措施来实现。EN 1998-1 通过不同类别建筑采用不同的重要性系数来直接调整地震作用。

（2）GB 50011—2010 对结构平面不规则和竖向不规则进行了详细定义，并给出了应采取的有效抗震构造措施。EN 1998-1 通过对结构的规则性标准的定义来考虑结构的不规则影响。

（3）GB 50011—2010 主要采用底部剪力法、振型分解反应谱法和时程分析法来计算地震作用。EN 1998-1 中地震作用的计算方法也包括底部剪力法、振型分解反应谱法，但地震作用取值与中国标准所考虑的因素有差别。GB 50011—2010 考虑设防烈度、场地类别、设计地震分组、结构自振周期、阻尼比及结构类型的影响，而 EN 1998-1 考虑场地类别、结构自振周期、阻尼比、结构类型的影响。

第5章 多层和高层钢筋混凝土房屋

在不同强度等级地震作用下,钢筋混凝土结构表现出不同的破坏形式。国内外多次大地震震害进一步揭示了多层和高层钢筋混凝土房屋的抗震性能。本章对比分析了现行中欧标准中关于多层和高层钢筋混凝土房屋抗震设计的异同。

5.1 多层和高层混凝土房屋一般性规定对比

5.1.1 房屋高度限值

GB 50011—2010 对现浇钢筋混凝土房屋适用的最大高度的规定如表5-1所示。

GB 50011—2010 规定的现浇钢筋混凝土房屋适用的最大高度(m) 表5-1

结构类型		设防烈度				
		6	7	8(0.2g)	8(0.3g)	9
框架		60	50	40	35	24
框架-抗震墙		130	120	100	80	50
抗震墙		140	120	100	80	60
部分框支抗震墙		120	100	80	50	不应采用
筒体	框架-核心筒	150	130	100	80	70
	筒中筒	180	150	120	100	80
板柱-抗震墙		80	70	55	40	不应采用

注:1. 房屋高度指室外地面到主要屋面板板顶的高度(不包括局部突出屋顶部分)。
2. 框架-核心筒结构指周边稀柱框架与核心筒组成的结构。
3. 部分框支抗震墙结构指首层或底部两层为框支层的结构,不包括仅个别框支墙的情况。
4. 表中框架,不包括异形柱框架。
5. 板柱-抗震墙结构指板柱、框架和抗震墙组成抗侧力体系的结构。
6. 乙类建筑可按本地区抗震设防烈度确定其适用的最大高度。
7. 超过表内高度的房屋,应进行专门研究和论证,采取有效的加强措施。

5.1.2 抗震等级的划分

GB 50011—2010 在第6.1.2条对丙类钢筋混凝土房屋的抗震等级进行了规定,如表5-2所示。其第6.1.2条指出,钢筋混凝土房屋应根据设防类别、烈度、结构类型和房屋高度采用不同的抗震等级,并应符合相应的计算和构造措施要求。

GB 50011—2010 中的现浇钢筋混凝土房屋的抗震等级 表 5-2

<table>
<tr><td colspan="3" rowspan="2">结构类型</td><td colspan="12">设防烈度</td></tr>
<tr><td colspan="2">6</td><td colspan="4">7</td><td colspan="4">8</td><td colspan="2">9</td></tr>
<tr><td rowspan="3">框架结构</td><td colspan="2">高度</td><td>≤24</td><td>>24</td><td colspan="2">≤24</td><td colspan="2">>24</td><td colspan="2">≤24</td><td colspan="2">>24</td><td colspan="2">≤24</td></tr>
<tr><td colspan="2">框架</td><td>四</td><td>三</td><td colspan="2">三</td><td colspan="2">二</td><td colspan="2">二</td><td colspan="2">一</td><td colspan="2">一</td></tr>
<tr><td colspan="2">大跨度框架</td><td colspan="2">三</td><td colspan="4">二</td><td colspan="4">一</td><td colspan="2">一</td></tr>
<tr><td rowspan="3">框架-抗震墙结构</td><td colspan="2">高度(m)</td><td>≤60</td><td>>60</td><td>≤24</td><td colspan="2">25～60</td><td>>60</td><td>≤24</td><td colspan="2">25～60</td><td>>60</td><td>≤24</td><td>25～50</td></tr>
<tr><td colspan="2">框架</td><td>四</td><td>三</td><td>四</td><td colspan="2">三</td><td>二</td><td>三</td><td colspan="2">二</td><td>一</td><td>二</td><td>一</td></tr>
<tr><td colspan="2">抗震墙</td><td colspan="2">三</td><td>三</td><td colspan="3">二</td><td>二</td><td colspan="3">一</td><td colspan="2">一</td></tr>
<tr><td rowspan="2">抗震墙结构</td><td colspan="2">高度(m)</td><td>≤80</td><td>>80</td><td>≤24</td><td colspan="2">25～80</td><td>>80</td><td>≤24</td><td colspan="2">25～80</td><td>>80</td><td>≤24</td><td>25～60</td></tr>
<tr><td colspan="2">抗震墙</td><td>四</td><td>三</td><td>四</td><td colspan="2">三</td><td>二</td><td>三</td><td colspan="2">二</td><td>一</td><td>二</td><td>一</td></tr>
<tr><td rowspan="4">部分框支抗震墙结构</td><td colspan="2">高度(m)</td><td>≤80</td><td>>80</td><td>≤24</td><td colspan="2">25～80</td><td>>80</td><td>≤24</td><td colspan="2">25～80</td><td rowspan="4">—</td><td colspan="2" rowspan="4">—</td></tr>
<tr><td rowspan="2">抗震墙</td><td>一般部位</td><td>四</td><td>三</td><td>四</td><td colspan="2">三</td><td>二</td><td>三</td><td colspan="2">二</td></tr>
<tr><td>加强部位</td><td>三</td><td>二</td><td>三</td><td colspan="2">二</td><td>一</td><td>二</td><td colspan="2">一</td></tr>
<tr><td colspan="2">框支层框架</td><td colspan="2">二</td><td colspan="3">二</td><td>一</td><td colspan="3">一</td></tr>
<tr><td rowspan="2">框架-核心筒结构</td><td colspan="2">框架</td><td colspan="2">三</td><td colspan="4">二</td><td colspan="4">一</td><td colspan="2">一</td></tr>
<tr><td colspan="2">核心筒</td><td colspan="2">二</td><td colspan="4">二</td><td colspan="4">一</td><td colspan="2">一</td></tr>
<tr><td rowspan="2">筒中筒结构</td><td colspan="2">外筒</td><td colspan="2">三</td><td colspan="4">二</td><td colspan="4">一</td><td colspan="2">一</td></tr>
<tr><td colspan="2">内筒</td><td colspan="2">三</td><td colspan="4">二</td><td colspan="4">一</td><td colspan="2">一</td></tr>
<tr><td rowspan="3">板柱-抗震墙结构</td><td colspan="2">高度(m)</td><td>≤35</td><td>>35</td><td colspan="2">≤35</td><td colspan="2">>35</td><td colspan="2">≤35</td><td colspan="2">>35</td><td colspan="2" rowspan="3">—</td></tr>
<tr><td colspan="2">框架、板柱的柱</td><td>三</td><td>二</td><td colspan="2">二</td><td colspan="2">二</td><td colspan="4">一</td></tr>
<tr><td colspan="2">抗震墙</td><td>二</td><td>二</td><td colspan="2">二</td><td colspan="2">一</td><td colspan="2">二</td><td colspan="2">一</td></tr>
</table>

注:1. 建筑场地为Ⅰ类时,除6度外应允许按表内降低一度所对应的抗震等级采取抗震构造措施,但相应的计算要求不应降低。
2. 接近或等于高度分界时,应允许结合房屋不规则程度及场地、地基条件确定抗震等级。
3. 大跨度框架指跨度不小于18m的框架。
4. 高度不超过60m的框架-核心筒结构按框架-抗震墙的要求设计时,应按表中框架-抗震墙结构的规定确定其抗震等级。

同时,GB 50011—2010 第6.1.3条对抗震等级的确定方法进一步进行了说明,规定在确定钢筋混凝土房屋结构、构件的抗震等级时,还应符合下列要求:

(1)对设置少量抗震墙的框架结构,在规定的水平地震作用下,底层框架部分所承担的倾覆力矩大于结构底部总倾覆力矩的50%时,框架的抗震等级应按框架结构确定。

(2)裙房与主楼相连,除应按裙房本身确定抗震等级外,相应范围不应低于主楼的抗震等级;主楼结构在裙房顶板对应的相邻上下各一层应适当加强抗震构造措施。裙房与主楼分离时,应按裙房本身确定抗震等级。

(3)当地下室顶板作为上部结构的嵌固部位时,地下一层的抗震等级应与上部结构相同,地下一层以下抗震构造措施的抗震等级可根据具体情况采用三级或四级。

(4)当甲、乙类建筑按规定提高一度确定其抗震等级,而房屋的高度超过 GB 50011—2010 表6.1.2相应规定的上界时,应采取比一级更有效的抗震构造措施。

EN 1998-1 将混凝土结构分为低柔性结构(Ductility Class Low, DCL)、中柔性结构(Ductility Class Medium, DCM)和高柔性结构(Ductility Class High, DCH)。

5.1.3 钢筋混凝土房屋的结构类型

GB 50011—2010 将钢筋混凝土结构分为以下几种类型:①框架;②抗震墙;③框架-抗震墙;④部分框支-抗震墙;⑤筒体结构,包括少筋框架-核心筒和筒中筒;⑥板柱-抗震墙。

EN 1998-1 将钢筋混凝土结构分为以下几类体系:

1)框架体系

框架体系内部垂直荷载及侧向荷载主要由空间框架所承载,而空间框架在建筑基础处的抗剪承载力大于整个结构体系总抗剪承载力的 65%。

2)双重体系(等效框架体系或等效剪力墙体系)

双重体系内部垂直荷载的支撑由空间框架提供,而侧向荷载一部分由框架体系承载,一部分由连肢或未连肢的结构墙承载。

3)延性墙体系

延性墙体的设计与构造处理的主要目的是耗散能量,在底部形成弯曲塑性铰,沿墙体高度的其余部分保持弹性,促进或迫使梁形成转动塑性机制;对在基底形成的具有很高延性和耗能能力的塑性弯曲铰,延性墙体应固定在塑性铰处,以防止基础发生相对结构体系的其余部分转动。

4)大型少筋墙体系

大型墙体抵抗强烈地震作用下的能力主要是通过其几何尺寸,而不是由其强度和黏滞耗能能力得以增强。它定义一个水平尺寸 l_w 至少等于 4.0m 或其高度 h_w 的三分之二的墙体为“大型少筋墙”(不管是 l_w 小还是 h_w 小)。

5)倒摆式体系

倒摆式体系中 50% 或更多的质量均位于其结构高度上部三分之一的部分内,或其中的能量耗散主要发生在单个建筑构件的基础处。

注:如果单层框架带有沿着建筑两个主要方向连接的柱顶并且柱相对轴向荷载 v_d 在任一处均不大于 0.3,则此单层框架不属于此范畴。

6)扭转柔性体系

无最小扭转刚度的双重体系或墙体系。

注:1. 此体系的一个范例即为:由柔性框架和集中于平面内建筑中心附近的墙组合而成的结构体系。

2. 本定义不涵盖那些在竖直设备和设施周围设有大面积穿孔墙的体系。对于这类体系,应基于实际情况来选择各自的总体结构配置的最适当定义。

5.1.4 弹塑性层间位移角

地震作用下结构的弹塑性变形直接依赖于结构实际的屈服强度(屈服承载力)而不是承载力设计值。抗震变形验算时满足建筑正常使用功能的重要措施,也是抗震性能设计的重要内容之一。弹性变形验算实现的是第一水准的设防要求,属于正常使用极限状态的验算;弹塑性层间位移角限值是确保在罕遇地震作用下,建筑主体结构遭受破坏或严重破坏时不倒塌,实现第三水准的设防要求。

GB 50011—2010 第 5.5.1 条对各类结构多遇地震作用下,楼层内最大的弹性层间位移角限值如表 5-3 所示。

结构的弹塑性变形验算过程可用图 5-1 表示。

GB 50011—2010 第 5.5.4 条给出的结构薄弱层(部位)弹塑性层间位移角限值如表 5-4 所示。

楼层内最大的弹性层间位移角限值 表 5-3

结构类型	$[\theta_e]$
钢筋混凝土框架	1/550
钢筋混凝土框架-抗震墙、板柱-抗震墙、框架-核心筒	1/800
钢筋混凝土抗震墙、筒中筒	1/1000
钢筋混凝土框支层	1/1000
多、高层钢结构	1/250

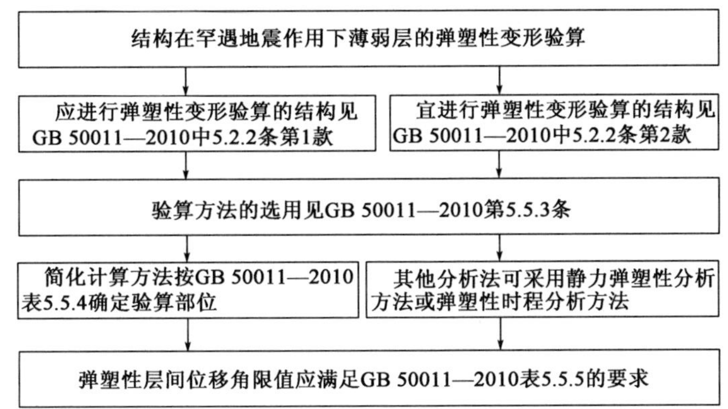

图 5-1 结构的弹塑性变形验算过程

结构薄弱层(部位)弹塑性层间位移角限值 表 5-4

结构类型	$[\theta_p]$
单层钢筋混凝土排架柱	1/30
钢筋混凝土框架	1/50
底部框架砌体房屋中的框架-抗震墙	1/100
钢筋混凝土框架-抗震墙、板柱-抗震墙、框架-核心筒	1/100
钢筋混凝土抗震墙、筒中筒	1/120
多、高层钢结构	1/50

EN 1998-1 采用的是两级设防思想,当验算是否满足“损伤限制要求”时,就应对结构进行损伤限制状态下的验算,通过对结构层间位移限值的控制来实现。

EN 1998-1 第 4.4.3 条关于层间位移的限制如下:

(1)对于有由脆性材料做成的非结构构件与结构相连的建筑:$d_r v \leqslant 0.005h$。

(2)对于有延性非结构构件的建筑:$d_r v \leqslant 0.0075h$。

(3)对于有非结构构件以不影响结构性位移的方式固定或没有非结构构件的建筑:$d_r v \leqslant 0.10h$。

其中:d_r——设计层间位移,由在每层顶部和底部的平均侧向位移 d_s 的差值来计算;

v——降低系数,它考虑了与损坏限制要求相对应的重现期的地震作用;

h——楼层高度。

EN 1998-1 还涉及每层顶部和底部的平均侧向位移 d_s 的计算,d_s 是指由设计地震作用引起的弹塑性位移,可以根据结构体系的弹性位移用下列简化表达式来计算(EN 1998-1 第 4.3.4 条):

$$d_s = q_d d_e \tag{5-1}$$

式中:d_s——结构体系中任一点的位移,由设计地震作用推导出来,不宜大于弹性谱推导得出的值;

q_d——位移性能系数,无特殊规定时假定取为 q 值;

d_e——结构体系中同一点的位移,由基于 EN 1998-1 第 3.2.2.5 条规定的设计反应谱计算出来的地震作用,把它作用到结构上,然后进行线性分析来确定该位移值的大小。

5.2 中欧标准对框架钢筋混凝土房屋部分规定的对比

本节将对 GB 50011—2010 和 EN 1998-1 钢筋混凝土结构中的部分规定进行比较。

5.2.1 框架梁的构造措施

5.2.1.1 框架梁截面

1)GB 50011—2010

GB 50011—2010 在第 6.3.1 条与第 6.3.2 条分别对普通框架梁和扁梁的截面尺寸进行了规定:

(1)普通框架梁。

①梁截面宽度不宜小于 200mm。

②梁截面的高宽比不宜大于 4。

③梁净跨与截面高度之比不宜小于 4。

(2)扁梁。

梁宽大于柱宽的扁梁应符合下列要求:

①采用梁宽大于柱宽的扁梁时,楼板应现浇,梁中线宜与柱中线重合,扁梁应双向布置,且不宜用于一级框架结构。扁梁的截面尺寸应符合下列要求,并应满足现行有关规范对挠度和裂缝宽度的规定:

$$b_b \leqslant 2b_c \tag{5-2}$$

$$b_b \leqslant b_c + h_b \tag{5-3}$$

$$h_b \geqslant 16d \tag{5-4}$$

式中:b_c——柱截面宽度,圆形截面取柱直径的 0.8 倍;

b_b、h_b——梁截面宽度和高度;

d——柱纵筋直径。

②规范中要求扁梁框架的梁柱中线宜重合且采用整体现浇楼盖,是为了避免或减小扭转的不利影响;而在两个主轴方向都设置扁梁,则是为了使扁梁端部在柱外的纵向钢筋有足够的锚固。

2)EN 1998-1

EN 1998-1 第 5.4.1.2.1 条、第 5.5.1.2.1 条分别给出了中柔性结构(DCM)和高柔性结构(DCH)对框架梁的几何要求,如表 5-5 所示。

通过对比可以看出,GB 50011—2010 和 EN 1998-1 有交叉的内容:

(1)EN 1998-1 中,DCM 和 DCH 的梁宽要求与 GB 50011—2010 中扁梁的规定相同。

(2)EN 1998-1 中,DCH 的梁宽限值与 GB 50011—2010 中普通梁的规定相同。

(3)EN 1998-1 中,DCM 梁中轴线与柱中轴线的偏心率的要求,虽未在 GB 50011—2010 的梁截面要求中给出,但 GB 50011—2010 第 6.1.5 条给出了相同的规定,并且对单跨框架结构的应用进行了限制。

中柔性结构和高柔性结构对框架梁的几何要求 表 5-5

中柔性结构 (DCM)	(1)框架结构中,应限制梁中轴线与柱中轴线的偏心率,保证交替弯矩从梁到柱的有效传递。为达到这一目的,梁中轴线与柱中轴线的偏心率应小于柱宽的1/4; (2)梁宽应满足下式: $b_w \leqslant \min\{b_c + h_w, 2b_c\}$ 式中:b_w——梁宽; b_c——垂直于梁的纵向轴的柱的最大横截面尺寸; h_w——梁高
高柔性结构 (DCH)	(1)梁宽不应小于200mm; (2)腹板的高宽比应满足:$h/b \leqslant 3.5$; (3)满足 DCM 的第(1)、(2)条

5.2.1.2 梁的纵筋配置

1)GB 50011—2010

梁的变形能力主要取决于梁端的塑性转动量,而梁端的塑性转动量与截面混凝土受压区相对高度有关。当相对受压区高度在0.25~0.35范围时,梁的位移延性系数可达到3~4。计算梁端受拉钢筋时宜考虑梁端受压钢筋的作用,计算梁端受压区高度时宜按梁端截面实际受拉和受压钢筋面积进行计算。

梁端底面和顶面纵向钢筋的比值,同样对梁的变形能力有较大影响。梁端底面的钢筋可增加负弯矩时的塑性转动能力,还能防止在地震中梁底出现正弯矩时过早屈服或破坏,从而影响承载力和变形能力的正常发挥。

GB 50011—2010 第6.3.3条、第6.3.4条给出了梁的纵向钢筋配置:

(1)梁端计入受压钢筋的混凝土受压区高度和有效高度之比,抗震等级一级不应大于0.25,抗震等级为二、三级不应大于0.35。

(2)梁端截面的底面和顶面配筋量的比值,除按计算确定外,抗震等级一级不应小于0.5,抗震等级为二、三级不应小于0.3。

(3)梁端纵向受拉钢筋的配筋率不宜大于2.5%。沿梁全长顶面和底面的钢筋,抗震等级为一、二级不应少于2ϕ14,且不应小于梁端顶面和底面纵向钢筋中较大截面面积的1/4,抗震等级为三、四级不应少于2ϕ12。

(4)抗震等级为一、二、三级框架梁内贯通中柱的每根纵向钢筋直径,对框架结构不应大于矩形截面柱在该方向截面尺寸的1/20。

2)EN 1998-1

EN 1998-1 第5.4.3.1.2条给出了中柔性结构中梁纵筋构造要求,第5.5.3.1.3条指出高柔性结构的梁纵筋构造要求与中柔性结构为一致,具体如下:

(1)受压区的配筋量不小于受拉区的1/2。

(2)受拉区配筋率ρ的最大值ρ_{max}和最小值ρ_{min}分别按下式计算:

$$\rho_{max} = \rho' + \frac{0.0018}{\mu_\varphi \varepsilon_{sy,d}} \cdot \frac{f_{cd}}{f_{yd}} \tag{5-5}$$

$$\rho_{min} = 0.5\left(\frac{f_{ctm}}{f_{yk}}\right) \tag{5-6}$$

式中:ρ'——受压区配筋率;

f_{cd}——混凝土抗压强度设计值;

f_{yd}——钢筋屈服强度设计值;

μ_{φ}——曲率延性系数；

$\varepsilon_{sy,d}$——钢筋屈服应变设计值；

f_{ctm}——混凝土抗拉强度平均值；

f_{yk}——钢筋屈服强度标准值。

EN 1998-1 规定，对于中柔性结构，塑性铰区的范围为从框架梁的节点边算起，向梁中延伸一个 l_{cr} 的距离；或从在地震作用下框架梁中有屈服趋势的截面算起，沿此截面分别从两个方向向梁中延伸一个 l_{cr} 的距离。此处，$l_{cr}=h_w$（h_w 表示梁截面的高度）。对于高柔性结构，塑性铰区的范围同中柔性结构的规定，只是 $l_{cr}=1.5h_w$。为了满足梁塑性铰区的局部延性和转动能力，EN 1998-1 规定：对于中柔性结构，梁塑性铰区受拉钢筋的最大配筋率不应超过式（5.2.1.2-1）。还需注意的是，EN 1998-1 规定梁塑性铰区受压钢筋的数量除了不低于地震作用下极限状态所需的配筋量，还不能低于受拉区钢筋数量的一半。

对于高柔性结构，EN 1998-1 规定在整个框架梁长范围内，应沿梁顶部和底部配置至少两根 $d_b=14$mm 的通长筋；在整个框架梁长范围内，应布置至少 1/4 的梁端上部钢筋。但是对于中柔性结构，没有给出特殊的规定。

中国标准与欧洲标准的异同：

（1）中国标准规定“梁端纵向受拉钢筋的配筋率不宜大于 2.5%”，而欧洲标准给出了明确的最大配筋率和最小配筋率的计算公式。

（2）欧洲标准中“受压区的配筋量不小于受拉区的 1/2”与中国标准中“梁端截面的底面和顶面配筋量的比值，除按计算确定外，抗震等级一级不应小于 0.5，抗震等级二、三级不应小于 0.3”的框架梁的规定是一致的。

5.2.1.3 梁的箍筋配置

1）GB 50011—2010

根据试验和震害经验，随着剪跨比的不同，梁端的破坏主要集中于 1.5～2.0 倍梁高的长度范围内，当箍筋间距小于 $6d\sim8d$（d 为纵筋直径）时，混凝土压溃前受压钢筋一般不致压屈，延性较好。因此规定了箍筋加密范围，限制了箍筋最大肢距；当纵向受拉钢筋的配筋率超过 2% 时，箍筋的要求相应提高。

GB 50011—2010 第 6.3.3 条、第 6.3.4 条给出了梁端箍筋加密区的箍筋配置要求：

（1）加密区箍筋的长度、最大间距和最小直径应按表 5-6 采用，当梁端纵向受拉钢筋配筋率大于 2% 时，表 5-6 中箍筋最小直径数值应增大 2mm。

（2）梁端加密区的箍筋间距，一级不宜大于 200mm 和 20 倍箍筋直径的较大值，二、三级不宜大于 250mm 和 20 倍箍筋直径的较大值，四级不宜大于 300mm。

GB 50011—2010 中梁端箍筋加密区的长度、箍筋最大间距和最小直径（mm）　　表 5-6

抗震等级	加密区长度（采用较大值）	箍筋最大间距（采用最小值）	箍筋最小直径
一	$2h_b$, 500	$h_b/4$, $6d$, 100	10
二	$1.5h_b$, 500	$h_b/4$, $8d$, 100	8
三	$1.5h_b$, 500	$h_b/4$, $8d$, 150	8
四	$1.5h_b$, 500	$h_b/4$, $8d$, 150	6

2）EN 1998-1

EN 1998-1 第 5.4.3.1.2 条给出了中柔性结构的梁箍筋配置要求，第 5.5.3.1.3 条给出了高柔性结构的梁箍筋配置要求，列于表 5-7 中。

中柔性结构和高柔性结构框架梁的箍筋配置　　表 5-7

项　目	中柔性结构	高柔性结构
箍筋范围	未做规定	框架梁的临界区长度 l_{cr} 为从梁柱节点到梁横截面的距离或其他可能屈服的横截面向两边延伸的长度，取 $l_{cr}=1.5h_w$
箍筋间距	在框架梁的临界区，箍筋应满足如下条件： (1)箍筋直径不小于 6mm； (2)箍筋间距 S(mm)应满足： $S\leqslant\min\{h_w/4;24d_{bw};225;8d_{bL}\}$ 式中：h_w——梁高； d_{bw}——箍筋直径； d_{bL}——纵筋最小直径。 (3)第一根箍筋不应置于离梁的端截面距离超过 50mm 之处	箍筋间距 S(mm)应满足： $S\leqslant\min\{h_w/4;24d_{bw};175;6d_{bL}\}$，其余与中柔性结构一致

通过对比可以看出，中国标准在箍筋范围和箍筋间距这两方面，根据抗震等级的不同给出框架梁端加密区箍筋间距的要求，而欧洲标准未对箍筋间距做出要求。

5.2.1.4 梁纵向受拉钢筋最小配筋率

1)中国标准

《高层建筑混凝土结构技术规程》(JTJ 3—2010)第 6.3.2 条对框架梁纵向受拉钢筋最小配筋率进行了规定，如表 5-8 所示。配筋率根据抗震等级和配筋位置(支座上部梁钢筋及全跨下部梁钢筋)的不同而有所区别。

JTJ 3—2010 中抗震框架梁受拉钢筋最小配筋率(%)　　表 5-8

抗震等级	配筋位置	
	支座(取较大值)	跨中(取较大值)
一	0.4 和 $80f_t/f_y$	0.3 和 $65f_t/f_y$
二	0.3 和 $65f_t/f_y$	0.25 和 $55f_t/f_y$
三、四	0.25 和 $55f_t/f_y$	0.20 和 $45f_t/f_y$

2)欧洲标准

EN 1998-1 第 5.4.3.1.2 条规定，沿梁的各个截面中受拉钢筋的最小配筋率均取为：

$$\rho_{min}=0.5\left(\frac{f_{ctm}}{f_{yk}}\right)\tag{5-7}$$

式中：f_{ctm}——混凝土抗拉强度平均值；

f_{yk}——钢筋抗拉强度标准值，参见 EN 1992-1-1。

为了统一对比条件，将欧洲标准的规定改用中国标准钢筋和混凝土强度等级表示，其中钢筋强度可用中国标准相应强度取而代之，混凝土强度则需换算。欧洲标准规定：

$$f_{ctm}=0.30f_{ck}^{2/3}\tag{5-8}$$

式中：f_{ck}——混凝土棱柱体抗压强度标准值。

EN 1998-2 定义的混凝土棱柱体抗压强度标准值 f_{ck} 与圆柱体抗压强度标准值之间的关系为：

$$f_{cky}=1.05f_{ck}\tag{5-9}$$

EN 1998-2 定义的圆柱体抗压强度标准值 f_{cyk} 与立方体(150mm 边长)抗压强度标准值 f_{cuk} 之间的关系对于不大于 C60 的混凝土为：

$$f_{cky}=0.8f_{cuk}\tag{5-10}$$

中国标准中立方体抗压强度标准值符合国际统一定义，EN 1998-2-1 定义的立方体(150mm

边长)抗压强度标准值f_{cuk}与中国标准中轴心抗压强度标准值f_{ck}之间的关系为:

$$f_{ck} = 0.67f_{cuk} \tag{5-11}$$

中国标准中轴心抗压强度设计值f_c与标准值f_{ck}之间的关系为:

$$f_c = \frac{f_{ck}}{1.4} \tag{5-12}$$

故:

$$f_{ctm} = 0.3f_{ck}^{2/3} = 0.3 \times \left(\frac{1}{0.5} f_{cyk}\right)^{2/3} = 0.3 \times \left(\frac{0.8}{1.05} f_{cuk}\right)^{2/3}$$

$$= 0.3 \times \left(\frac{0.8 \times 1.4}{1.05 \times 0.67} f_c\right)^{2/3} = 0.409f_c^{2/3} \tag{5-13}$$

受拉钢筋的最小配筋率:

$$\rho_{min} = 0.5\frac{f_{ctm}}{f_{yk}} = 0.5 \times 0.409\frac{f_c^{2/3}}{f_{yk}} = 0.2045\frac{f_c^{2/3}}{f_{yk}} \tag{5-14}$$

混凝土强度的换算全由各类强度之间的关系导出,不存在英制与公制的换算问题,于是按中国标准给出的各混凝土强度等级值求得欧洲标准各混凝土强度等级值,再将该值和中国标准各等级钢筋强度标准值代入公式,即可求得与中国标准材料强度等级对应的欧洲标准的值。

表5-9中分别给出了对应于HRB335级和HRB400级钢筋强度的中国标准与欧洲标准抗震框架梁受拉钢筋最小配筋率取值的对比,从其对比结果可以看出:

(1)在框架梁常用的混凝土强度等级范围内,从C20到C50,中国标准对一级抗震等级框架梁支座受拉钢筋最小配筋率取值水平高于欧洲标准的受拉钢筋最小配筋率取值水平,从C55到C60,中国标准对一级抗震等级框架梁支座受拉钢筋最小配筋率取值水平小于欧洲标准的受拉钢筋最小配筋率取值水平;中国标准对一级抗震等级框架梁跨中及二级抗震等级框架梁支座受拉钢筋最小配筋率取值水平偏小,但偏小幅度不是很大;中国标准对二级抗震等级框架梁跨中及三、四级抗震等级框架梁跨中受拉钢筋最小配筋率取值水平偏小,与欧洲标准比较相差较大。

(2)从表5-9中可以看出,中国标准与欧洲标准主要使用特征表达式,但总的来看,在框架梁常用混凝土强度等级范围内,这两种取值方案的差别并不是很大,因此没有实质性差异。

(3)中国标准与欧洲标准的主要区别是,中国标准中最小配筋率与抗震等级有关,也可以说与结构所在地区地震作用大小有关,而且支座和跨中(也就是指上部梁筋与下部梁筋)的最小配筋率取值不同,但欧洲标准对这些情况全不加区别。根据对抗震框架梁受拉钢筋最小配筋率功能的分析,保持不同抗震等级和上部与下部框架梁受拉钢筋最小配筋率取值的一定差别具有一定的道理。

中欧标准抗震框架梁受拉钢筋最小配筋率对比 表5-9

规范种类	钢筋规格		C20	C25	C30	C35	C40	C45	C50	C55	C60
中国标准	一级支座	HRB335	0.004	0.004	0.004	0.00416	0.0053	0.00477	0.00501	0.00519	0.00541
		HRB400	0.004	0.004	0.004	0.004	0.004	0.004	0.0042	0.00435	0.00453
	一级跨中	HRB335	0.003	0.003	0.00305	0.00334	0.00364	0.00383	0.00403	0.00417	0.00434
	二级支座	HRB400	0.003	0.003	0.003	0.003	0.00304	0.00320	0.00336	0.00349	0.00363
	二级跨中	HRB335	0.0025	0.0025	0.0026	0.00286	0.00311	0.00328	0.00345	0.00357	0.00371
	三、四级支座	HRB400	0.0025	0.0025	0.0025	0.0025	0.00262	0.00275	0.00289	0.003	0.00312
	三、四级跨中	HRB335	0.002	0.002	0.00213	0.00234	0.00255	0.00268	0.00282	0.00292	0.00304
		HRB400	0.002	0.002	0.002	0.002	0.00214	0.00225	0.00236	0.00245	0.00255
欧洲标准	HRB335		0.00275	0.00318	0.00360	0.00400	0.00436	0.00466	0.00495	0.00526	0.00556
	HRB400		0.00231	0.00266	0.00301	0.00334	0.00365	0.00390	0.00412	0.00441	0.00465

5.2.2　钢筋混凝土抗震框架梁剪切抗力取值对比

5.2.2.1　中国标准的规定

中国标准考虑地震作用组合的矩形、T 形和 I 形截面的框架梁，其斜截面受剪承载力应符合下列规定。

(1)一般框架梁：

$$V_b \leqslant \frac{1}{r_{RE}}\left(0.42f_t bh_0 + 1.25f_{yv}\frac{A_s}{s}h_0\right) \tag{5-15}$$

(2)集中荷载作用下(包括有多种荷载，其中集中荷载对节点边缘产生的剪力值占总剪力值的 75% 以上情况)的框架梁：

$$V_b \leqslant \frac{1}{r_{RE}}\left(\frac{1.05}{\lambda+1}f_t bh_0 + f_{yv}\frac{A_{sv}}{s}h_0\right) \tag{5-16}$$

式中：V_b——考虑地震作用组合的框架梁端剪力设计值；

λ——计算截面的剪跨比，当 $\lambda < 1.5$ 时，取 $\lambda = 1.5$；当 $\lambda > 3$ 时，取 $\lambda = 3$；

r_{RE}——承载力调整系数，r_{RE} 取 0.85。

沿框架梁全长箍筋的配筋率应符合下列规定：

一级抗震等级，箍筋配筋率：

$$\rho_{sv} \geqslant 0.30\frac{f_t}{f_{yv}}$$

二级抗震等级，箍筋配筋率：

$$\rho_{sv} \geqslant 0.28\frac{f_t}{f_{yv}}$$

三、四级抗震等级，箍筋配筋率：

$$\rho_{sv} \geqslant 0.26\frac{f_t}{f_{yv}}$$

考虑地震组合的框架梁，当跨高比 $l_0/h > 2.5$ 时，其受剪截面应符合式(5-17)：

$$V_b \leqslant \frac{1}{r_{RE}}(0.20\beta_c f_c bh_0) \tag{5-17}$$

式中：β_c——混凝土强度影响系数；当混凝土强度等级不超过 C50 时，取 $\beta_c = 1.0$；当混凝土强度等级为 C80 时，取 $\beta_c = 0.8$；其间按线性内插法确定。

5.2.2.2　欧洲标准的规定

EN 1998-1 根据结构的不同延性等级 DCH、DCM、DCL 采取不同的计算公式。

对于 DCH 延性等级，欧洲标准规定不考虑混凝土的抗拉作用：

$$V_{cs} = V_{wd} \tag{5-18}$$

$$V_{cs} = 0.9f_{yv}\frac{A_{sv}}{s}h_0 \tag{5-19}$$

对于 DCM 延性等级，EN 1998-1 规定考虑 40% 的混凝土抗拉作用：

$$V_{cs} = 40\% V_{cd} + V_{wd} \tag{5-20}$$

$$V_{cs} = 40\% \times \frac{1}{6}\left(1.2 + 40\rho + 0.15\frac{N_{sd}}{A_c}\right)bh_0 + 0.9f_{yv}\frac{A_{sv}}{s}h_0 \tag{5-21}$$

对于 DCL 延性等级，欧洲标准考虑 100% 混凝土的抗拉作用：

$$V_{cs} = V_{cd} + V_{wd} \tag{5-22}$$

$$V_{cs} = \frac{1}{6}\left(1.2 + 40\rho + 0.15\frac{N_{sd}}{A_c}\right)bh_0 + 0.9f_{yv}\frac{A_{sv}}{s}h_0 \tag{5-23}$$

式中：V_{cd}——混凝土所引起的作用，$V_{cd} = V_{Rd1}$，其中，

$$V_{Rd1} = [\tau_{Rd}k(1.2 + 40\rho + 0.15\sigma_{cp})]b_w d \tag{5-24}$$

V_{wd}——剪切配筋所引起的作用，$V_{wd} = A_{sw}/s \cdot 0.9df_{ywd}$，其中，$A_{sw}$为剪切配筋的横截面面积；$s$为箍筋间距；$f_{ywd}$为剪切配筋的设计屈服强度，相当于中国标准的$f_{yv}$；

τ_{Rd}——基本设计剪切强度；

$$\tau_{Rd} = \frac{0.25f_{ctk0.05}}{r_c}\left(r_c\ 取1.5，故\ \tau_{Rd} = \frac{1}{6}f_{ctk0.05}\right) \tag{5-25}$$

d、b_w——相当于中国标准h_0、b；

ρ——对应于受拉钢筋配筋率，$\rho = A_{s1}/bd \leqslant 0.02$；

A_{s1}——纵向受拉钢筋面积。

$$\sigma_{cp} = \frac{N_{sd}}{A_c} \tag{5-26}$$

N_{sd}——由于荷载或预应力引起的截面中纵向力，$N_{sd} = f_y A_s$。

$$V_{wd} = 0.9\frac{A_{sw}}{s}df_{ywd} = 0.9f_{yv}\frac{A_{sv}}{s}h_0 \tag{5-27}$$

将公式进行简化：

$$V_{Rd1} = \frac{1}{6}\left(1.2 + 40\rho + \frac{N_{sd}}{A_c}\right)f_{ctk0.05}bh_0 \tag{5-28}$$

欧洲标准规定：沿梁的各个截面中受拉钢筋的最小配筋率均取为：

$$\rho_{min} = 0.5\frac{f_{ctm}}{f_{yk}} \tag{5-29}$$

式中：f_{ctm}——混凝土抗拉强度平均值；

f_{yk}——钢筋抗拉强度标准值。

其受剪截面应符合下列条件：

$$V_{cs} \leqslant 0.225f_c bh_0 \tag{5-30}$$

5.2.2.3 中欧标准比较

为了详细对比中欧标准钢筋混凝土框架梁剪切抗力取值的差异，根据抗震等级的划分，分别对不同工况进行比较，中国标准分别取一级、二级、三级和四级抗震等级框架梁进行比较，欧洲标准分别取抗震等级为DCH、DCM、DCL框架梁进行比较，比较过程中，ρ_{sv}、N_{sd}分别按照最小值和最大值的情况进行对比。

中国标准与欧洲标准钢筋混凝土抗震框架梁采用了不同的计算公式，考虑的影响因素以及选用的参数也不相同，为了使公式具有可比性，将相关参数进行无量纲变换，定义：

$$Y = \frac{V_{cs}}{f_t bh_0} \tag{5-31}$$

$$X = \frac{\rho_{sv}f_{sv}}{f_c} \tag{5-32}$$

为便于比较，将欧洲标准公式中的混凝土强度换算为中国标准的混凝土强度。

EN 1998-2-1 规定：

$$f_{ctk,0.05} = 0.7f_{ctm} \tag{5-33}$$

$$f_{ctm} = 0.30f_{ck}^{2/3} \tag{5-34}$$

式中：$f_{ctk,0.05}$——混凝土下限抗拉强度标准值；

f_{ctm}——混凝土抗拉强度平均值；

f_{ck}——混凝土棱柱体抗压强度标准值。

故：

$$f_{ctk,0.05}=0.7f_{ctm}=0.7\times0.3f_{ck}^{2/3}=0.7\times0.3\times\left(\frac{1}{1.05}f_{cyk}\right)^{2/3}=0.7\times0.3\times\left(\frac{0.8}{1.05}f_{cuk}\right)^{2/3}$$

$$=0.7\times0.3\times\left(\frac{0.8\times1.4}{1.05\times0.67}f_{c}\right)^{2/3}=0.286f_{c}^{2/3}\tag{5-35}$$

混凝土强度换算由各类强度之间的关系导出，不存在英制与公制的换算问题，于是可按中国标准给出的各混凝土强度等级求得欧洲标准各混凝土强度等级值，再将该值和中国标准的各等级钢筋强度标准值代入公式中，即可求得与中国标准材料强度等级对应的欧洲标准的值。单位换算后欧洲标准延性等级为DCH、DCM、DCL的钢筋混凝土抗震框架梁抗剪承载力的计算公式分别为：

DCH框架梁

$$V_{cs}=0.9f_{yv}\frac{A_{sv}}{s}h_{0}\tag{5-36}$$

DCM框架梁

$$V_{cs}=40\%\times\frac{1}{6}\left(1.2+40\rho+0.15\frac{N_{sd}}{A_{c}}\right)\times0.286f_{c}^{2/3}bh_{0}+0.9f_{yv}\frac{A_{sv}}{s}h_{0}\tag{5-37}$$

DCL框架梁

$$V_{cs}=\frac{1}{6}\left(1.2+40\rho+0.15\frac{N_{sd}}{A_{c}}\right)\times0.286f_{c}^{2/3}bh_{0}+0.9f_{yv}\frac{A_{sv}}{s}h_{0}\tag{5-38}$$

为了比较中欧标准中钢筋混凝土抗震框架梁的剪切抗力公式计算结果，框架梁断面尺寸为$b\times h=250\text{mm}\times500\text{mm}$，纵向受拉钢筋等级为HRB335，箍筋等级为HPB300，混凝土强度等级为C30。

中国标准中一般抗震框架梁受剪承载力，代入无量纲度参数x、y后变为式(5-39)：

$$Y=1.471X+0.494\tag{5-39}$$

集中荷载作用下抗震框架梁斜截面受剪承载力计算公式化简。

分别取剪跨比$\lambda=1.5$和$\lambda=3.0$两种情况考虑。

当$\lambda=1.5$时：

$$V_{b}\leqslant\frac{1}{0.85}\left(\frac{1.05}{1.5+1}f_{t}bh_{0}+f_{yv}\frac{A_{sv}}{s}h_{0}\right)=0.494f_{t}bh_{0}+1.76f_{yv}\frac{A_{sv}}{s}h_{0}\tag{5-40}$$

将无量纲参数x、y代入式(5-40)得：

$$Y=1.176X+0.494\tag{5-41}$$

当$\lambda=3.0$时：

$$V_{b}\leqslant\frac{1}{0.85}\left(\frac{1.05}{4}f_{t}bh_{0}+f_{yv}\frac{A_{sv}}{s}h_{0}\right)=0.309f_{t}bh_{0}+1.176f_{yv}\frac{A_{sv}}{s}h_{0}\tag{5-42}$$

将无量纲参数x、y代入式(5-42)得：

$$Y=1.176X+0.309\tag{5-43}$$

根据中国标准对最小配箍率的规定可以得到一般框架梁、集中荷载作用下框架梁的最小配箍率：

$$X_{min}=\frac{\rho_{svmin}}{f_{c}}\tag{5-44}$$

一级抗震等级：

$$\rho_{svmin}=0.3\frac{f_{t}}{f_{yv}}=0.3\times\frac{1.43}{210}=0.00143\tag{5-45}$$

则：

$$X_{min} = \frac{\rho_{svmin}}{f_c} = \frac{0.00143 \times 210}{14.3} = 0.21 \tag{5-46}$$

二级抗震等级：

$$\rho_{svmin} = 0.28 \frac{f_t}{f_{yv}} = 0.28 \times \frac{1.43}{210} = 0.0013 \tag{5-47}$$

则：

$$X_{min} = \frac{\rho_{svmin}}{f_c} = \frac{0.00133 \times 210}{14.3} = 0.191 \tag{5-48}$$

三、四级抗震等级：

$$\rho_{svmin} = 0.26 \frac{f_t}{f_{yv}} = 0.26 \times \frac{1.43}{210} = 0.00124 \tag{5-49}$$

则：

$$X_{min} = \frac{\rho_{svmin}}{f_c} = \frac{0.00124 \times 210}{14.3} = 0.182 \tag{5-50}$$

根据中国标准要求：

$$V_b \leqslant \frac{1}{r_{RE}}(0.20\beta_c f_c b h_0) \tag{5-51}$$

由于 C30 < C50，故 $\beta_c = 1.0$，则：

$$Y \leqslant \frac{1}{r_{RE}}\left(0.20\beta_c \frac{f_c}{f_t}\right) = 2.353 \tag{5-52}$$

故：

$$X_{max} = 1.264 \tag{5-53}$$

所以一般抗震框架梁：

$$X_{max} = 1.264 \tag{5-54}$$

集中荷载作用下抗震框架梁：

$\lambda = 1.5$ 时，$X_{max} = 1.264$

$\lambda = 3.0$ 时，$X_{max} = 1.738$

欧洲标准中钢筋混凝土抗震框架梁剪切抗力计算公式采用无量纲变换化简，ρ_{sv}、N_{sd} 取最小值和最大值的情况进行对比分析。

欧洲标准规定：

$$\rho_{min} = \frac{0.5 f_{ctm}}{f_{yk}} \tag{5-55}$$

当钢筋等级为 HPB235、混凝土强度等级为 C30 时，经计算，$\rho_{min} = 0.00371$。

欧洲标准规定：

DCH 等级框架梁

$$\rho_{max} = 0.35 \frac{f_c}{f_y} \cdot \frac{\rho'}{\rho} + 0.0015 \tag{5-56}$$

DCM 等级框架梁

$$\rho_{max} = 0.65 \frac{f_c}{f_y} \cdot \frac{\rho'}{\rho} + 0.0015 \tag{5-57}$$

DCL 等级框架梁

$$\rho_{max} = 0.75 \times 0.04 A_c \tag{5-58}$$

取 $\frac{\rho'}{\rho} = 1.5$，则：

DCH 等级框架梁

$$\rho_{max}=0.0316$$

DCM 等级框架梁

$$\rho_{max}=0.0479$$

DCL 等级框架梁

$$\rho_{max}=0.0265$$

取 $N_{sd}=f_yA_s$，则

$N_{sdmax}=f_yA_{smax}=f_y\rho_{max}bh_0=300\times0.048\times250\times475=1318125\text{N}$

$N_{sdmin}=f_yA_{smin}=f_y\rho_{min}bh_0=300\times0.037\times250\times475=1710000\text{N}$

欧洲标准中钢筋混凝土抗震框架梁剪切抗力计算公式化简：

DCH 等级框架梁

$$Y=0.9X \tag{5-59}$$

DCM 等级框架梁

(1)当 ρ 取最小值 $\rho_{min}=0.00371$ 时：

$$Y=0.9X+0.124 \tag{5-60}$$

(2)当 ρ 取最大值 $\rho_{max}=0.048$ 时：

$$Y=0.9X+0.4236 \tag{5-61}$$

DCL 等级框架梁：

(1)当 ρ 取最小值 $\rho_{min}=0.00371$ 时：

$$Y=0.9X+0.31 \tag{5-62}$$

(2)当 ρ 取最大值 $\rho_{max}=0.00316$ 时：

$$Y=0.9X+0.785 \tag{5-63}$$

为便于比较，将以上中欧标准钢筋混凝土抗震框架梁剪切抗力计算公式绘于图 5-2 中。

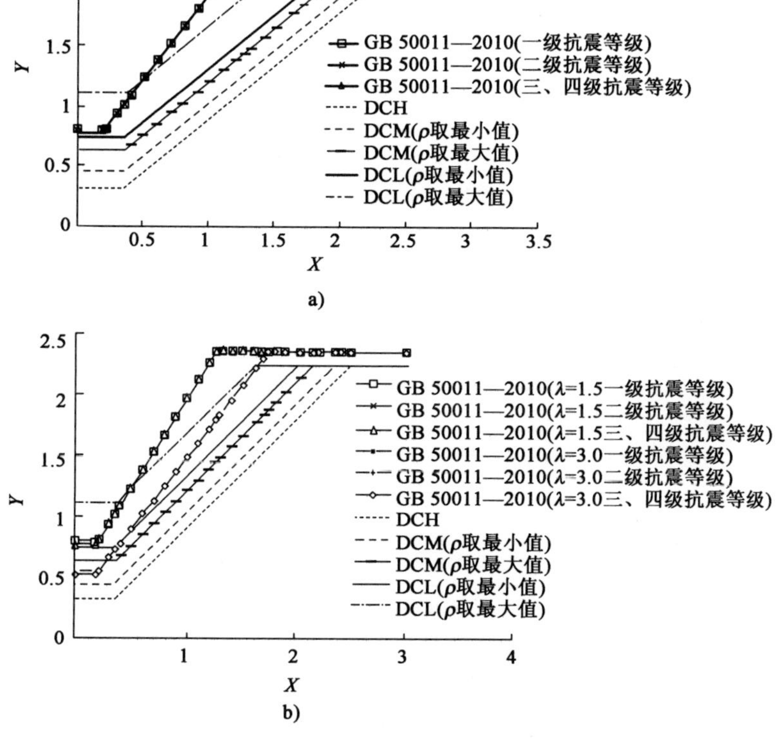

a)

b)

图 5-2　中欧标准抗震框架梁的剪切抗力取值对比

通过比较可以得出以下结论：

(1)与欧洲标准相比，中国标准钢筋混凝土抗震框架梁剪切抗力取值水平较高，对于较低延性构件偏于保守，对于较高延性构件偏于不安全。

(2)欧洲标准将钢筋混凝土抗震框架梁分为 DCL、DCM、DCH 三个延性等级，不同的延性等级构件在临界区内，混凝土的抗剪作用采用不同的系数，对 DCH 等级构件，不考虑混凝土的抗剪作用，即取系数为 0，腹筋承担全部剪力；对 DCM 等级构件，考虑 40% 的混凝土的抗剪作用；对 DCL 等级构件，混凝土的剪切抗力不进行折减，而在临界区外，不考虑混凝土的剪切抗力折减。

中国标准将钢筋混凝土框架梁构件的抗震等级分为四个等级，分别为一级、二级、三级、四级，而中国标准取混凝土抗剪贡献为非抗震构件混凝土受剪承载力 V_c 的 60%。

(3)欧洲标准中钢筋混凝土抗震框架梁剪切抗力计算公式考虑了纵向钢筋的销栓作用这一有利影响，而中国标准没有考虑纵向钢筋的作用。

(4)中国标准考虑了剪跨比 λ 的影响，而欧洲标准没有考虑。

(5)中国标准中钢筋混凝土抗震框架梁剪切抗力计算公式可以借鉴欧洲标准中框架梁剪切抗力计算公式，根据结构的不同延性需求条件(不同抗震等级)采用不同的系数考虑混凝土的抗剪贡献。

5.2.3 框架柱的构造措施

5.2.3.1 柱的几何尺寸

1)GB 50011—2010

GB 50011—2010 第 6.3.5 条对框架柱的截面尺寸进行了规定：

(1)截面的宽度和高度，四级抗震等级或不超过 2 层时不宜小于 300mm，一、二、三级抗震等级且超过 2 层时不宜小于 400mm；圆柱的直径，四级抗震等级或不超过 2 层时不宜小于 350mm，一、二、三级抗震等级且超过 2 层时不宜小于 450mm。

(2)剪跨比宜大于 2。

(3)截面长边与短边的边长比不宜大于 3。

2)EN 1998-1

EN 1998-1 第 5.4.1.2.2 条、第 5.5.1.2.2 条分别给出了中柔性结构和高柔性结构框架柱截面尺寸的规定，如表 5-10 所示。

欧洲标准中中柔性结构和高柔性结构对框架柱的几何要求　　表 5-10

中柔性结构	除了 $\theta \leq 0.1$(θ 为层间偏移敏感系数)时，框架柱弯曲方向平行的截面尺寸不应小于反弯点与柱端距离较大值的 1/10
高柔性结构	(1)同上； (2)框架柱最小截面尺寸不小于 250mm

相比较而言，欧洲标准对框架柱几何尺寸的要求与中国标准考虑角度不同，其中对高柔性结构的最小截面尺寸的要求严于中国标准。

5.2.3.2 柱的纵筋配置

1)GB 50011—2010

GB 50011—2010 第 6.3.8 条对框架柱纵向受力钢筋的一般要求进行了规定：

(1)柱纵向钢筋宜对称配置。

(2)截面尺寸大于 400mm 的柱，纵向钢筋间距不宜大于 200mm。

(3)柱纵向钢筋的最小总配筋率不应大于 5%，剪跨比不大于 2 的一级框架的柱，每侧纵向钢筋配筋率不宜大于 1.2%。

(4)边柱、角柱及抗震墙端柱在小偏心受拉时,柱内纵筋总截面面积应比计算值增加25%。

(5)柱纵向钢筋的绑扎接头应避开柱端的箍筋加密区。

同时,GB 50011—2010 第6.3.7条规定,柱的纵向受力钢筋的最小总配筋率应按表5-11采用,且每侧配筋率不应小于0.2%;对建造于Ⅳ类场地且较高的高层建筑,最小总配筋率应增加0.1%。

柱截面纵向钢筋的最小总配筋率(%) 表5-11

类别	抗震等级			
	一	二	三	四
中柱和边柱	0.9(1.0)	0.7(0.8)	0.6(0.7)	0.5(0.6)
角柱、框支柱	1.1	0.9	0.8	0.7

注:1. 表中括号内数值用于框架结构的柱。

2. 钢筋强度标准值小于400MPa时,表中数值应增加0.1,钢筋强度标准值为400MPa时,表中数值应增加0.05。

3. 混凝土强度等级高于C60时,上述数值应相应增加0.1。

2)EN 1998-1

EN 1998-1 第5.4.3.2.2条给出了中柔性结构框架柱的配筋率要求,第5.5.3.2.2条指出高柔性结构框架柱的配筋率要求与DCM的一致:纵筋总配筋率ρ_1应不小于0.01,且不大于0.04。对称截面要对称布置钢筋($\rho=\rho'$)。

对于纵筋的布置,欧洲标准也规定为了确保梁柱节点的整体性,在柱截面的每边角筋的中间至少应该布置一根纵筋。对于高柔性结构,欧洲标准规定底层柱底截面的纵筋数量不能少于底层柱顶截面的纵筋数量。

欧洲标准规定,对于中柔性结构,被箍筋或横向拉筋围绕的相邻纵向钢筋的距离不应超过200mm;对于高柔性结构,被箍筋或横向拉筋围绕的相邻纵向钢筋的距离不应超过150mm。

欧洲标准对纵筋配筋率的要求与中国标准相比,比较简单,其对于中柔性结构和高柔性结构都采取了统一的配筋率要求。而中国标准则是按照柱的类别和抗震等级给出了柱截面纵向钢筋的最小总配筋率;对于柱的最大配筋率,中国标准采取了统一的5%,这一点与欧洲标准(最大配筋率为0.04)比较接近。

5.2.3.3 柱的箍筋配置

1)GB 50011—2010

关于柱的箍筋加密范围,GB 50011—2010 第6.3.9条对柱的箍筋加密范围进行了规定,如表5-12所示。

GB 50011—2010中柱的箍筋加密范围 表5-12

部位	箍筋加密范围
柱端	截面高度(圆柱直径)、柱净高的1/6和500mm三者的最大值
底层柱	柱的下端不小于柱净高的1/3;当有刚性地面时,除柱端外还应取刚性地面上下各500mm
剪跨比不大于2的柱、因设置填充墙等形成的柱净高与柱截面高度之比不大于4的柱、框支柱、一级和二级框架的角柱	全高

GB 50011—2010 第6.3.7条第2款规定柱箍筋在规定的范围内应加密,一般情况下,箍筋的最大间距和最小直径应按表5-13采用。

柱箍筋加密区的箍筋最大间距和最小直径(mm)　　表 5-13

抗震等级	箍筋最大间距(采用较小值)	箍筋最小直径
一	6d, 100	10
二	8d, 100	8
三	8d, 150(柱根 100)	8
四	8d, 150(柱根 100)	6(柱根 8)

其他情况下,一级抗震等级框架柱的箍筋直径大于 12mm 且箍筋肢距不大于 150mm 及二级抗震等级框架柱的箍筋直径不小于 10mm 且箍筋肢距不大于 200mm 时,除底层柱下端外,最大间距应允许采用 150mm;三级抗震等级框架柱的截面尺寸不大于 400mm 时,箍筋最小直径应允许采用 6mm;四级抗震等级框架柱剪跨比不大于 2 时,箍筋直径不应小于 8mm。框支柱和剪跨比不大于 2 的框架柱,箍筋间距不应大于 100mm。

关于柱加密区箍筋的体积配筋率,GB 50011—2010 规定:柱箍筋加密区的体积配箍率,四级抗震等级不应小于 0.4%,一、二、三级抗震等级分别不应小于 0.8%、0.6%、0.4%。剪跨比不大于 2 的柱宜采用复合螺旋箍或井字复合箍,其体积配箍率不应小于 1.2%,一级(9 度)时不应小于 1.5%;框支柱宜采用复合螺旋箍或井字复合箍,其体积配箍率应比框架柱增加 0.1%,且体积配箍率不应小于 1.5%。

GB 50011—2010 第 6.3.9 条第 2 款规定:柱箍筋加密区的箍筋肢距,一级抗震等级不宜大于 200mm,二、三级抗震等级不宜大于 250mm,四级抗震等级不宜大于 300mm。至少每隔一根纵向钢筋宜在两个方向有箍筋或拉筋约束;采用拉筋复合箍时,拉筋宜紧靠纵向钢筋并钩住箍筋。

GB 50011—2010 第 6.3.9 条第 4 款规定:柱箍筋非加密区的体积配箍率不宜小于加密区的 50%;对于箍筋间距,一、二级抗震等级框架柱不应大于 10 倍纵向钢筋直径,三、四级抗震等级框架柱不应大于 15 倍纵向钢筋直径。

GB 50011—2010 第 6.3.10 条规定:框架节点核心区箍筋的最大间距和最小直径宜按本规范第 6.3.7 条采用;一、二、三级抗震等级框架节点核心区配箍特征值分别不宜小于 0.12、0.10 和 0.08,且体积配箍率分别不宜小于 0.6%、0.5% 和 0.4%。柱剪跨比不大于 2 的框架节点核心区,体积配箍率不宜小于核心区上、下柱端的较大体积配箍率。

2) EN 1998-1

EN 1998-1 第 5.4.3.2.2 条给出了 DCM 的柱箍筋配置要求,第 5.5.3.2.2 条给出了 DCH 的柱箍筋配置要求,列于表 5-14 中。

中柔性结构和高柔性结构框架柱的箍筋配置　　表 5-14

项目	中柔性结构	高柔性结构
箍筋范围	框架柱的临界区长度 l_{cr}(m)从柱两端算起,取 $l_{cr}=\max\{h_c; l_{cl}/6; 0.45\}$ 式中:h_c——最大柱截面尺寸; l_{cl}——柱的净高。 若 $l_{cl}/h_c<3$,则需全高配置箍筋	框架柱的临界区长度 l_{cr}(m)为: $l_{cr}=\max\{1.5h_c; l_{cl}/6; 0.6\}$,其余要求与中柔性结构一致
箍筋间距	(1)框架梁的临界区,箍筋应满足如下条件: ①箍筋直径不小于 6mm; ②最大箍筋间距 S(mm)按下式取: $S=\min\{b_0/2; 175; 8d_{bL}\}$ 式中:b_0——核心混凝土的最小尺寸; d_{bL}——纵筋的最小直径。 (2)箍筋肢距应不超过 200mm[见 EN 1998-1 第 5.4.3.2.2(11)b 条]	(1)在框架梁的临界区,箍筋应满足如下条件: ①箍筋直径不小于 6mm,且应满足: $d_{bw}\geqslant 0.4\cdot d_{bL,max}\cdot\sqrt{f_{ydl}/f_{fdw}}$ 式中:f_{ydl}——纵向钢筋的屈服强度; f_{fdw}——箍筋的屈服强度。 ②最大箍筋间距 S(mm)按下式取: $S=\min\{b_o/3; 125; 6d_{bL}\}$ (2)箍筋肢距应不超过 150mm[见 EN 1998-1 第 5.5.3.2.2(12)c 条]

通过中国标准和欧洲标准中框架柱的箍筋配置的对比可以看出：

(1)对于框架柱的箍筋配置，中欧标准均从箍筋加密范围和箍筋间距两方面给出了相应的规定。就柱端的箍筋加密范围而言，中国标准各抗震等级的框架和欧洲标准中中柔性结构的规定是基本一致的，欧洲标准的高柔性结构加长了箍筋加密范围。

(2)箍筋间距方面，中欧标准均按若干值中的最小值作为其最大箍筋间距。从数值来看，中国标准比欧洲标准均要小。

(3)中欧标准均给出了对箍筋肢距的要求，其数值根据其不同抗震等级取，不同国家标准之间略有差别。

(4)中国标准对体积配箍率采取了统一的计算公式，而欧洲标准没有涉及这一规定。

5.2.3.4 框架柱纵向受拉钢筋最小配筋率

中欧标准对钢筋混凝土框架柱均采用最小配筋率的方案。GB 50011—2010 第 6.3.7 条规定，框架柱的钢筋配置应符合表 5-15 的要求。

框架柱全部纵向受力钢筋的配筋百分率 表 5-15

柱类型	抗震等级			
	一	二	三	四
中柱和边柱	0.9 (1.0)	0.7 (0.8)	0.6 (0.7)	0.5 (0.6)
角柱、框支柱	1.1	0.9	0.8	0.7

注：1. 表中括号内数值用于框架结构的柱。
2. 钢筋强度标准值小于 400MPa 时，表中数值应增加 0.1；钢筋强度标准值为 400MPa 时，表中数值应增加 0.05。
3. 混凝土强度等级高于 C60 时，上述数值应相应增加 0.1。

同时，每一侧的配筋百分率不应小于 0.2%，对Ⅳ类场地上较高的高层建筑，最小配筋百分率应按表 5-15 中数值增加 0.1 采用。当混凝土强度等级为 C60 及以上时，应按表 5-15 中数值增加 0.1 采用。框架柱全部纵向受力钢筋配筋率不大于 5%。

EN 1998-1 第 5.4.3.2.2 条第 1 款规定，框架柱总的纵筋配筋率 ρ_1 不应小于0.01，以保证非期望的混凝土受拉开裂时的适当替换。框架柱总的纵筋配筋率不应大于 0.04，以增加临界区的转动能力。在对称截面内，应布置对称钢筋($\rho=\rho'$)。

经过中欧标准对比可以看出：

(1)中国标准一级抗震等级框架结构的中柱最小配筋取值和欧洲标准相同，而一级框架角柱、框支柱的最小配筋率则大于欧洲标准的取值。一级框架中柱和边柱，二、三、四级抗震等级框架柱的最小配筋率取值则小于欧洲标准的取值。

(2)中国标准与欧洲标准对抗震框架柱纵向钢筋最小配筋率的取值随抗震等级的提高逐步增大。

(3)中国标准适度提高了角柱的最小配筋率取值。

5.2.3.5 柱的轴压比

限制框架柱的轴压比，主要是为了保证框架结构的延性要求。在框架-抗震墙、板柱-抗震墙及筒体结构中，框架属于第二道防线，其中框架的柱与框架结构的柱相比，所承受的地震作用也相对较低，为此可以适当增大轴压比限值。利用箍筋对柱加强约束可以提高柱的混凝土抗压强度，从而降低轴压比要求。试验研究和工程经验都证明，在矩形或圆形截面柱内设置矩形芯柱，不但可以提高柱的受压承载力，还可以提高柱的变形能力。在压、弯、剪作用下，当柱出现弯、剪裂缝，在大变形情况下芯柱可以有效地减小柱的压缩。保持柱的外形和截面承载力，特别对于承受高轴压的短柱，更有利于提高变形能力，延缓倒塌。为了便于梁筋通过，芯柱边长不宜小于柱边长或直径的 1/3，且不宜小于 250mm。

中国标准对柱的轴压比的规定为：

一、二、三、四级抗震等级的各类结构的框架柱、框支柱，其轴压比不宜大于表5-16中规定的限值。对Ⅳ类场地上较高的高层建筑，柱轴压比限值应适当减小。

轴压比限值 表5-16

结构体系	抗震等级			
	一	二	三	四
框架体系	0.65	0.75	0.85	0.90
框架-剪力墙结构、筒体结构	0.75	0.85	0.90	0.95
部分框支剪力墙结构	0.6	0.7	—	—

EN 1998-1第5.4.3.2.1条第3款规定：对于中柔性结构，框架柱的标准化轴力的值V_d，即轴压比不超过0.65；第5.5.3.2.1条第3款规定：对于高柔性结构，框架柱的标准化轴力的值V_d，即轴压比不超过0.55。

对比两种标准可以看出，EN 1998-1在轴压比限值方面的规定较中国标准更为严格。

5.2.4 钢筋混凝土抗震框架柱剪切抗力取值

5.2.4.1 中国标准的规定

非抗震钢筋混凝土框架柱的受剪承载力可以认为由三部分组成，即混凝土提供的受剪承载力V_c，箍筋提供的受剪承载力V_s，轴向力提供的受剪承载力V_p，用式(5-64)表示为：

$$V_{cu} = V_c + V_s + V_p \tag{5-64}$$

国内外框架柱地震剪切破坏的实例和反复荷载作用下的受剪承载力试验表明，在端部塑性铰区域，混凝土剪压区的剪力传递和骨料咬合作用产生的混凝土受剪承载力、轴向力产生的斜压机构受剪承载力，均随弯曲延性的增加而有所降低。为便于设计应用，中国标准给出了混凝土受剪承载力项取为非抗震构件混凝土受剪承载力V_c的60%，轴向压力产生的斜压机构受剪承载力取为非抗震构件V_p的80%，作为框架柱的斜截面抗震受剪承载力V_{cuE}的计算公式，即

$$V_{cuE} = 0.6V_c + V_s + 0.8V_p \tag{5-65}$$

$$V_{cuE} = \frac{1.05}{\lambda + 1}f_t bh_0 + f_{yv}\frac{A_{sv}}{s}h_0 + 0.056N \tag{5-66}$$

$$V_c = \frac{1.05}{\lambda + 1}f_t bh_0 \tag{5-67}$$

考虑地震作用组合的框架柱的斜截面抗震受剪承载力应符合式(5-68)：

$$V_c \leqslant \frac{1}{r_{RE}}\left(\frac{1.05}{\lambda + 1}f_t bh_0 + f_{yv}\frac{A_{sv}}{s}h_0 + 0.056N\right) \tag{5-68}$$

式中：λ——框架柱的计算剪跨比，当$\lambda < 1.0$时，取$\lambda = 1.0$；当$\lambda > 3.0$时，取$\lambda = 3.0$；

N——考虑地震作用组合的框架柱轴向压力设计值，当$N > 0.3f_cA$时，取$N = 0.3f_cA$；

r_{RE}——承载力调整系数。

考虑地震作用组合的框架柱的受剪截面应符合下列条件：

剪跨比$\lambda > 2$的框架柱

$$V_c \leqslant \frac{1}{r_{RE}}(0.2\beta_c bh_0) = \frac{1}{0.8}(0.2\beta_c f_c bh_0) = 2.5f_c bh_0 \tag{5-69}$$

剪跨比$\lambda \leqslant 2$的框架柱

$$V_c \leqslant \frac{1}{r_{RE}}(0.15\beta_c bh_0) = 1.875f_c bh_0 \tag{5-70}$$

式中：β_c——混凝土强度影响系数；当混凝土强度等级不超过 C50 时，取 $\beta_c = 1.0$；当混凝土强度等级为 C80 时，取 $\beta_c = 0.8$；其间按线性内插法确定。

5.2.4.2 欧洲标准的规定

EN 1998-1 认为混凝土结构的抗震设计应提供一个合适的结构耗能能力，而且其总的抵御水平与垂直荷载的抗力不应有实质性的减少，考虑到所需滞回耗能能力，将钢筋混凝土框架柱构件分为 DCL、DCM、DCH 三个延性等级，为确保这三类延性等级构件具有适当延性，欧洲标准对各延性等级构件进行不同的专门规定。

EN 1998-1 规定，钢筋混凝土抗震框架柱剪切抗力的验算应根据延性等级按规定进行，有剪切配筋截面的剪切抗力，由下列公式给出：

$$V_{Rd3} = V_{cd} + V_{wd} \tag{5-71}$$

式中：V_{cd}——混凝土所引起的作用，$V_{cd} = V_{Rd1}$；

$$V_{Rd1} = [\tau_{Rd} k(1.2 + 40\rho_1 + 0.15\sigma_{cp})] b_w d \tag{5-72}$$

V_{wd}——剪切配筋所引起的作用；

$$V_{wd} = \frac{A_{sw}}{s} \cdot 0.9 d f_{ywd} \tag{5-73}$$

A_{sw}——剪切配筋的横截面面积；

s——箍筋间距；

f_{ywd}——剪切配筋的设计屈服强度，相当于中国标准的 f_{yv}；

τ_{Rd}——基本设计剪切强度 $\tau_{Rd} = (0.25 f_{ctk0.05}) / r_c$，$r_c$ 取 1.5，得：

$$\tau_{Rd} = \frac{1}{6} f_{ctk0.05} \tag{5-74}$$

d、b_w——相当于中国标准的 h_0、b；

ρ——对应于受拉钢筋配筋率，$\rho = \dfrac{A_{s1}}{bd} \geqslant 0.02$，$A_{s1}$ 为纵向受拉钢筋的面积；

$$\sigma_{cp} = \frac{N_{sd}}{A_c} \tag{5-75}$$

N_{sd}——轴力设计值。

$$V_{Rd3} = V_{cd} + V_{wd} \tag{5-76}$$

$$V_{wd} = 0.9 \frac{A_{sw}}{s} d f_{ywd} \tag{5-77}$$

$$V_{wd} = 0.9 f_{yv} \frac{A_{sv}}{s} h_0 \tag{5-78}$$

将公式进行简化：

$$V_{Rd1} = \frac{1}{6}\left(1.2 + 40\rho + \frac{N_{sd}}{A_c}\right) f_{ctk0.05} b h_0 \tag{5-79}$$

$$V_{cd} = V_{Rd1} \tag{5-80}$$

对于框架结构抗震柱，当抗震等级为 DCH、DCM、DCL 时，按照如下公式计算，考虑 100% 混凝土的作用：

$$V_{cs} = V_{Rd1} + 0.9 f_{yv} \frac{A_{sv}}{s} h_0 = \frac{1}{6}\left(1.2 + 40\rho + \frac{N_{sd}}{A_c}\right) f_{ctk0.05} b h_0 + 0.9 f_{yv} \frac{A_{sv}}{s} h_0 \tag{5-81}$$

5.2.4.3 比较实例

由于影响抗剪承载力的因素很多，目前还没有一个计算模式可以包括所有的影响因素，中欧标准中钢筋混凝土抗震框架柱剪切抗力采用了不同的计算公式，考虑的影响因素以及选用的参数也不相同，为使公式具有可比性，均采用无量纲变换，取：

$$Y = \frac{V_{cs}}{f_t b h_0} \tag{5-82}$$

$$X = \frac{\rho_{sv} f_{yv}}{f_t} \tag{5-83}$$

为便于进行比较,将欧洲标准公式中的混凝土强度换算为中国标准公式中的混凝土强度。

EN 1998-2-1 规定:

$$f_{ctk,0.05} = 0.7 f_{ctm} \tag{5-84}$$

$$f_{ctm} = 0.30 f_{ck}^{2/3} \tag{5-85}$$

式中:$f_{ctk,0.05}$——混凝土下限抗拉强度标准值;

f_{ctm}——混凝土抗拉强度平均值;

f_{ck}——混凝土棱柱体抗压强度标准值。

EN 1992-1 第 1-1 部分定义的混凝土棱柱体抗压强度标准值f_{ck}与圆柱体抗压强度标准值f_{cyk}之间的关系为:

$$f_{cyk} = 1.05 f_{ck} \tag{5-86}$$

EN 1998-2 定义的圆柱体抗压强度标准值f_{ck}与立方体(150mm 边长)抗压强度标准值f_{cyk}之间的关系对于不大于 C60 的混凝土为:

$$f_{cyk} = 0.8 f_{cuk} \tag{5-87}$$

中国标准立方体抗压强度标准值符合国际统一定义,EN 1992-1 第 1-1 部分定义的立方体(150mm 边长)抗压强度标准值f_{cuk}与中国标准轴心抗压强度标准值f_{ck}之间的关系为:

$$f_{ck} = 0.67 f_{cuk} \tag{5-88}$$

而中国标准轴心抗压强度设计值f_c 与标准值f_{ck}之间的关系为:

$$f_c = \frac{f_{ck}}{1.4} \tag{5-89}$$

故:

$$\begin{aligned} f_{ctk,0.005} &= 0.7 f_{ctm} = 0.7 \times 0.3 f_{ck}^{2/3} = 0.7 \times 0.3 \times \left(\frac{1}{1.05} f_{cyk}\right)^{2/3} \\ &= 0.7 \times 0.3 \times \left(\frac{0.8}{1.05} f_{cuk}\right)^{2/3} \\ &= 0.7 \times 0.3 \times \left(\frac{0.8 \times 1.4}{1.05 \times 0.67} f_c\right)^{2/3} = 0.286 f_c^{2/3} \end{aligned} \tag{5-90}$$

所以单位换算后欧洲标准中延性等级为 DCH、DCM、DCL 的钢筋混凝土抗震框架柱的抗剪承载力的计算公式分别为:

$$V_{cs} = V_{Rd1} + 0.9 f_{yv} \frac{A_{sv}}{s} h_0 \tag{5-91}$$

$$V_{cs} = \frac{1}{6}\left(1.2 + 40\rho + 0.15 \frac{N_{sd}}{A_c}\right) \times 0.286 f_c^{2/3} b h_0 + 0.9 f_{yv} \frac{A_{sv}}{s} h_0 \tag{5-92}$$

选取钢筋混凝土抗震框架柱截面尺寸为 $b \times h = 500\text{mm} \times 500\text{mm}$,混凝土强度等级为 C30,箍筋取 HPB300,纵筋取 HRB335,N 按最大值考虑,即 $N = 0.3 f_c A$。根据 GB 50011—2010 第 5.4.2 条规定取 $r_{RE} = 0.8$。

中国标准考虑剪跨比 $\lambda = 1$ 和 $\lambda = 3$ 两种情况,欧洲标准考虑纵向钢筋配筋率ρ 取最大值和最小值两种情况。

1)中国标准

当 $\lambda = 1$ 时:

$$\begin{aligned} V_c &\leqslant \frac{1}{r_{RE}}\left(\frac{1.05}{\lambda + 1} f_t b h_0 + f_{yv} \frac{A_{sv}}{s} h_0 + 0.056 N\right) \\ &= \frac{1}{0.8}\left(\frac{1.05}{2} f_t b h_0 + f_{yv} \frac{A_{sv}}{s} h_0 + 0.056 \times 0.3 \times 14.3 \times 500 \times 500\right) \end{aligned}$$

$$=0.656f_tbh_0+f_{yv}\frac{A_{sv}}{s}h_0+60060 \tag{5-93}$$

则：

$$Y=1.25X+0.88 \tag{5-94}$$

根据 $V_c\leqslant\frac{1}{r_{RE}}(0.15\beta_a f_c bh_0)$，可得：

$$Y\leqslant1.875 \tag{5-95}$$

将 Y 最大值代入式(5-94)得：

$$X_{max}=0.796$$

当 $\lambda=3$ 时：

$$Y=1.25X+0.66 \tag{5-96}$$

根据 $V_c\leqslant\frac{1}{r_{RE}}(0.2\beta_c bh_0)$，得：

$$Y\leqslant2.5 \tag{5-97}$$

将 Y 最大值代入式(5-96)得：

$$X_{max}=1.472 \tag{5-98}$$

2)欧洲标准

欧洲标准规定纵向钢筋配筋率的最小值 $\rho_{min}=0.001$，纵向钢筋配筋率的最大值 $\rho_{max}=0.004$。对欧洲标准地震作用下钢筋混凝土框架柱剪切抗力计算公式采用无量纲变换。

(1)当 ρ 取最小值 $\rho_{min}=0.001$ 时：

对于 DCH、DCM、DCL 延性等级的框架柱，$Y=0.9X+0.4624$。

(2)当 ρ 取最大值 $\rho_{max}=0.004$ 时：

对于 DCH、DCM、DCL 延性等级的框架柱，$Y=0.9X+0.71$。

根据欧洲标准规定，$V_{cs}\leqslant0.225f_c bh_0$：

当 $\rho_{min}=0.001$ 时，$Y\leqslant2.25$，则 $X_{max}=1.986$；

当 $\rho_{max}=0.004$ 时，$Y\leqslant2.25$，则 $X_{max}=1.711$。

为直观地比较中欧标准中钢筋混凝土抗震框架柱剪切抗力取值大小，将以上公式绘于图5-3中。

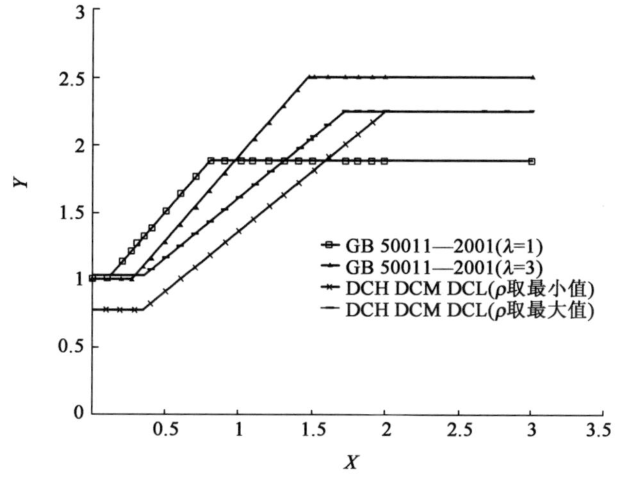

图5-3　中欧标准抗震框架柱的剪切抗力取值对比

对比中欧标准钢筋混凝土抗震框架柱剪切抗力可以看出：

(1)中国标准钢筋混凝土抗震框架柱剪切抗力，当剪跨比 $1\leqslant\lambda\leqslant2$ 时，$0<X<1.3$，取值较高，$X>1.3$，取值较低；当剪跨比 $2<\lambda<3$ 时，其取值较高。

(2)剪跨比 λ 是反映柱截面所承受的弯矩与剪力相对大小的一个参数。试验表明，剪跨比

λ 是影响钢筋混凝土柱的破坏形态的最重要因素。剪跨比 $\lambda>2$ 时,称为长柱,多发生弯曲破坏;剪跨比 $\lambda\leq2$ 时,称为短柱,多发生剪切破坏;剪跨比 $\lambda>3$ 以后,影响很小。中国标准钢筋混凝土抗震框架柱剪切抗力计算公式引入了剪跨比 λ 的影响,而欧洲标准的计算公式没有考虑剪跨比 λ 的影响。

(3)由于纵筋的销栓作用,斜截面承载力与纵筋的配筋率成正比,但与纵筋的屈服强度关系不明显,欧洲标准钢筋混凝土抗震框架柱剪切抗力计算公式考虑了纵筋的有利影响,而中国标准没有考虑。中国标准与欧洲标准皆考虑了轴向力的作用。

(4)欧洲标准将钢筋混凝土框架柱构件分为 DCL、DCM、DCH 三个延性等级,中国标准将钢筋混凝土框架柱分为一、二、三、四级四个抗震等级。

中国标准钢筋混凝土抗震框架柱剪切抗力中,混凝土项取为非抗震构件混凝土受剪承载力 V_c 的 60%,而欧洲标准考虑 100% 混凝土的作用。

5.2.5 中欧标准强柱弱梁要求

5.2.5.1 GB 50011—2010 强柱弱梁要求

GB 50011—2010 把框架结构分为一、二、三、四级四个抗震等级。承载力级差设计严格程度按抗震等级的不同而不同。

根据上述规范规定,一、二、三、四级抗震等级框架梁的梁柱节点处,除框架顶层和柱轴压比小于 0.15 者及框支梁与框支柱的节点外,柱端组合的弯矩设计值应符合下列要求:

$$\sum M_c=\eta_c\sum M_b \tag{5-99}$$

一级的框架结构和地震烈度 9 度的一级框架可不符合式(5-99)的要求,但应符合式(5-100)的要求:

$$\sum M_c=1.2\sum M_{bua} \tag{5-100}$$

式中:$\sum M_c$——节点上下柱端截面顺时针或逆时针方向组合的弯矩设计值之和,上下柱端的弯矩设计值,可按弹性分析分配;

$\sum M_b$——节点左右梁端截面逆时针或顺时针方向组合的弯矩设计值之和,一级框架节点左右梁端均为负弯矩时,绝对值较小的弯矩应取零;

$\sum M_{bua}$——节点左右梁截面逆时针或顺时针方向实配的正截面抗震受弯承载力所对应的弯矩值之和,根据实配钢筋面积(计入梁受压筋和相关楼板钢筋)和材料强度标准值确定;

η_c——框架柱端弯矩增大系数;对框架结构,一、二、三、四级抗震等级可分别取 1.7、1.5、1.3、1.2;其他结构类型中的框架,一级抗震等级可取 1.4,二级抗震等级可取 1.2,三、四级抗震等级可取 1.1。

当反弯点不在柱的层高范围时,柱端截面组合的弯矩设计值可乘以上述柱端弯矩增大系数。

5.2.5.2 EN 1998-1 强柱弱梁要求

EN 1998-1 第 5.2.1 条第 4 款和第 5.3.1 条第 1 款按设计地震作用从设防烈度水准下降的多少,根据下降幅度越大对结构延性要求越严格的原则,将结构分为低延性等级、中延性等级和高延性等级。欧洲标准对设计地震作用取值小而延性要求高的高延性结构设计等级和设计地震作用取值中等而要求适中的中延性结构设计等级均采用下列条件来提高柱的相对抗弯能力:

$$\sum M_{sc}\geq r_{Rd}\sum M_{bu} \tag{5-101}$$

式中:M_{sc}——节点上、下柱端用于截面设计的弯矩之和;

r_{Rd}——梁端抗弯能力的增大系数;

M_{bu}——节点左、右梁端抗弯能力之和，按实际配筋量和材料强度设计值计算，分别按顺时针和逆时针各计算一次，取较大者。

EN 1998-1 对 r_{Rd} 的取值是：

对于高延性等级，$r_{Rd}=1.35$；对于中延性等级，$r_{Rd}=1.2$。

5.2.5.3 中欧标准的对比

为了进行对比，取实配系数为1.10，或者说实际受拉纵筋截面面积平均为所需钢筋面积的110%，则将式 $\sum M_c=1.2\sum M_{bua}$ 改写为：

$$\sum M_c=1.2\times1.1\times1.1\sum M_b=1.45\sum M_b \tag{5-102}$$

欧洲标准中，对于高延性等级：

$$\sum M_{sc}\geqslant r_{Rd}\sum M_{bu}=1.1\times1.35\sum M_{sb}=1.49\sum M_{sb} \tag{5-103}$$

对于中延性等级：

$$\sum M_{sc}\geqslant r_{Rd}\sum M_{bu}=1.1\times1.2\sum M_{sb}=1.32\sum M_{sb} \tag{5-104}$$

式中：M_{sb}——节点左、右梁端作用弯矩设计值的代数和（分别按地震作用向左和向右计算一次，取大值）。

综上所述，中欧标准柱-梁承载力级差系数对比如表5-17所示。

中、欧标准柱-梁承载力级差系数对比 表5-17

EN 1998-1	低延性			中延性			高延性		
	—			1.32			1.49		
GB 50011—2010	四级	四级框架	三级	三级框架	二级	二级框架	一级	一级框架	一级9度
	1.1	1.2	1.1	1.3	1.2	1.5	1.4	1.7	1.45

从表5-17中可看出，对于非框架结构，中国一级抗震等级的抗震要求已接近延性要求较严的欧洲标准的高延性的要求，但二级抗震等级与欧洲标准的中延性相比，仍有较明显的差别；对于框架结构，中国标准取值接近或超过欧洲标准取值。

5.2.5.4 中欧标准强柱根构造措施

GB 50011—2010 中除了第5.2.5条的有关规定外，还在第6.2.3条规定，对于一、二、三、四级抗震等级框架结构的底层，柱下端截面组合的弯矩设计值，应分别乘以增大系数1.7、1.5、1.3和1.2。底层柱纵向钢筋应按上下端的不利情况配置。

因按 $R-\mu$ 规律，高延性和中延性等级的抗震结构在强震下的延性需求是不同的，所采取的抗震措施是有差别的，但在强柱弱梁措施中，欧洲标准对这两个延性等级则采取完全相同的措施，根据 EN 1998-1 第5.4.2.3条的规定，欧洲标准强柱弱梁措施主要特点表现为：

(1)对除底层柱底外的所有框架节点，要求：

$$\sum M_{Rc}\geqslant1.3\sum M_{Rb} \tag{5-105}$$

式中：$\sum M_{Rb}$——节点左、右梁端按实际配筋及材料强度设计值确定的抗弯能力之和（取顺时针或逆时针方向算得的绝对值较大值）；

$\sum M_{Rc}$——在有地震作用参与的受力状态下的轴力作用下节点上、下柱端的最小抗弯能力之和。

(2)对底层柱底不采取弯矩增大措施，但对高延性结构，考虑到其底层柱底截面的弯矩设计值可能偏小，故规定其纵筋配筋量不应少于底层柱顶截面符合上述措施的配筋量。

需说明的是：EN 1998-1 规定的高延性和中延性的结构都采用式(5.2.9-1)，也就是说，对于柱弯矩增大系数，欧洲标准取用的下限定值为1.3；欧洲标准原则上允许底层柱底截面出现塑性铰，只是通过抗震构造措施来保证底层柱铰的塑性转动能力，所以欧洲标准对于底层柱底截面没有采用任何人为弯矩增大，而是直接采用组合弯矩设计值来做截面设计，只是对于高延性结构,考虑到它的底层柱底截面的柱弯矩设计值可能较小,因此规定底层柱底截面的配筋量不能少于底层柱顶截面的配筋量,目的是在底层柱底出现塑性铰后,底层柱顶截面的弯矩值不会继续增大而大幅超过柱底的弯矩值,从而避免了底层柱的剪跨向柱底移动,使得柱底的转动能力降低。欧洲标准规定,顶层柱顶截面不要求满足式(5.2.9-1),也就是说不要求人为对顶层柱顶截面进行增大,而直接采用组合弯矩设计值来完成截面设计;欧洲标准规定,在计算梁实配抗弯能力时,考虑了有效翼缘宽度 b_{eff} 范围内板筋的参与以及放在该宽度范围内的梁上部钢筋。EN 1998-1 第 5.4.3.1.1 条第 3 款规定:在端节点处,b_{eff} 在没有直交梁时等于柱宽 b_c,当有直交梁时取值 b_c+2h_f,其中 h_f 为板厚;在中间节点处,如无直交梁,则 b_{eff} 取值为 b_c+2h_f,当有直交梁时取值为 b_c+4h_f。

部分研究表明,欧洲标准在底层柱底未采取任何加强措施(对高延性等级只要求底层柱底配筋不少于底层柱顶),使得底层柱底屈服水准明显低于其他各层柱端,从而使此处塑性铰出现较早,转动偏大。由此导致底层侧移增大,连带底部几层侧向反应相应增长,从而使梁铰也主要在底部形成。欧洲标准其余各层对柱铰的防护作用不弱,使得塑性铰耗能主要在底层柱底实现,故上部各层柱端不再形成塑性铰。虽然规范要求柱底截面应考虑一定构造措施(如约束箍筋)来加强塑性转动能力,但是与中国标准的做法相比,仍应视为整个结构中的最薄弱部位或失效风险相对最大的部位。这不能不说是欧洲标准中值得进一步考虑的一个问题。中国标准底层柱端加强措施在一级抗震等级下强于其他各层柱的加强措施,故原则上能避免底层柱底形成塑性铰。这时,底层侧向刚度相应增强,最大和较大层间位移出现在中部楼层,从而使梁端塑性铰在中间各层发育均匀、普遍,同时也带动中间各层柱随机形成若干转动不大的柱铰。

5.2.6 抗震墙的构造措施

5.2.6.1 GB 50011—2010 抗震墙构造措施

1)抗震墙的厚度

抗震墙厚度的要求,主要是为了使墙体有足够的稳定性,现将 GB 50011—2010 中对抗震墙厚度的规定列于表 5-18 中。

GB 50011—2010 中抗震墙的厚度 表 5-18

抗震等级	一般部位	底部加强部位
一	不应小于 160mm 且不宜小于层高或无支长度的 1/20,无端柱或翼墙时,不宜小于层高或无支长度的 1/16	不应小于 200mm 且不宜小于层高或无支长度的 1/16,无端柱或翼墙时,不宜小于层高或无支长度的 1/12
二		
三	不应小于 140mm 且不宜小于层高或无支长度的 1/25,无端柱或翼墙时,不宜小于层高或无支长度的 1/20	不应小于 160mm 且不宜小于层高或无支长度的 1/20,无端柱或翼墙时,不宜小于层高或无支长度的 1/16
四		

2)抗震墙的钢筋布置

将 GB 50011—2010 中对抗震墙的钢筋布置列于表 5-19 中。

GB 50011—2010 中抗震墙的钢筋布置 表 5-19

项目	钢筋布置
抗震墙竖向和横向钢筋的分布	抗震墙厚度大于 140mm 时,其竖向和横向分布钢筋应双排布置
双排筋布置要求	抗震墙竖向和横向分布钢筋的直径,均不宜大于墙厚的 1/10 且不应小于 8mm;竖向钢筋直径不宜小于 10mm。双排分布钢筋间拉筋的间距不宜大于 600mm,直径不应小于 6mm
底部加强部位	竖向和横向分布钢筋的间距不宜大于 200mm

3)抗震墙的配筋

将 GB 50011—2010 中对抗震墙的配筋要求列于表 5-20 中。

GB 50011—2010 中对抗震墙的配筋要求 表 5-20

抗震等级	最小配筋率(%)	最大间距(mm)	最小直径(mm)
一	0.25	300	8
二	0.25	300	8
三	0.25	300	8
四	0.20 (0.15)	300	8

4)抗震墙构造边缘构件的配筋要求

GB 50011—2010 第 6.4.5 条第 1 款规定,抗震墙两端和洞口两侧应设置边缘构件,边缘构件包括暗柱、端柱和翼墙,对于抗震墙结构,底层墙肢底截面的轴压比不大于表 5-21 规定的一、二、三、四级抗震等级的数值时,墙肢两端可设置构造边缘构件,构造边缘构件的范围可按图 5-4 采用,构造边缘构件的配筋除应满足受弯承载力要求外,宜符合表 5-22 的要求。

GB 50011—2010 中抗震墙设置构造边缘构件的最大轴压比 表 5-21

抗震等级或烈度	一(9 度)	一(7、8 度)	二、三
轴压比	0.1	0.2	0.3

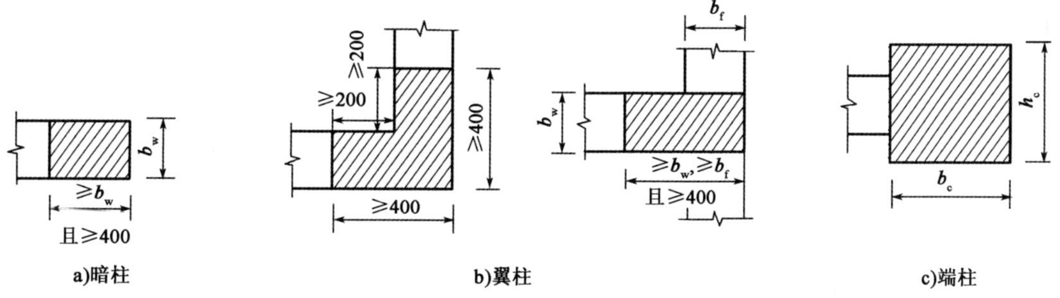

图 5-4 抗震墙的构造边缘构件范围(尺寸单位:mm)

GB 50011—2010 中抗震墙构造边缘构件的配筋要求 表 5-22

<table>
<tr><th rowspan="3">抗震等级</th><th colspan="3">底部加强部位</th><th colspan="3">其他部位</th></tr>
<tr><th rowspan="2">纵向钢筋最小量
(取较大值)</th><th colspan="2">箍筋</th><th rowspan="2">纵向钢筋最小量
(取较大值)</th><th colspan="2">箍筋</th></tr>
<tr><th>最小直径(mm)</th><th>沿竖向最大间距(mm)</th><th>最小直径(mm)</th><th>沿竖向最大间距(mm)</th></tr>
<tr><td>一</td><td>$0.010A_c$, 6ϕ16</td><td>8</td><td>100</td><td>$0.008A_c$, 6ϕ14</td><td>8</td><td>150</td></tr>
<tr><td>二</td><td>$0.008A_c$, 6ϕ14</td><td>8</td><td>150</td><td>$0.006A_c$, 6ϕ12</td><td>8</td><td>200</td></tr>
<tr><td>三</td><td>$0.006A_c$, 6ϕ12</td><td>6</td><td>150</td><td>$0.005A_c$, 4ϕ12</td><td>6</td><td>200</td></tr>
<tr><td>四</td><td>$0.005A_c$, 4ϕ12</td><td>6</td><td>200</td><td>$0.004A_c$, 4ϕ12</td><td>6</td><td>250</td></tr>
</table>

注:1. A_c 为边缘构件的截面面积。

2. 其他部位的拉筋,水平间距不应大于纵筋间距的 2 倍;转角处宜采用箍筋。

3. 当端柱承受集中荷载时,其纵向钢筋、箍筋直径和间距应满足柱的相应要求。

GB 50011—2010 第 6.4.5 条第 2 款规定,底层墙肢底截面的轴压比大于表 5-21 规定的一、二、三级抗震墙以及部分框支抗震墙结构的抗震墙,应在底部加强部位及相邻的上一层设置约束边缘构件,在以上的其他部位可设置构造边缘构件。约束边缘构件沿墙肢的长度、配箍特征值、箍筋和纵向钢筋应符合表 5-23 的要求(图 5-5)。

GB 50011—2010 中抗震墙约束边缘构件的范围及配筋要求　　表 5-23

抗震等级或烈度	一(9 度)		一(8 度)		二、三	
	$\lambda \leqslant 0.2$	$\lambda > 0.2$	$\lambda \leqslant 0.3$	$\lambda > 0.3$	$\lambda \leqslant 0.4$	$\lambda > 0.4$
l_c(暗柱)	$0.20h_w$	$0.25h_w$	$0.15h_w$	$0.20h_w$	$0.15h_w$	$0.20h_w$
l_c(翼墙或端柱)	$0.15h_w$	$0.20h_w$	$0.10h_w$	$0.15h_w$	$0.10h_w$	$0.15h_w$
λ_v	0.12	0.20	0.12	0.20	0.12	0.20
纵向钢筋(取较大值)	$0.012A_c$, 8ϕ16		$0.012A_c$, 8ϕ16		$0.010A_c$, 6ϕ16(三级 6ϕ14)	
箍筋或拉筋沿竖向间距	100mm		100mm		150mm	

注:1. 抗震墙的翼墙长度小于其 3 倍厚度或端柱截面边长小于 2 倍墙厚时,按无翼墙、无端柱查表。

2. l_c 为约束边缘构件沿墙肢长度,且不小于墙厚和 400mm;有翼墙或端柱时不应小于翼墙厚度或端柱沿墙肢方向截面高度加 300mm。

3. λ_v 为约束边缘构件的配箍特征值,体积配箍率可按本规范式(6.3.9)计算,并可适当计入满足构造要求且在墙端有可靠锚固的水平分布钢筋的截面面积。

4. h_w 为抗震墙墙肢长度。

5. λ 为墙肢轴压比。

6. A_c 为图 5-5 中约束边缘构件阴影部分的截面面积。

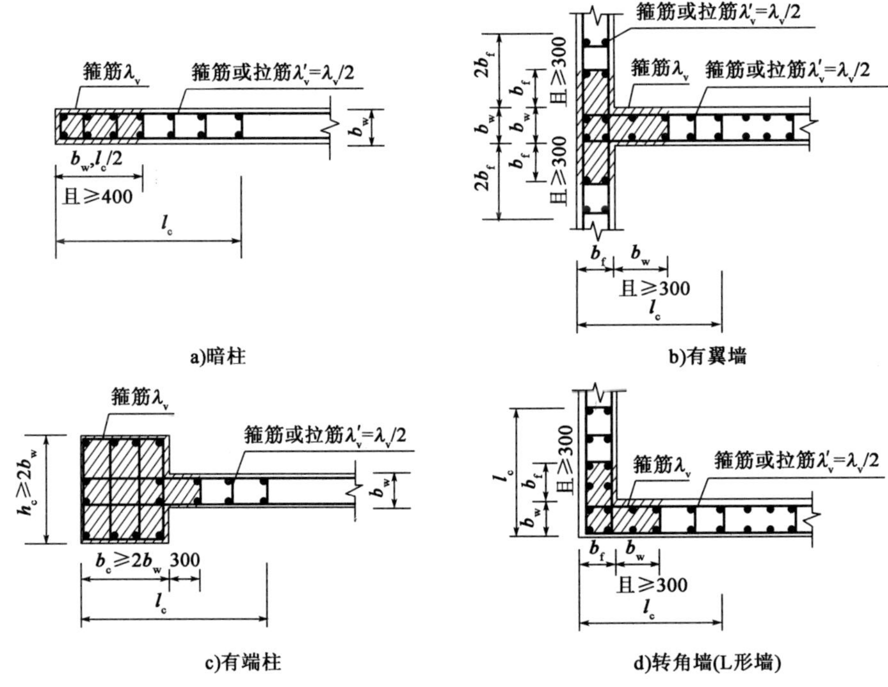

图 5-5　抗震墙的约束边缘构件(尺寸单位:mm)

5.2.6.2　EN 1998-1 抗震墙构造措施

1)抗震墙的配筋

欧洲标准在此方面没有明确的规定。

2)抗震墙边缘构件的范围

EN 1998-1 第 5.4.3.4.2 条第 7 款和第 10 款以及第 5.5.3.4.5 条第 9 款也有相应的规定,概括如下:

(1)中延性墙约束构件宽度 b_w 与长度 l_{cr}的关系:

端柱:若翼缘厚度 $b_f \geqslant h_s/15$,翼缘长度 $l_f \geqslant h_s/5$,则可不设约束构件,否则约束构件应满足:$b_w \geqslant 200$mm。若 $l_{cr} \leqslant \max\{2b_w, 0.2l_w\}$,则 $b_w \geqslant h_s/15$;若 $l_{cr} > \max\{2b_w, 0.2l_w\}$,则 $b_w \geqslant h_s/10$。

(2)高延性墙端柱的要求同 DCM,增加有翼缘的边缘构件要求。

有翼缘：若翼缘厚度 $b_f \geq h_s/15$，翼缘长度 $l_f \geq h_s/5$，且约束构件超出翼缘占腹板长度小于或等于 $3b_{wo}$，则约束构件宽度 b_w 取为 b_{wo}，$b_{wo} \geq \max\{150, h_s/20\}$，其中，$h_s$ 为楼层净高。

5.3 计算实例

已知钢筋混凝土抗震框架梁截面宽度为300mm，高度为600mm，中国标准取该梁抗震等级为二级，欧洲标准取该梁延性等级为DCM，混凝土强度等级为C30，纵向钢筋等级为HRB335，箍筋等级为HPB300，梁的两个端截面配筋相同，顶部为2根HRB335钢筋，直径为20mm，梁底为4根HRB335钢筋，直径为20mm，箍筋加密区已配双肢直径为 $\phi8@100$。

分别根据中国标准和欧洲标准计算不同标准下该梁所能承受的最大剪力值。

解：

1）按照中国标准计算

验算最小配筋率：

$$\rho_{sv,min} = 0.28\frac{f_t}{f_{yv}} = 0.28 \times \frac{1.43}{270} = 0.00148$$

$$\rho_{sv} = \frac{nA_{sv}}{bs} = \frac{2 \times 50.3}{300 \times 100} = 0.00335$$

则 $\rho_{sv} > \rho_{sv,min}$，满足要求。

规范公式：

$$V_b = \frac{1}{r_{RE}}\left(0.6a_{cv}f_t bh_0 + f_{yv}\frac{A_{sv}}{s}h_0\right)$$

其中：$r_{RE} = 0.85$，$\beta_c = 1.0$，$a_{cv} = 0.7$，代入各数值计算，得：

$$V_b = \frac{1}{0.85} \times \left(0.6 \times 0.7 \times 1.43 \times 300 \times 565 + 270 \times \frac{2 \times 50.3}{100} \times 565\right) = 300.3\text{kN}$$

验算截面：

$$V_b < \frac{1}{r_{RE}}(0.2\beta_a f_c bh_0) = \frac{1}{0.85} \times (0.2 \times 1 \times 14.3 \times 300 \times 565) = 570.3\text{kN}$$

满足要求。

2）按照欧洲标准计算

验算最小配筋率：

$\rho_{sv,min} = 0.0024$

据前述计算可知，$\rho_{sv} = 0.00335$，则 $\rho_{sv} > \rho_{sv,min}$，满足要求。

规范公式：

$$V_{cs} = 0.4 \times \frac{1}{6}\left(1.2 + 40\rho + 0.15\frac{N_{sd}}{A_c}\right)bh_0 + 0.9f_{yv}\frac{A_{sv}}{s}h_0$$

其中：$\rho = \frac{314 \times 4}{300 \times 565} = 0.00741$，代入数值计算，得：

$$V_{cs} = 0.4 \times \frac{1}{6} \times \left(1.2 + 40 \times 0.00741 + 0.15 \times \frac{314 \times 4 \times 1000}{300 \times 565}\right) \times 300 \times 565 + 0.9 \times 270 \times \frac{2 \times 50.3}{100} \times 565 = 187.8\text{kN}$$

验算截面：

$V_{cs} < 0.225 f_c bh_0 = 0.225 \times 14.3 \times 300 \times 565 = 545.4\text{kN}$

满足要求。

从以上结果可以看出，按中国标准计算的钢筋混凝土抗震框架梁剪切抗力取值高于按欧洲标准计算的钢筋混凝土抗震框架梁剪切抗力取值。这是因为欧洲标准采用了中延性等级的材料进行考虑,如果欧洲标准按照低延性等级计算,剪切抗力可以达到285MPa左右,与按照中国标准的计算值比较接近。

5.4 本章小结

本章主要对比了中欧标准关于框架梁、框架柱和抗震墙的构造要求等相关规定。

中国标准是按钢筋混凝土的结构类型进行抗震构造措施设计的;而欧洲标准是按抗震延性等级对钢筋混凝土房屋进行设防的,并给出相应的抗震措施。

通过对比可以看出,中欧标准有些规定是一致的,但又根据各自的抗震目标和设计方法提出了各自的要求。

第6章
钢结构抗震设计

钢结构的抗震性能优于钢筋混凝土结构，具有良好的延性，不仅能减弱地震反应，而且属于较理想的弹塑性结构，具有抵抗强烈地震的变形能力。在中欧标准中，均将剪切变形作为钢结构耗能的主要形式。

6.1 设计方案

6.1.1 EN 1998-1 钢结构抗震设计方案

欧洲钢结构设计除应符合 EN 1998-1 的规定外，还应符合 EN 1993 相关规定，EN 1998-1 中第 6 节的抗震设计规定是对 EN 1993 相关规定的补充。

EN 1998-1 第 6.1.2 条中按照 DCL、DCM 和 DCH 来划分钢结构的延性，具体设计时，提供方案 a 和方案 b 两种设计方案，如表 6-1 所示。方案 a 为低耗能结构（DCL），方案 b 为耗能结构（包括 DCM 和 DCH）。

设计方案、结构延性级别及性能系数的上限参考值 表 6-1

设计方案	结构延性级别	性能系数 q 的参考范围
方案 a 低耗能结构性能	DCL	≤1.5~2
方案 b 耗能结构性能	DCM	≤4 由 EN 1998-1 第 6.3.2 条中 表 6.2 的值加以限制
	DCH	仅由 EN 1998-1 第 6.3.2 条中表 6.2 的值加以限制

注：1. 各国国内使用的低耗能性能的上限 q 值可在其国家附件内找到，低耗能性能的上限 q 的建议值为 1.5。
2. 特定国家的国家附件可能会就其国内允许的设计方案及延性级别的选择给出限制。

方案 a 中，可基于弹性分析来计算作用效应，而不用考虑明显的非线性材料性能。在使用设计谱分析时，性能系数 q 的参考值上限为 1.5~2。立面不规则结构，性能系数 q 取值折减为参考值乘以 0.8，但其取值不宜小于 1.5。如 q 的参考值上限取值大于 1.5，则结构主抗震构件的截面应属于 1 类、2 类或 3 类截面。应根据 EN 1993 来计算构件及连接的承载力。非隔震建筑建议仅对于低烈度情形采用方案 a 进行设计。

方案 b 中，考虑通过结构耗能区的非弹性性能来承载地震作用。使用设计谱时，性能系数

q 的参考值可大于针对低耗能结构而规定的上限值。q 的上限值取决于延性级别及结构类型。当采用方案 b 时,应满足本节相关规定的要求。根据方案 b 设计的结构延性级别归为 DCM 或 DCH,这些级别通过结构的塑性机制提高了结构的耗能能力,延性级别取决于钢构件截面的类别及连接的转动能力。

6.1.2 GB 50011—2010 钢结构抗震设计方案

钢结构构件设计计算内容广泛且计算过程较为复杂,经常需要进行多工况内力比较计算。钢结构抗震设计中,一般情况下设计要求构件屈服的先后顺序为:消能梁段→梁柱框架节点域→框架梁→框架柱。

6.1.2.1 地震作用下的内力与变形分析

GB 50011—2010 中第 8.2.3 条对钢结构在地震作用下的内力和变形分析进行了规定:

(1)钢结构应按 GB 50011—2010 第 3.6.3 条规定计入重力二阶效应。进行二阶效应的弹性分析时,应按《钢结构设计标准》(GB 50017—2017)的有关规定,在每层柱顶附加假想水平力。

(2)框架梁可按梁端截面的内力设计。对工字形截面柱,宜计入梁柱节点域剪切变形对结构侧移的影响;对箱形柱框架、中心支撑框架和不超过 50m 的钢结构,其层间位移计算可不计入梁柱节点域剪切变形的影响,近似按框架轴线进行分析。

(3)钢框架-支撑结构的斜杆可按端部铰接杆计算;其框架部分按刚度分配计算得到的地震层剪力应乘以调整系数,达到不小于结构底部总地震剪力的 25% 和框架部分计算最大层剪力 1.8 倍中二者的较小值。

(4)中心支撑框架的斜杆轴线偏离梁柱轴线交点不超过支撑构件的宽度时,仍可按中心支撑框架分析,但应计入由此产生的附加弯矩。

(5)偏心支撑框架中,与消能梁段相连构件的内力设计值,应按下列要求调整:

①支撑斜杆的轴力设计值,应取与支撑斜杆相连接的消能梁段达到受剪承载力时支撑斜杆轴力与增大系数的乘积;其增大系数,一级抗震等级不应小于 1.4,二级抗震等级不应小于 1.3,三级抗震等级不应小于 1.2。

②位于消能梁段同一跨的框架梁内力设计值,应取消能梁段达到受剪承载力时框架梁内力与增大系数的乘积;其增大系数,一级抗震等级不应小于 1.3,二级抗震等级不应小于 1.2,三级抗震等级不应小于 1.1。

③框架柱的内力设计值,应取消能梁段达到受剪承载力时柱内力与增大系数的乘积;其增大系数,一级抗震等级不应小于 1.3,二级抗震等级不应小于 1.2,三级抗震等级不应小于 1.1。

(6)内藏钢支撑钢筋混凝土墙板和带竖缝钢筋混凝土墙板应按有关规定计算,带竖缝钢筋混凝土墙板可仅承受水平荷载产生的剪力,不承受竖向荷载产生的压力。

(7)钢结构转换构件下的钢框架柱,地震内力应乘以增大系数,其值可采用 1.5。

6.1.2.2 钢结构阻尼比

钢结构阻尼比本质上是一种材料性能的反映,它与结构形式、楼、屋盖结构类型、填充墙的类型及结构的受力特点有关。GB 50011—2010 对钢结构阻尼取值原则进行了规定,规定如下:

(1)多遇地震下的计算,高度不大于 50m 时可取 0.04;高度大于 50m 且小于 200m 时,可取 0.03;高度不小于 200m 时,宜取 0.02。

(2)当偏心支撑框架部分承担的地震倾覆力矩大于结构总地震倾覆力矩的 50% 时,其阻尼比可比上述(1)款相应增加 0.005。

(3)在罕遇地震下的弹塑性分析,阻尼比可取 0.05。

GB 50011—2010 以房屋高度的大小作为确定结构的阻尼比的主要因素,与阻尼比的定义有差别。规范的阻尼比不再是单一阻尼比的概念,可以理解为一种对地震作用的综合调节系数。

6.2 安全性验证

6.2.1 EN 1998-1 钢结构抗震设计安全性验证

对于承载能力极限状态的验证,钢材的材料分项系数($\gamma_s = \gamma_M$)应考虑可能由循环变形引起的强度退化,国家附件给出 γ_s 的取值。假设因局部延性规定,折减后的强度与初始强度的比约等于偶然荷载组合情况下与基本荷载组合情况下的 γ_M之比,那么可推荐采用持久设计情形和短暂设计情形的分项系数 γ_s。承载力设计验证时,还应采用一个材料超强系数 γ_{ov}来考虑钢材的实际屈服强度高于屈服强度标准值的可能性。

6.2.2 GB 50011—2010 钢结构抗震设计安全性验证

GB 50011—2010 规定,钢结构应按其第 5.4 节的规定调整地震作用效应,其层间变形应符合其第 5.5 节的有关规定。构件截面和连接抗震验算时,非抗震的承载力设计值应除以本规范规定的承载力抗震调整系数。

GB 50011—2010 的多层和高层钢结构房屋部分主要适用于民用建筑,不适用于上层为钢结构、下层为钢筋混凝土结构的混合型结构。单层和多层工业建筑在其他章节和附录中有规定。

GB 50011—2010 中关于钢结构设计的一般规定包括房屋高度限值、高宽比限值、抗震等级以及防震缝宽度等内容。

1)房屋高度限值

GB 50011—2010 中对钢结构房屋的最大适用高度做出了规定,如表 6-2 所示。

钢结构房屋的最大适用高度(m) 表 6-2

结构类型	6、7度(0.10g)	7度(0.15g)	8度		9度(0.40g)
			(0.20g)	(0.30g)	
框架	110	90	90	70	50
框架-中心支撑	220	200	180	150	120
框架-偏心支撑(延性墙板)	240	220	200	180	160
筒体(框筒、筒中筒、桁架筒、束筒)和巨型框架	300	280	260	240	180

2)高宽比限值

GB 50011—2010 中规定了钢结构民用房屋适用的最大高宽比(表 6-3)。

钢结构民用房屋适用的最大高宽比 表 6-3

烈度	6、7	8	9
最大高宽比	6.5	6.0	5.5

注:塔形建筑的底部有大底盘时,高宽比可按大底盘以上计算。

3)抗震等级

中国标准根据设防分类、烈度和房屋高度将钢结构房屋划分成不同的抗震等级。丙类建筑的抗震等级按表 6-4 确定,甲、乙类建筑的抗震等级按《建筑工程抗震设防分类标准》(GB 50223—2008)的规定确定。

丙类建筑的抗震等级　表 6-4

房屋高度	烈度			
	6	7	8	9
≤50	—	四	三	二
>50	四	三	二	一

注:1. 高度接近或等于高度分界时,应允许结合房屋不规则程度和场地、地基条件确定抗震等级。

2. 一般情况,构件的抗震等级应与结构相同;当某个部位各构件的承载力均满足 2 倍地震作用组合下的内力要求时,7~9 度的构件抗震等级应允许按降低一度确定。

4)防震缝宽度

GB 50011—2010 中规定,钢结构房屋需要设置防震缝时,缝宽应不小于相应钢筋混凝土结构房屋的 1.5 倍(表 6-2)。

6.2.3 中欧标准一般性规定对比

(1)GB 50011—2010 对房屋高度限值、房屋高宽比限值以及防震缝设置均做了详细规定,EN 1998-1 中则没有相关内容的规定。

(2)EN 1998-1 中没有对钢结构提出抗震缝的具体规定,只是对抗震缝条件有统一的规定(EN 1998-1 第 4.4.2.7 条):

①应保护建筑不受来自邻近结构或同一建筑的结构独立单元的地震碰撞的影响。

②在以下情况,视为满足①中的要求:

a. 对于不属于同一地产的建筑或结构独立单元,建筑红线到潜在碰撞点的距离不小于根据式(6-1)计算得出的相应楼层的建筑最大水平位移:

$$d_s = q_d d_e \tag{6-1}$$

式中:d_s——由设计地震作用引起的结构体系的点位移;

q_d——位移性能系数,除非另有说明,否则假定其等于 q;

d_e——结构体系同一点的位移,此位移通过基于设计反应谱的线性分析得出。

注:d_s 值不宜大于由弹性谱推导得出的值。对于 q_d,通常而言,如果结构基本周期小于 T_C,则 q_d 大于 q。

b. 对于属于相同地产的建筑或结构独立单元,它们之间的距离小于根据 EN 1998-1 式(6.2.1-1)计算得出的相应楼层的两栋建筑或单元的最大水平位移的平方和的平方根。

③如正在进行设计的建筑或独立单元的室内地面高程与相邻建筑单元的一致,那么上述提及的最小距离可乘以 0.7。

(3)层间位移角。

EN 1998-1 只做单一阶段的变形验算,而 GB 50011—2010 为两阶段的变形验算。EN 1998-1 验算的目的是避免非结构构件的破坏,而 GB 50011—2010 是为了使结构构件在多遇地震时不坏。GB 50011—2010对钢结构在多遇地震时的弹性层间位移角限值为 1/250。

EN 1998-1 中的小震层间位移角限值如表 6-5 所示。

EN 1998-1 对小震层间位移角的限值(换算为 50 年一遇地震水平)　表 6-5

规范	EN 1998-1
脆性非结构构件与结构刚性连接时	1/282
延性非结构构件与结构刚性连接时	1/188
非结构构件与结构柔性连接时	1/141

注:EN 1998-1 验算层间位移的小震水平为 95 年一遇地震。

中国标准中大震弹塑性变形验算要求,是为了使结构大震不倒。GB 50011—2010 对钢结构大震弹塑性层间位移角限值取 1/50。GB 50011—2010 中这一要求保持不变。

(4)地震作用的折减。

以中震为基准,对比中欧标准中不同延性的钢框架在内力验算时地震作用的折减程度。表6-6列出了中欧标准的钢框架水平地震作用折减系数,即中震的水平弹性地震作用与内力验算时的水平设计地震作用的比值。由表6-6可见,GB 50011—2010在较高烈度区规定采用较高延性的框架,而对不同延性的框架采用了统一的地震作用折减系数,这造成了高延性框架的地震作用明显偏大。

中欧的钢框架水平地震作用折减系数 表6-6

GB 50011—2010		EN 1998-1(参见EN 1998-1中第6节表6.1和表6.2)	
$1/(1.3\times0.35\gamma_{RE})$		q	
9度区	2.93	DCH	5.5~6.5
8度区	2.93	DCM	4
7度区	2.93	—	—
6度区	2.93	DCL	1.5

对于竖向地震作用,各国考虑的方式差异较大。欧洲标准将中震竖向弹性地震作用折减1.5倍而得到竖向设计地震作用,GB 50011—2010在仅有竖向地震作用和仅有水平地震作用时,两者的分项系数均取1.3,而在考虑竖向地震与水平地震共同作用时,两者的分项系数分别取0.5和1.3。因此,单独作用的竖向地震作用相当于将中震竖向弹性地震作用折减了2.93倍,而与水平地震共同作用的竖向地震作用相当于将中震竖向弹性地震作用折减了7.62倍。

(5)梁柱抗弯节点的塑性转动能力要求。

表6-7给出了欧洲标准中不同结构延性类别对节点形式及塑性转动能力的要求[参见EN 1998-1第6.6.4条第3款]。GB 50011—2010中没有明确区分结构延性类别,也没有此项规定。

对钢框架梁柱抗弯节点塑性转动能力的要求 表6-7

延性类别	DCH(rad)	DCM(rad)
EN 1998-1	0.035	0.02

算例6-1:地震作用计算方法及结构影响系数比较

中欧抗震设计标准在地震作用(基底剪力)下的计算方法和结果存在巨大差别,EN 1998-1采用在弹性反应谱的基础上除以反映不同延性等级的性能系数q,得到弹塑性反应谱。性能系数q的值与结构体系的耗能能力有关,如表6-8所示(参见EN 1998-1第6节表6.2)。

EN 1998-1的性能系数 表6-8

结构形式	延性等级		
	低	中	高
钢框架	1.5~2	4	$5a_u/a_1$
中心交叉支撑体系	1.5~2	4	4
V形中心支撑体系	1.5~2	2	2.5
钢框架-偏心支撑体系	1.5~2	4	$5\alpha_u/\alpha_1$
倒摆形结构	1.5~2	2	$2\alpha_u/\alpha_1$
钢框架-中心支撑体系	1.5~2	4	$4\alpha_u/\alpha_1$

注:1. 竖向不规则结构,性能系数折减到0.8倍。

2. α_u是在所有其他设计中作用保持恒定时,为使一系列截面内形成足以造成总体结构不稳定的塑性铰,而与水平抗震设计作用相乘的值。可通过非线性整体静力分析得出。

在短周期阶段,EN 1998-1 不是简单地将弹性反应谱除以性能系数,而是采用了式(6-2):

$0 \leqslant T \leqslant T_B$

$$S_d(T) = a_g S\left[\frac{2}{3} + \frac{T}{T_B}\left(\frac{2.5}{q} - \frac{2}{3}\right)\right] \tag{6-2}$$

式中:a_g——A 型场地的设计地震加速度;

S——场地类型系数;

T_B——加速度反应谱常数段第一个界限;

T——结构周期。

另外,EN 1998-1 的反应谱不再另外考虑阻尼的影响。

GB 50011—2010 中对折减系数的解释是采用罕遇地震、设防地震和多遇地震的概念。结构的弹性反应谱是按照设防地震的地震烈度参数确定的,而多遇地震的烈度比中震烈度低 1.55 度,多遇地震烈度下结构应保持弹性,因此按多遇地震烈度提出对结构的强度要求,地震力为中震弹性反应谱的 1/21.55 倍,即地震力折减 1/21.55。因此,中国的抗震设计反应谱是根据地震发生的概率进行折减的,故在地震基底剪力的规定中不再考虑延性的折减。地震基底剪力的规定为:

$$F_{EK} = \alpha_1 G_{eq} \tag{6-3}$$

式中:F_{EK}——结构总水平地震作用标准值;

α_1——相应于结构基本自振周期的水平地震影响系数;

G_{eq}——结构等效总重力荷载。

可见,中国现行抗震设计标准对地震基底剪力的规定中,未能体现不同结构及材料不同延性对地震作用的削减作用。

6.3 材料要求

6.3.1 EN 1998-1 对材料的要求

EN 1998-1 规定结构用钢应符合 EN 1993 中的规定,此外,还要求"结构中材料特性的分布(如屈服强度及韧性)应确保在设计中预定区域内形成耗能区",发生地震时,预计耗能区会在其他区域进入塑性之前发生屈服。为达到上述要求,EN 1998-1 做了如下规定:

(1)耗能区钢材的最大实际屈服强度 $f_{y,max}$ 满足式(6-4):

$$f_{y,max} \leqslant 1.1\gamma_{ov} f_y \tag{6-4}$$

式中:γ_{ov}——设计中使用的超强系数,可见各国的国家附件,建议 $\gamma_{ov} = 1.25$;

f_y——专用于钢材等级的公称屈服强度标准值。

(2)耗能区及非耗能区内钢材的等级和公称屈服强度 f_y 均相同;并且上限值 $f_{y,max}$ 是专用于耗能区的钢材;而专用于非耗能区及连接件的钢材的公称值 f_y 大于耗能区的屈服强度 $f_{y,max}$ 的上限值。对于非耗散构件及非耗散连接(基于 S235 级钢材的 f_y 而设计),通常会使用 S335 级钢材,而对于耗散构件或耗散连接通常会使用 S235 级钢材(其中,S235 级钢材的屈服强度上限值定为 $f_{y,max} = 335\text{N/mm}^2$)。

(3)通过测量来确定各耗能区的实际钢材屈服强度 $f_{y,act}$,且各耗能区的超强系数计算为 $\gamma_{ov,act} = f_{y,act}/f_y$,其中 f_y 为耗能区钢材的公称屈服强度。

(4)如满足(2)的条件,则对结构构件进行设计验证时,超强系数 γ_{ov} 取值为 1.00。在适用于连接式(2.10.1)的验证中,超强系数 γ_{ov} 的值与(1)中的取值相同。如满足(3)的条件,超强系数 γ_{ov} 应取 EN 1998-1 第 2.10.6~2.10.9 条所规定的验证计算得出的所有 $\gamma_{ov,act}$ 值中的最大值。

(5)对于耗能区,应在图纸上明确规定钢材屈服强度 $f_{y,max}$ 的值符合(2)的条件。

(6)钢材及焊缝的韧性应满足在工作温度准恒定条件下的地震作用要求(见 EN 1993-1-10：2005)。钢材及焊缝的韧性要求及地震作用组合中采用的最低工作温度还应在项目设计说明中明确。在建筑主要抗震构件的螺栓连接中,应使用等级为 8.8S 或 10.9S 的高强度螺栓。所有材料特性还应符合 EN 1998-1 第 2.10.12 条的要求。

6.3.2 GB 50017—2017 对材料的规定

《钢结构设计标准》(GB 50017—2017)中对材料选用做了规定,要求"根据结构的重要性、荷载特征、结构形式、应力状态、连接方法、钢材厚度和工作环境等因素综合考虑,选用合适的钢材牌号和材料",以保证承重结构的承载能力和防止在一定条件下出现脆性破坏,并要求承重结构钢材宜采用 Q235 钢、Q345 钢、Q390 钢和 Q420 钢,"承重结构采用的钢材应具有抗拉强度、伸长率、屈服强度和硫、磷含量的合格保证,对焊接结构尚应具有含碳量的合格保证""焊接承重结构以及重要的非焊接承重结构采用的钢材应具有冷弯试验的合格保证"。同时规定以下情况的承重结构和构件不应采用 Q235 沸腾钢：

1)对于焊接结构

(1)直接承受动力荷载或振动荷载且需要验算疲劳的结构。

(2)工作温度低于 -20℃时的直接承受动力荷载或振动荷载但不可验算疲劳的结构以及承受静力荷载的受弯和受拉的重要承重结构。

(3)工作温度等于或低于 -30℃时的所有承重结构。

2)对于非焊接结构

工作温度等于或低于 -20℃的直接承受动力荷载且需要验算疲劳的结构。

EN 1998-1 在钢结构耗能区的材料规定较为详细,目的是确保能够在预定的区域中形成耗能区,而 GB 50017—2017 中对材料选用的规定则侧重于防止钢结构脆性破坏。

6.4 结构类型与性能系数

6.4.1 结构类型

6.4.1.1 EN 1998-1 钢框架结构类型

EN 1998-1 根据地震作用下钢结构的主承载结构性能,将钢结构归类为以下结构类型(EN 1998-1图 6.4.1.1-1 ~ 图 6.4.1.1-8)：

(1)抗弯框架。在这种框架中,水平力主要由受弯构件承担,耗能区主要位于梁或梁柱节点区的塑性铰处,可通过循环弯曲来耗能。耗能区可位于柱内,框架柱基(柱底)处多层建筑上部楼层的柱顶处;耗能区也可位于单层建筑的柱底和柱顶处,其中柱的 N_{Ed}应满足 $N_{Ed}/N_{pl,Rd} < 0.3$。

(2)带有中心支撑的框架。在这种框架中,水平力主要由承受轴力的构件来承载。耗能区应主要位于受拉斜杆内。该支撑可为下列类型：

①主动受拉斜撑,水平力可仅由受拉斜杆承担,忽略受压斜杆。

②V 形撑,可同时考虑受拉及受压斜杆来承担水平力。这些斜杆的交叉点位于某一连续的水平构件内。

同时,EN 1998-1 建议钢结构在抗震设计时不应采用 K 形支撑形式(图 6-9)。

(3)带有偏心支撑的框架。在这种框架中,水平力主要由轴向荷载构件来承载,但这种布置的偏心应确保能量通过循环弯曲或循环剪切在抗震链杆内耗散。其构造应能够保证所有连杆均为主动连杆,如 EN 1998-1 图 6.2.8-4 所示。

(4)倒摆结构。在这种结构中，耗散区位于柱的基础处(柱底)。如倒摆结构在各抗侧力平面内有一根以上的柱，且所有柱均满足 $N_{Ed}/N_{pl,Rd} < 0.3$，则可将倒摆结构视为抗弯框架。

(5)带有混凝土核心或混凝土墙的结构。在这种结构中，水平力主要由这些混凝土核心或墙来承载。

(6)与中心支撑组合的抗弯框架。

(7)与填充墙组合的抗弯框架。

上述钢结构类型如图 6-1 ~ 图 6-9 所示。

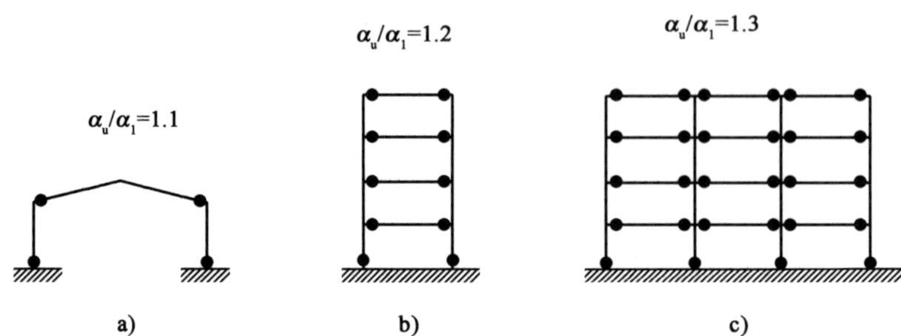

图 6-1　抗弯框架(耗能区位于梁内和柱底)

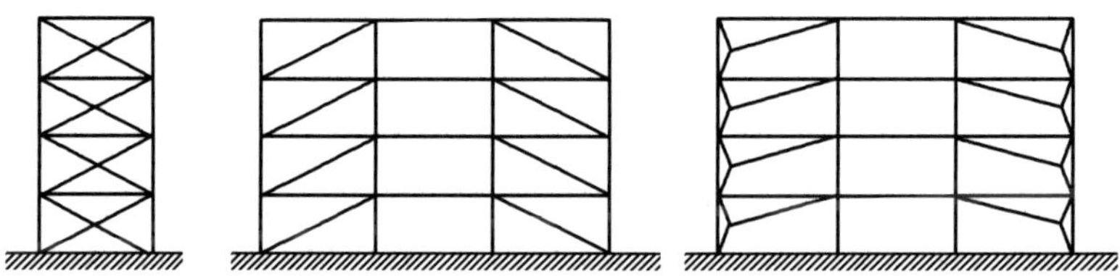

图 6-2　带有中心支撑的框架(耗能区仅位于受拉斜杆内)

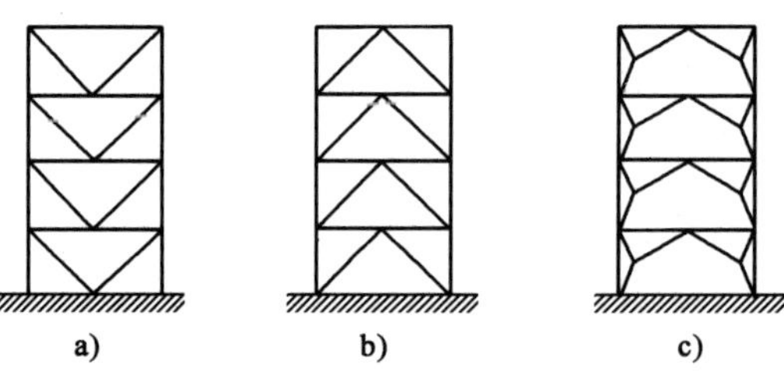

图 6-3　带有中心 V 形支撑的框架(耗能区位于受拉及受压斜杆内)

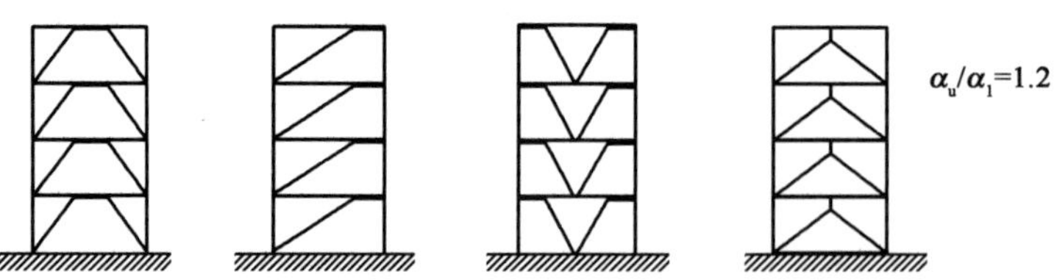

图 6-4　带有偏心支撑的框架(耗能区位于弯曲或剪切支撑内)

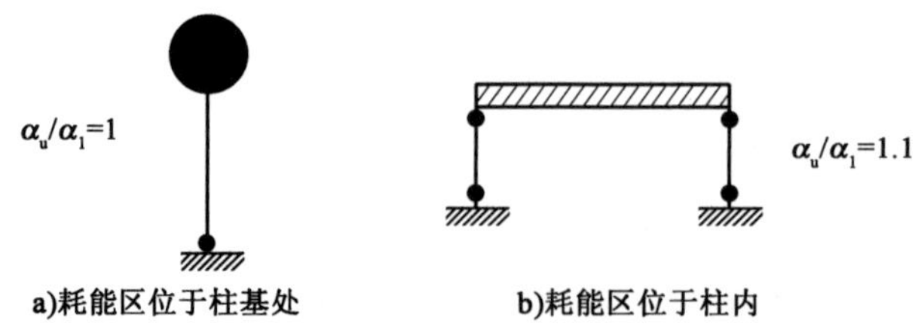

图 6-5　倒摆

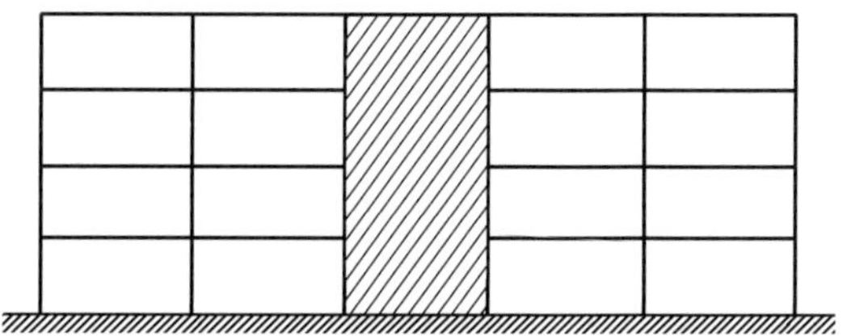

图 6-6 带有混凝土核心或混凝土墙的结构

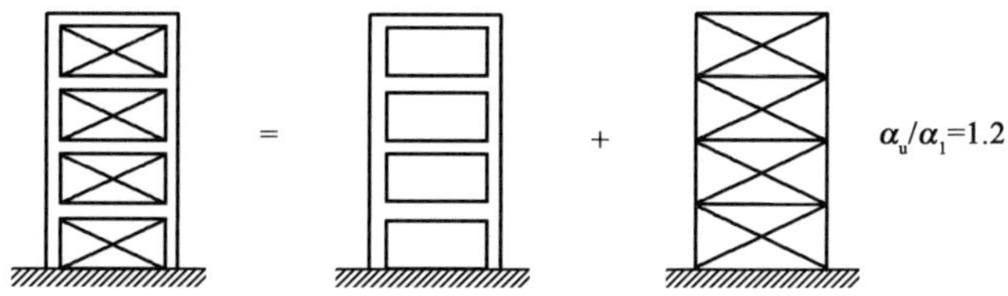

图 6-7 与中心支撑组合的抗弯框架(耗能区位于力矩框架和受拉斜杆内)

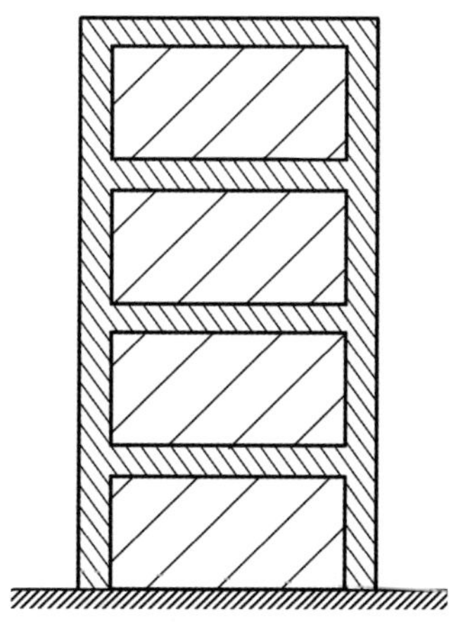

图 6-8 带填充墙的抗弯框架

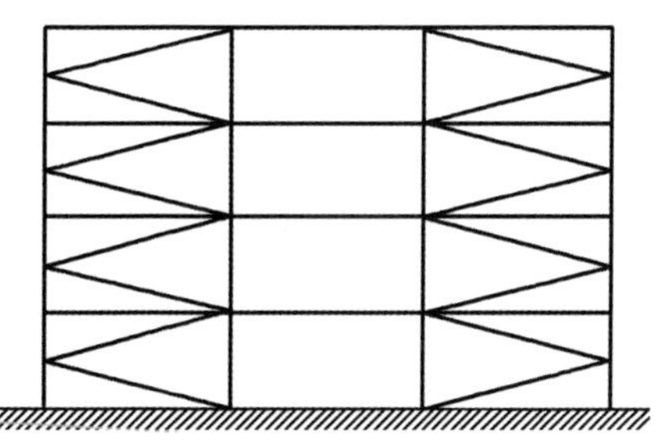

图 6-9 K 形支撑框架(不允许)

6.4.1.2 GB 50011—2010 钢框架结构类型

GB 50011—2010 涉及的结构类型主要有框架结构、框架-中心支撑结构(图 6-10)、框架-偏心支撑结构(图 6-11)和筒体结构(图 6-12)。

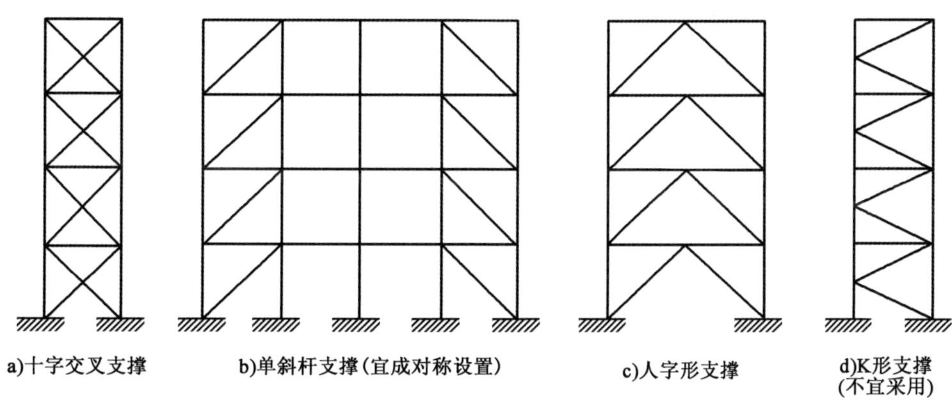

图 6-10 中心支撑的种类

GB 50011—2010 在第 8.1.6 条和第 8.1.7 条对钢框架-支撑结构和钢框架-筒体结构(图 6-10 ~ 图 6-12)分别进行了规定。

EN 1998-1 和 GB 50011—2010 所规定的结构类型中均包含框架及中心和偏心支撑的框架

结构。中欧标准在结构类型的定义方面有相似之处，而 EN 1998-1 中钢结构类型更多。

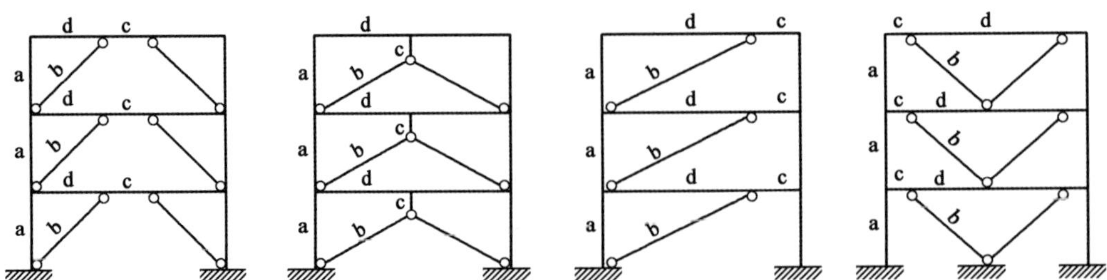

图 6-11　偏心支撑的种类

a-柱；b-支撑；c-消能梁段；d-其他梁段

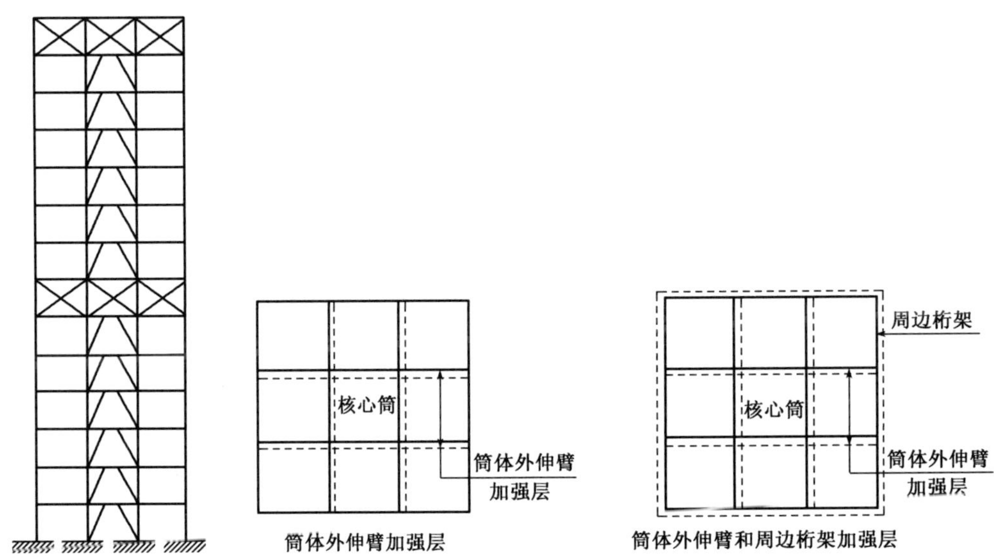

图 6-12　钢框架-支撑结构和钢框架-筒体结构

6.4.2　性能系数的规定

6.4.2.1　EN 1998-1 性能系数定义

性能系数 q 考虑了结构的耗能能力。对于规则的结构体系，如果满足 EN 1998-1 第 6.5 ~ 6.8 条的规定，则性能系数 q 应取表 6-10 中给出的参考值的上限。如果建筑立面不规则，则应将表 6-9 中所列的 q 的上限值折减 20%。

平面规则建筑，如没有计算 α_u/α_1 的值，可使用图 6-1 ~ 图 6-8 中所给的 α_u/α_1 之比的默认值。参数 α_1 及 α_u 的定义如下：

α_1 为所有其他设计作用不变，结构的任意构件首先达到塑性承载力而得到的水平地震设计作用放大系数；α_u 为所有其他设计作用不变，一系列截面内形成足以造成整体结构不稳定的塑性铰而得到的水平地震设计作用放大系数。可通过非线性静力分析得出系数 α_u。

平面不规则建筑，如没有计算 α_u/α_1 的值，α_u/α_1 的近似值可取 1.0 与图 6-1 ~ 图 6-8 所给出数值的平均值。

允许 α_u/α_1 大于上述规定的值，但应通过整体非线性静力分析对 α_u/α_1 的取值加以确认。任何情况下，α_u/α_1 取值的上限为 1.6。

立面规则的体系的性能系数 q 参考值上限 表 6-9

结构类型	延性级别	
	DCM	DCH
a. 抗弯框架	4	$5\alpha_u/\alpha_1$
b. 带有同心支撑的框架 斜撑	4	4
V 形撑	2	2.5
c. 带有偏心支撑的框架	4	$5\alpha_u/\alpha_1$
d. 倒摆	2	$2\alpha_u/\alpha_1$
e. 带有混凝土核心或混凝土墙的结构	见 EN 1998-1 第 5 章	
f. 带有同心支撑的抗弯框架	4	$4\alpha_u/\alpha_1$
g. 带有填充物的抗弯框架 与框架接触,但未与其连接的混凝土墙或砌体填充物	2	2
与框架连接的钢筋混凝土填充物	见 EN 1998-1 第 7 章	
与力矩框架隔离的填充物(见力矩框架)	4	$5\alpha_u/\alpha_1$

6.4.2.2 中国标准性能系数定义

中国标准中未有性能系数的定义,结构延性用抗震承载力调整系数 γ_{RE} 来表示。对于钢结构,验算强度时,γ_{RE} 取 0.75;验算稳定性时,γ_{RE} 取 0.8。

6.5 耗能结构设计与构造要求

6.5.1 EN 1998-1 耗能设计与构造要求

采用耗能结构方案的结构,其抗震要求应遵循 EN 1998-1 第 6.5.1.1 条的规定。如果执行其第 6.5.1.2 ~ 6.5.1.4 条的规定,则视为满足第 6.5.1.1 条的规定。

6.5.1.1 耗能结构设计要求

带有耗能区的结构设计应确保屈服、局部屈曲或其他由滞回性能引起的后果不会影响结构的整体稳定性。EN 1998-1 表 6.5.1.1-1 给出的性能系数 q 视为符合本要求。

耗能区应具有足够的延性及承载能力并根据 EN 1993 来验证该承载能力。耗能区可位于结构构件或连接内。如果耗能区位于结构构件内,则非耗能部分以及耗能部分与结构其他部分的连接应具有足够的超强,以便保证耗能部分能形成滞回屈服。当耗能区位于连接内时,连接的构件应具有足够的超强,以便保证连接内能形成滞回屈服。

6.5.1.2 受压或受弯耗能构件设计要求

应根据 EN 1993-1-1 第 5.5 条中所规定的截面类别,通过限制宽厚比 b/t 来保证受压或受弯耗能构件具有足够的局部延性。欧洲钢框架梁柱截面宽厚比限值如表 6-10 所示。

根据延性级别及设计中使用的性能系数 q,表 6-11 给出了耗能的钢构件截面类别的相关要求。

欧洲钢框架梁柱截面宽厚比限值　　表 6-10

<table>
<tr><td colspan="2" rowspan="2">构件类别</td><td colspan="3">梁</td><td colspan="3">柱</td></tr>
<tr><td>工字形和箱形截面翼缘外伸部分</td><td>箱形截面翼缘在两腹板间的部分</td><td>工字形和箱形截面腹板</td><td>工字形和箱形截面翼缘外伸部分</td><td>箱形截面翼缘在两腹板间的部分</td><td>工字形和箱形截面腹板</td></tr>
<tr><td rowspan="4">欧洲</td><td>1</td><td>9</td><td>33</td><td>72</td><td>9(轴压)</td><td>33</td><td>33(轴压)</td></tr>
<tr><td>2</td><td>10</td><td>38</td><td>83</td><td>10(轴压)</td><td>38</td><td>38(轴压)</td></tr>
<tr><td>3</td><td>14</td><td>42</td><td>124</td><td>21(轴压)</td><td>42</td><td>42(轴压)</td></tr>
<tr><td>4</td><td colspan="6">其他截面</td></tr>
</table>

延性级别及参考性能系数和耗散构件横截面种类的要求　　表 6-11

<table>
<tr><td>延性级别</td><td>性能系数 q 参考值</td><td>所需的横截面种类</td></tr>
<tr><td rowspan="2">DCM</td><td>$1.5 < q \leqslant 2$</td><td>1 类、2 类或 3 类</td></tr>
<tr><td>$2 < q \leqslant 4$</td><td>1 类或 2 类</td></tr>
<tr><td>DCH</td><td>$q > 4$</td><td>1 类</td></tr>
</table>

6.5.1.3　受拉构件或部件的设计要求

对于受拉构件或部件,应满足 EN 1993-1-1 的第 6.2.3 条第 3 款中的延性要求。

6.5.1.4　耗能区内连接设计要求

钢是一种延性材料,如果选择适当的钢筋等级:材料的伸长率超过 20% 或材料的延展率 $\varepsilon_{y,max}/\varepsilon_y$ 超过 10,则该材料可提供较高的延性耗散区。如果设计者在设计中选择适当,则在梁或桁架中的斜撑等构件中发展的塑性机制可能具有相当好的延性和能量耗散能力。

EN 1998-1 对耗能区内的连接设计进行了以下规定:

(1)连接设计应限制塑性应变和高残余应力的位置并避免制作缺陷。全熔透焊接制成的耗能构件的非耗能连接件可视为满足超强标准。

(2)对于角焊缝或螺栓连接的非耗能连接,应满足式(6-5):

$$R_d \geqslant 1.1\gamma_{ov}R_{fy} \tag{6-5}$$

式中:R_d——符合 EN 1993 中规定的连接件承载力;

R_{fy}——基于 EN 1993 中定义的材料设计屈服应力的连接耗能构件的塑性承载力;

γ_{ov}——超强系数。

(3)应使用 EN 1993-1-8:2004 第 3.4.1 条中规定的 B 类和 C 类受剪螺栓连接以及 EN 1993-1-8:2004 第 3.4.2 条中规定的 E 类受拉螺栓连接。也允许利用紧配螺栓进行剪力连接。摩擦面应属于 ENV 1090-1 中定义的 A 类或 B 类表面。

(4)对于螺栓抗剪件连接,螺栓的设计抗剪承载力应高于设计抗压承载力的 1.2 倍。受拉伸高强度螺栓不能作为耗能构件,因为它们不是由延展性很好的材料组成的,并且可能受非纯拉伸效应的影响。出现在由延性结构钢制成的连接钢板中的椭圆形螺栓孔,与受剪或焊接螺栓的破坏相反。即使在设计能力(超强度)集中于组合杆的连接中,原则上不需满足任何进一步的设计条件,设计者可通过设计一或两个组合板获得更多的延性保障,以致其承载能力小于螺栓的剪切抗力。

(5)为符合本节中为各结构类型及结构延性级别而规定的具体要求,应通过试验来确定设计是否适当,循环荷载下的构件及其连接的强度和延性也应通过试验加以确认。本规定适用于耗能区内或邻近耗能区的等强及部分强度连接。试验证据可基于现有的数据,否则应进行测试。

(6)国家附件可能会给出有关连接设计的参考补充规定。

6.5.2 GB 50011—2010 耗能设计与构造要求

GB 50011—2010 并没有如此详细明确的有关各类结构的耗能区规定,但在偏心支撑框架中对消能梁段给出了详细的规定。

中国标准中规定塑性铰区不得出现在柱端,而 EN 1998-1 中则允许耗能区出现在柱中,只是对这类情形有所要求。

对于支撑的选用,EN 1998-1 对中心支撑框架中的 K 形支撑的使用有限制。GB 50011—2010 中的规定如下:

(1)支撑框架在两个反向的布置均宜基本对称。

(2)三、四级抗震等级且高度不大于 50m 的钢结构宜采用中心支撑,也可采用偏心支撑、屈曲约束支撑等消能支撑。

(3)中心支撑框架宜采用交叉支撑,也可采用人字支撑或单斜杆支撑,不宜采用 K 形支撑;支撑的轴线宜交会于梁柱构件轴线的交点,偏离交点时点的偏心距不应超过支撑构件宽度,并应计入因此产生的附加弯矩。当中心支撑采用只能受拉的单斜杆体系时,应同时设置不同倾斜反向的两组斜杆,且每组中不同反向单斜杆的截面面积在水平反向的投影面积之差不应大于 10%。

(4)偏心支撑框架的每根支撑应至少有一端与框架梁连接,并在支撑与梁交点和柱之间或同一跨内另一支撑与梁交点之间形成消能梁段。

(5)采用屈曲约束支撑时,宜采用人字支撑、成对布置的单斜杆支撑等形式,不应采用 K 形或 X 形,支撑与柱的夹角宜为 35°~55°。屈曲约束支撑受压时,其设计参数、性能检验和作为一种消能部件的计算方法可按相关要求设计。

可见,中国标准中同样限制 K 形支撑的使用。

关于连接,GB 50011—2010 对每种结构类型单独给出规定,对钢结构框架连接的抗震构造措施给出了统一的规定:

(1)梁与柱的连接宜采用柱贯通型。

(2)柱在两个相互垂直的方向都与梁刚接时宜采用箱形截面,并在梁翼缘连接处设置隔板;隔板采用电渣焊时,柱壁板厚度不宜小于 16mm,小于 16mm 时可改用工字形柱或采用贯通式隔板。当柱仅在一个方向与梁刚接时,宜采用工字形截面,并将柱腹板置于钢框架平面内。

(3)工字形柱和箱形柱与梁刚接时(图 6-13),要求:

①梁翼缘与柱翼缘间应采用全熔透坡口焊缝;一、二级抗震等级时,应检验焊缝的 V 形切口冲击韧性,其夏比冲击韧性在 -20℃时不低于 27J。

②柱在梁翼缘对应位置应设置横向加劲肋,加劲肋厚度不应小于梁翼缘厚度,强度与梁翼缘相同。

③梁腹板宜采用摩擦型高强度螺栓与柱连接板连接;腹板角部应设置焊接孔,孔形应使其端部与梁翼缘和柱翼缘间的全熔透坡口焊缝完全隔开。

④腹板连接板与柱的焊接,但板厚不大于 16mm 时应采用双面角焊缝,焊缝有效厚度应满足等强度要求,且不小于 5mm;板厚大于 16mm 时采用 K 形坡口对接焊缝,该焊缝宜采用气体保护焊,且板端应绕焊。

一级和二级抗震等级时,宜采用能将塑性铰自梁端外移的端部扩大形连接、梁端加盖板或骨形连接。

框架梁采用悬臂梁段与柱刚性连接时(图 6-14),悬臂梁段与柱应采用全焊接连接,此时上下翼缘焊接孔的形式宜相同;梁的现场拼接可采用翼缘焊接腹板螺栓连接或全部螺栓连接。

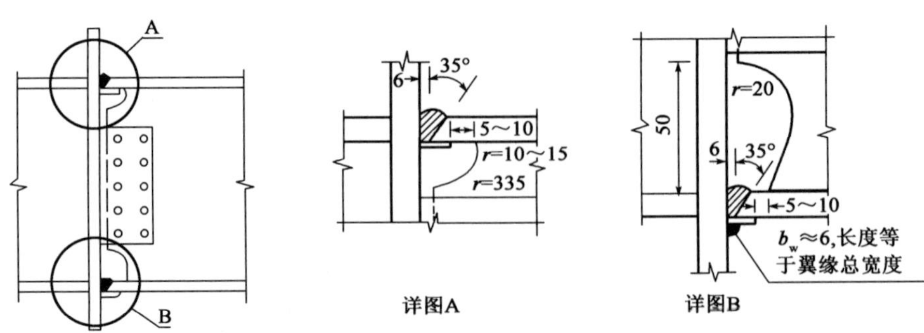

图6-13　框架梁与柱的现场连接(尺寸单位:mm)

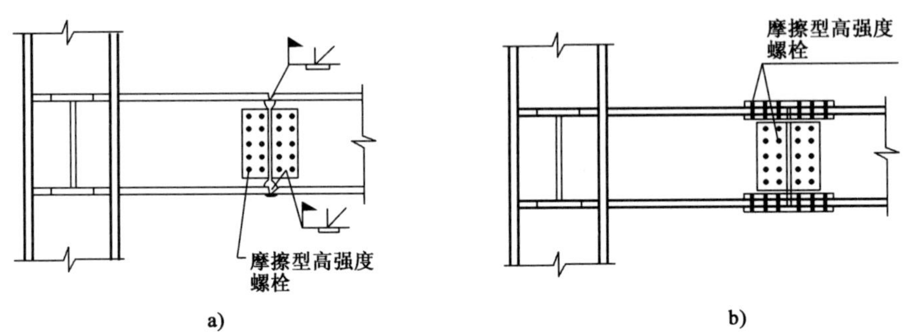

图6-14　框架柱与梁悬臂段的连接

箱形柱与翼缘对应位置设置的隔板,应采用全熔透对接焊缝与壁板相连。工字形柱的横向加劲肋与柱翼缘应采用全熔透对接焊缝连接,与腹板可采用角焊缝连接。

梁与柱刚性连接时,柱在梁翼缘上下各500mm的范围内,柱翼缘与柱腹板间或箱形柱壁板间的连接焊缝应采用全熔透坡口焊缝。

框架柱的接头距框架梁上方的距离,可取1.3m和柱净高一半的较小值。上下柱的对接接头应采用全熔透焊缝,柱拼接接头上下各100mm范围内,工字形柱翼缘与腹板间及箱形柱角部壁板间的焊缝,应采用全熔透焊缝。

相比较之下:

(1)GB 50011—2010中给出的规定较为详细,尤其是焊接部分的规定。EN 1998-1中提出了全焊透对接的要求,中国标准中有相似的规定。

(2)对于螺栓连接,EN 1998-1中对螺栓抗剪连接中螺栓的强度提出了要求,而中国标准中没有明确提出这方面的要求。

6.6　抗弯框架设计和构造要求

6.6.1　EN 1998-1抗弯框架设计与构造

EN 1998-1中要求抗弯框架的设计应确保在梁内或梁-柱连接内形成塑性铰,而不是在柱内形成塑性铰,该要求不适用于框架柱底处及多层建筑顶层处和单层建筑上。为了实现所需的塑性铰形成模式,EN 1998-1对抗弯框架的梁、柱和梁-柱连接给出了规定。

6.6.1.1　抗弯框架板件宽厚比限值

表6-12给出了欧洲钢框架梁柱截面宽厚比限值。

欧洲钢框架梁柱截面宽厚比限值 表 6-12

构件类别		梁			柱		
		工字形和箱形截面翼缘外伸部分	箱形截面翼缘在两腹板间的部分	工字形和箱形截面腹板	工字形和箱形截面翼缘外伸部分	箱形截面翼缘在两腹板间的部分	工字形和箱形截面腹板
欧洲	1	9	33	72	9(轴压)	33	33(轴压)
	2	10	38	83	10(轴压)	38	38(轴压)
	3	14	42	124	21(轴压)	42	42(轴压)
	4	其他截面					

6.6.1.2 抗弯框架梁设计与构造

(1)EN 1993 中规定,假定梁一端形成塑性铰,以此验证梁具有足够承载侧向屈曲及侧扭屈曲的承载力。应考虑的梁端是抗震设计情形下受最大应力的一端。

(2)对于梁内的塑性铰,应验证全塑性承载力矩及转动能力没有被压力及剪力折减。为此,对于 1 类和 2 类横截面,应在预计会形成塑性铰的位置验证下列不等式:

$$\frac{M_{\mathrm{Ed}}}{M_{\mathrm{pl,Rd}}} \leqslant 1.0 \tag{6-6}$$

$$\frac{N_{\mathrm{Ed}}}{N_{\mathrm{pl,Rd}}} \leqslant 0.1 \tag{6-7}$$

$$\frac{V_{\mathrm{Ed}}}{V_{\mathrm{pl,Rd}}} \leqslant 0.5 \tag{6-8}$$

$$V_{\mathrm{Ed}} = V_{\mathrm{Ed,G}} + V_{\mathrm{Ed,M}} \tag{6-9}$$

式中: N_{Ed}——设计轴力;

M_{Ed}——设计弯矩;

V_{Ed}——设计剪力;

$N_{\mathrm{pl,Rd}}$、$M_{\mathrm{pl,Rd}}$、$V_{\mathrm{pl,Rd}}$——符合 EN 1993 规定的设计承载力;

$V_{\mathrm{Ed,G}}$——非地震作用引起的剪力设计值;

$V_{\mathrm{Ed,M}}$——因在梁端截面 A 和截面 B 处施加符号相反的塑性力矩 $M_{\mathrm{pl,Rd,A}}$ 及 $M_{\mathrm{pl,Rd,B}}$ 而引起的剪力设计值。

注:$V_{\mathrm{Ed,M}} = (M_{\mathrm{pl,Rd,A}} + M_{\mathrm{pl,Rd,B}})/L$ 为最不利情形,与跨度 L 和位于梁端的耗能区相对应。

(3)对于 3 类截面,应用 $N_{\mathrm{el,Rd}}$、$M_{\mathrm{el,Rd}}$ 和 $V_{\mathrm{el,Rd}}$ 代替 $N_{\mathrm{pl,Rd}}$、$M_{\mathrm{pl,Rd}}$、$V_{\mathrm{pl,Rd}}$ 来验算式(6-6)~式(6-9)。

(4)如果没有验证式(6-2)中的条件,但满足 EN 1993-1-1:2005 中第 6.2.9.1 条的规定,则视为满足(2)的要求。

6.6.1.3 抗弯框架柱设计与构造

(1)应通过考虑轴力与弯矩的最不利组合,对柱的受压状态进行验证。在此验证中,N_{Ed}、M_{Ed}及 V_{Ed}的计算方法为:

$$N_{\mathrm{Ed}} = N_{\mathrm{Ed,G}} + 1.1\gamma_{\mathrm{ov}}\Omega N_{\mathrm{Ed,E}} \tag{6-10}$$

$$M_{\mathrm{Ed}} = M_{\mathrm{Ed,G}} + 1.1\gamma_{\mathrm{ov}}\Omega M_{\mathrm{Ed,E}} \tag{6-11}$$

$$V_{\mathrm{Ed}} = V_{\mathrm{Ed,G}} + 1.1\gamma_{\mathrm{ov}}\Omega V_{\mathrm{Ed,E}} \tag{6-12}$$

式中:$N_{\mathrm{Ed,G}}$、$M_{\mathrm{Ed,G}}$、$V_{\mathrm{Ed,G}}$——抗震设计情形下作用组合中的非地震作用引起的柱内压力、弯矩和剪力;

$N_{\mathrm{Ed,E}}$、$M_{\mathrm{Ed,E}}$、$V_{\mathrm{Ed,E}}$——设计地震作用引起的柱内压力、弯矩和剪力;

γ_{ov}——超强系数；

Ω——耗能区所在处所有梁的 Ω_i 最小值，其中 $\Omega_i = M_{pl,Rd,i}/M_{Ed,i}$，$M_{Ed,i}$ 为抗震设计情形下梁 i 内弯矩的设计值，而 $M_{pl,Rd,i}$ 为相应的塑性力矩。

(2)如果在梁内或梁-柱连接处形成塑性铰，那么验证时应考虑到：在这些塑性铰内的作用力矩等于 $M_{pl,Rd}$。

(3)应根据 EN 1993-1-1：2005 第 6 节所述来进行柱承载力验证。

(4)结构分析得来的柱剪力 V_{Ed} 应满足式(6-13)：

$$\frac{V_{Ed}}{V_{pl,Rd}} \leqslant 0.5 \tag{6-13}$$

(5)从梁到柱的力传递应符合 EN 1993-1-1:2005 第 6 节给出的设计规则。

(6)梁-柱连接的框架节点域(图 6-15)的抗剪承载力应满足式(6-14)：

$$\frac{V_{wp,Ed}}{V_{wp,Rd}} \leqslant 1.0 \tag{6-14}$$

式中：$V_{wp,Ed}$——节点域内由作用效应引起的设计剪力，考虑到柱内或连接件内相邻耗能区的塑性承载力；

$V_{wp,Rd}$——符合 EN 1993-1-8：2004 第 6.2.4.1 条规定的节点域抗剪承载力，不需考虑轴力和弯矩所产生的应力对塑性抗剪承载力的影响。

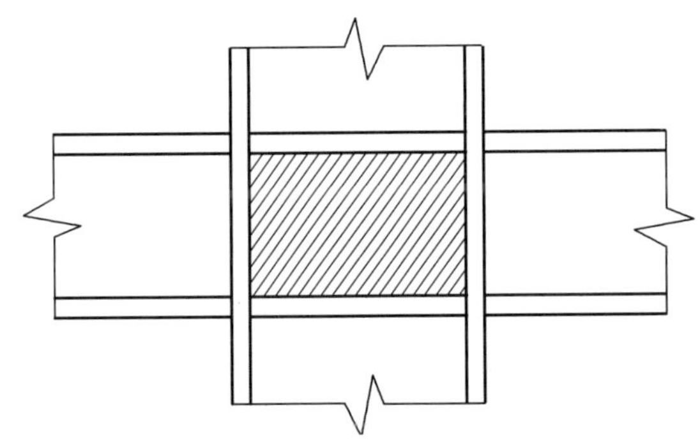

图 6-15　由翼缘和加劲肋构成的节点域

(7)验算节点域的剪切屈曲承载力，以确保其符合 EN 1993-1-5:2006 第 5 节的规定：

$$V_{wp,Ed} \leqslant V_{wb,Rd} \tag{6-15}$$

式中：$V_{wb,Rd}$——节点域的剪力屈曲承载力。

6.6.1.4　抗弯框架梁柱连接设计与构造

(1)如果结构的设计目的在于在梁内进行能量耗散，则应考虑按式(6-6)~式(6-9)中求出的承载力矩 $M_{pl,Rd}$ 和剪力($V_{Ed,G} + V_{Ed,M}$)来设计梁-柱连接，以达到所需的超强程度。

(2)如果下列所有要求均经过验证，则允许使用耗散半刚性连接和/或部分强度连接：

①连接具有与整体变形一致的转动能力；

②构成连接的构件在承载力极限状态下是稳定的；

③通过整体非线性静力分析或非线性时程分析，考虑了连接件变形对整体侧移的影响。

(3)连接件的设计应确保塑性铰区的转动能力 θ_p 对于延性级别为 DCH 的结构不小于 35mrd；对于延性级别为 DCM 的结构不小于 25mrd，且 $q>2$。该转动能力 θ_p 的定义为

$$\theta_p = \frac{\delta}{0.5L} \tag{6-16}$$

式中：δ——跨中处梁的垸曲(图 6-16)；

L——梁的跨度。

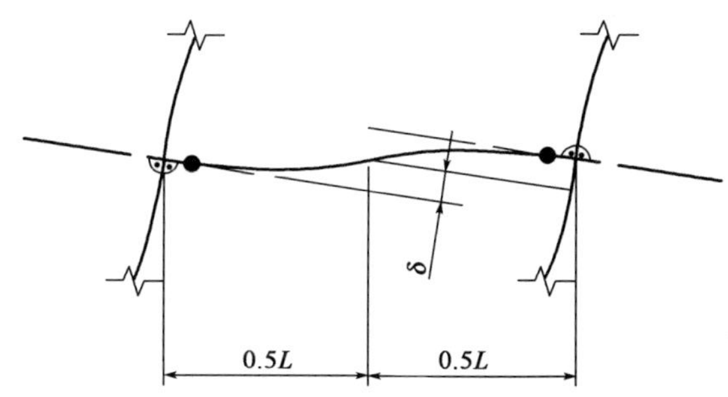

图 6-16 用以计算 θ_p 的梁的挠曲

在循环荷载下且强度和刚度未发生大于 20% 的折减时，应确保塑性铰区的转动能力 θ_p。不论耗能区的设计位置在何处，本要求均适用。

(4) 在 θ_p 的评估试验中，柱节点域的抗剪承载力应满足式(6-14)且柱节点域腹板的剪切变形对塑性转动能力 θ_p 的影响不应大于 30%。

(5) θ_p 的求值中不应包括柱的弹性变形。

(6) 在使用部分强度连接件时，应根据连接件的塑性承载力来进行柱的承载力设计。

6.6.2 GB 50011—2010 抗弯框架设计与构造

6.6.2.1 抗弯框架节点的抗震承载力验算

GB 50011—2010 中钢框架的设计原则是“强柱弱梁”，为达到这一要求，标准中对钢框架的设计给出了具体规定。

钢结构框架梁的上翼缘采用抗剪连接件与组合楼板连接时，可不验算地震作用下的整体稳定。

(1) 钢框架节点处的抗震承载力验算，应符合下列规定：

①柱所在楼层的受剪承载力比相邻上一层的受剪承载力高出 25%。

②柱轴压比不超过 0.4 或 $N_2 \leqslant \varphi A_2 f$（$N_2$ 为 2 倍地震作用下的组合轴力设计值）。

③与支撑斜杆相连的节点。

等截面梁：

$$\sum W_{pc}\left(f_{yc}-\frac{N}{A_c}\right) \geqslant \eta \sum W_{pb} f_{yb} \tag{6-17}$$

端部翼缘变截面梁：

$$\sum W_{pc}\left(f_{yc}-\frac{N}{A_c}\right) \geqslant \sum\left(\eta W_{pb1} f_{yb}+V_{pb} s\right) \tag{6-18}$$

式中：W_{pc}、W_{pb}——交会于节点的柱和梁的塑性截面模量；

W_{pb1}——梁塑性铰所在截面的梁塑性截面模量；

f_{yc}、f_{yb}——柱和梁的钢材屈服强度；

N——地震组合的柱轴力；

A_c——框架柱的截面面积；

η——强柱系数，一级取 1.15，二级取 1.10，三级取 1.05；

V_{pb}——梁塑性铰剪力；

s——塑性铰至柱面的距离，塑性铰可取梁端部变截面翼缘的最小处。

(2) 节点域的屈服承载力应符合下列要求：

$$\frac{\varphi\left(M_{pb1}+M_{pb2}\right)}{V_p} \leqslant (4/3) f_{yv} \tag{6-19}$$

工字形截面柱

$$V_p = h_{b1} h_{c1} t_w \tag{6-20}$$

箱形截面柱

$$V_p = 1.8 h_{b1} h_{c1} t_w \tag{6-21}$$

圆管截面柱

$$V_p = \left(\frac{\pi}{2}\right) h_{b1} h_{c1} t_w \tag{6-22}$$

(3)工字形截面柱和箱形截面柱的节点域应按下列公式验算:

$$t_w \geqslant \frac{h_b + h_c}{90} \tag{6-23}$$

$$\frac{M_{b1} + M_{b2}}{V_p} \leqslant \frac{(4/3) f_v}{\gamma_{RE}} \tag{6-24}$$

以上式中:M_{pb1}、M_{pb2}——节点域两侧梁的全塑性受弯承载力;

V_p——节点域的体积;

f_v——钢材的抗剪强度设计值;

f_{yv}——钢材的屈服抗剪强度,取钢材屈服强度的 0.58 倍;

φ——折减系数;三、四级抗震等级取 0.6,一、二级抗震等级取 0.7;

h_{b1}、h_{c1}——梁翼缘厚度中点间的距离和柱翼缘(或钢管直径线上管壁)厚度中间的距离;

t_w——柱在节点域的腹板厚度;

M_{b1}、M_{b2}——节点域两侧梁的弯矩设计值;

γ_{RE}——节点域承载力抗震调整系数,取 0.75。

6.6.2.2 抗弯钢框架结构抗震构造措施

GB 50011—2010 中第 8.3.2 条对框架梁、柱板件宽厚比按照框架的等级进行了规定,具体如表 6-13 所示。

框架梁、柱板件宽厚比限值 表 6-13

板件名称		一级抗震等级	二级抗震等级	三级抗震等级	四级抗震等级
柱	工字形截面翼缘外伸部分	10	11	12	13
	工字形截面腹板	43	45	48	52
	箱形截面壁板	33	36	38	40
梁	工字形截面和箱形截面翼缘外伸部分	9	9	10	11
	箱形截面翼缘在两腹板之间部分	30	30	32	36
	工字形截面和箱形截面腹板	$72 - 100N_b/Af \leqslant 60$	$72 - 100N_b/Af \leqslant 65$	$80 - 110N_b/Af \leqslant 70$	$85 - 120N_b/Af \leqslant 75$

6.6.3 中欧标准的对比

中欧标准在这部分有相似的设计思想,虽然具体的设计方法不同,但很多规定的目的是一致的。

(1)对比中欧标准的内容可知,它们在钢结构框架的设计思想上有相同之处,即要求塑性铰不得出现在柱端。EN 1998-1 的表述为确保在梁内或梁-柱连接内形成塑性铰,GB 50011—

2010 中则提出强柱弱梁。为了达到上述要求，中欧标准使用了不同的公式，欧洲标准部分中的式(6-10)～式(6-12)以及中国标准部分中的式(6-17)、式(6-18)，都是将柱的承载能力提高，使得其他构件能够先于柱发生屈服。

(2)EN 1998-1 中除了对柱部分的规定外，还提出了对塑性铰区域的全塑性承载力及转动要求(梁内的塑性铰区域的全塑性承载力矩及转动能力没有因为压力和剪力的作用而折减)，以及梁-柱连接处转动能力的要求，目的在于充分发挥塑性铰的消能能力，同时避免柱端产生塑性铰，而 GB 50011—2010 中没有这类规定。GB 50011—2010 对钢框架节点处的抗震验算给出了节点域的承载力及部分尺寸限制，以充分利用节点域的耗能能力。EN 1998-1 中没有明确提出节点域的概念，但给出了梁-柱连接件节点域承载力规定。

(3)对比中欧标准钢框架梁、柱截面宽厚比限值可见，GB 50011—2010 把截面宽厚比限值与设防烈度联系起来，烈度越高，宽厚比限值越严。其宽厚比限值的等级与欧洲不同延性等级的截面宽厚比限值大致相当，因此，实质上即烈度要求越高，截面延性要求越高。

6.7 中心支撑框架的设计

GB 50011—2010 的中心支撑框架与 EN 1998-1 的带有中心支撑的框架对应。

6.7.1 EN 1998 中心支撑框架设计

EN 1998 中，中心支撑框架的设计概念是受拉斜杆为可靠的耗能区，而受压屈曲的斜杆对结构的刚度和抗力没有明显的贡献。

EN 1998 中对带有中心支撑的框架设计给出了规定，具体如下。

6.7.1.1 设计标准

中心支撑框架的设计应确保受拉斜杆的屈服先于连接件破坏及梁或柱屈服或屈曲出现。斜支撑构件的布置方式应立面上对称或近似对称，即正反方向布置的支撑，其刚度、承载力尽可能均匀。为此，每楼层支撑均应符合下列规定：

$$\frac{|A^+ - A^-|}{A^+ + A^-} \leqslant 0.05 \tag{6-25}$$

式中：A^+、A^-——水平地震作用分别有一个正、负反向时，受拉斜杆横截面的水平投影面积(图 6-17)。

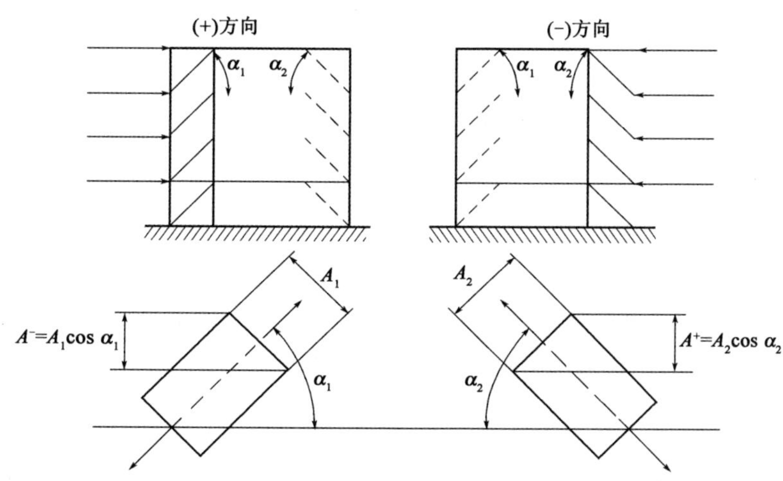

图 6-17 使用范例

6.7.1.2 结构分析

在重力荷载条件下，应仅考虑梁和柱构件承担重力荷载，而不考虑支撑构件承担重力荷载。地震作用下，结构采用弹性分析时，在带有单斜撑的框架内，应仅考虑受拉斜杆；在带有V形撑的框架内，应同时考虑受拉及受压斜杆。

如果满足下列所有条件，则允许在任何类型的中心支撑分析中同时考虑受拉和受压斜杆：①使用非线性静力整体分析或非线性时程分析；②建模分析时，同时考虑斜杆屈曲前和屈曲后的情形；③提供相关资料，可以用来验证分析模型中的斜杆性能。

6.7.1.3 斜支撑构件设计要求

EN 1998-1 对钢框架斜支撑构件的设计进行了规定：

(1)在带有X形斜支撑的框架内，应将EN 1993-1-1：2005中所定义的无量纲长细比 $\bar{\lambda}$ 限定为 $1.3 \leqslant \bar{\lambda} \leqslant 2.0$。对于1、2、3类截面，$\bar{\lambda} = \sqrt{Af_y/N_{cr}}$；对于4类截面，$\bar{\lambda} = \sqrt{A_{eff}f_y/N_{cr}}$。其中，$N_{cr}$ 为基于构件毛截面的相关屈曲模态对应的屈曲承载力；A 为截面面积；A_{eff} 为截面有效面积。

(2)非交叉支撑框架，无量纲长细比 $\bar{\lambda}$ 应小于或等于2.0。V形斜撑框架，无量纲长细比 $\bar{\lambda}$ 应小于或等于2.0。低于或等于两层的结构，不限制 $\bar{\lambda}$。

(3)斜杆毛截面的屈服承载力 $N_{pl,Rd}$，应满足 $N_{pl,Rd} \geqslant N_{Ed}$；V形撑框架，应根据EN 1993中的抗压承载力来设计受压斜杆。斜杆与任何其他构件的连接应符合耗能区连接设计要求，为保证斜杆的均匀耗能性能，应复核第6.7.1.4(1)条中定义的最大超强 Ω_i 与最小 Ω 值之间的差值不会超过25%。

(4)如果满足下列所有条件，则允许使用耗能半刚性连接和(或)部分强度连接。

连接具有与整体变形一致的变形承载能力；利用整体非线性静力分析或非线性时程分析，考虑了连接变形对总体侧移的影响。

①连接件具有与整体变形一致的伸长承载力。

②利用整体非线性静力分析或非线性时程分析，考虑了连接件变形对总体侧移的影响。

6.7.1.4 梁和柱的设计要求

(1)带有轴力的梁和柱应符合下列最小承载力要求：

$$N_{pl,Rd}(M_{Ed}) \geqslant N_{Ed,G} + 1.1\gamma_{ov}\Omega N_{Ed,E} \tag{6-26}$$

式中：$N_{pl,Rd}(M_{Ed})$——考虑了屈曲承载力与弯矩 M_{Ed} 之间相互作用的符合EN 1993规定的梁或柱的设计屈曲承载力，在地震设计情形下定义为其设计值；

$N_{Ed,G}$——梁或柱内由抗震设计情形下作用组合中的非地震作用引起的轴力；

$N_{Ed,E}$——梁或柱内由设计地震作用引起的轴力；

γ_{ov}——超强系数；

Ω——支撑框架体系的所有斜杆上的 Ω_i 最小值，$\Omega_i = N_{pl,Rd,i}/N_{Ed,i}$，其中，$N_{pl,Rd,i}$ 是斜杆 i 的设计承载力；$N_{Ed,i}$ 是抗震设计情形下，同一斜杆 i 中的轴力设计值。

(2)在带有V形支撑的框架内，梁的设计应按照下列规定以保证能够承载：

所有的非地震作用，不考虑由斜杆提供的中间支撑；

受压斜杆屈曲后，由支撑施加到梁上的不平衡垂直地震作用效应。对于受拉支撑，此作用效应是通过使用 $N_{pl,Rd}$ 计算得出的；而对于受压支撑则使用 $\gamma_{pd}N_{pl,Rd}$。

注：系数 γ_{pd} 用于受压斜杆的屈曲后承载力估计值，各国国内使用的 γ_{pd} 值可在其国家附件内找到，建议值为0.3。

(3)在带有斜支撑且其内部受拉和受压斜杆不相交的框架内，设计应考虑拉力和压力，这些力在受压斜杆的相邻柱内形成，并与这些斜杆内等于其设计屈曲承载力的压力相对应。

6.7.2 GB 50011—2010 中心支撑框架设计

6.7.2.1 中心支撑框架构件抗震承载力验算

GB 50011—2010 规定，中心支撑框架构件的抗震承载力验算，应符合下列要求：

（1）支撑斜杆的受压承载力应按下式验算：

$$\frac{N}{\varphi A_{\mathrm{br}}} \leqslant \frac{\psi f}{r_{\mathrm{RE}}} \tag{6-27}$$

$$\psi = 1/(1 + 0.35\lambda_{\mathrm{n}}) \tag{6-28}$$

$$\lambda_{\mathrm{n}} = \left(\frac{\lambda}{\pi}\right)\sqrt{\frac{f_{\mathrm{ay}}}{E}} \tag{6-29}$$

式中：N——支撑斜杆的轴向力设计值；

A_{br}——支撑斜杆的截面面积；

φ——轴心受压构件的稳定系数；

ψ——受循环荷载时的强度降低系数；

λ、λ_{n}——支撑斜杆的长细比和正则化长细比；

E——支撑斜杆钢材的弹性模量；

f、f_{ay}——钢材强度设计值和屈服强度；

r_{RE}——支撑稳定破坏承载力抗震调整系数。

（2）人字支撑和 V 形支撑的框架梁在支撑连接处应保持连续，并按不计入支撑点作用的梁验算重力荷载和支撑屈曲时不平衡力作用下的承载力；不平衡力应按受拉支撑的最小屈服承载力和受压支撑最大屈曲承载力的0.3 倍计算。必要时，人字支撑和 V 形支撑可沿竖向交替设置或采用拉链柱。顶层和出屋面房间的梁可不执行该要求。

6.7.2.2 中心支撑构件的长细比和板件宽厚比

GB 50011—2010 中第 8.4.1 条对中心支撑的杆件长细比和板件宽厚比限值进行了规定，具体规定如下：

（1）支撑构件的长细比，按压杆设计时，不应大于 $120\sqrt{235/f_{\mathrm{ay}}}$；一、二、三级抗震等级中心支撑不得采用拉杆设计；四级抗震等级中心支撑采用拉杆设计时，其长细比不应大于 180。

（2）支撑构件的板件宽厚比，不应大于表 6-14 规定的限值。采用节点板连接时，应注意节点板的强度和稳定。

钢结构中心支撑构件的板件宽厚比限值 表 6-14

板件名称	一级抗震等级	二级抗震等级	三级抗震等级	四级抗震等级
翼缘外伸部分	8	9	10	13
工字形截面腹板	25	26	27	33
箱形截面壁板	18	20	25	30
圆管外径与壁厚比	38	40	40	42

注：表列数值适用于 Q235 钢，采用其他牌号钢材应乘以 $\sqrt{235/f_{\mathrm{ay}}}$，圆管应乘以 $235/f_{\mathrm{ay}}$。

6.7.3 中欧标准的区别

中欧标准在对梁验算重力荷载时均没有考虑支撑构件的影响，EN 1998-1 中表述为“在重力荷载条件下，应仅考虑利用梁和柱来承载这类荷载，而不考虑支撑构件”，GB 50011—2010中表述为“按不计入支撑点作用的梁验算重力荷载”。

GB 50011—2010 中考虑了支撑屈曲时不平衡力作用下的承载力，而欧洲标准则没有提及这类情形。EN 1998-1 中分析支撑斜杆时,要求分情况考虑受拉和受压斜杆[见其第 6.2.10.1 条第 2 款],而 GB 50011—2010 中则只给出了支撑斜杆受压承载力的验算公式,同时,中国标准规定一、二、三级抗震等级中心支撑不得采用拉杆设计,而 EN 1998-1 中则没有相关规定。

关于长细比,GB 50011—2010 中规定,按压杆设计时,长细比不应大于 $120\sqrt{235/f_{ay}}$,四级中心支撑采用拉杆设计时,不应大于 180。EN 1998-1 中则对不同的情形给出了不同的长细比限值。

6.8 偏心支撑框架的设计

偏心支撑框架的设计应确保某些称为"抗震连梁"的特殊构件或构件的部分能通过塑性弯曲和(或)塑性剪切机制来进行结构耗能。下文中给出的规定旨在保证在任何其他部位出现屈服或破坏之前,抗震连梁内会先出现屈服。结构体系的设计应确保能实现整组抗震连梁的均匀耗能性能。抗震连梁可以是水平或竖向构件(图 6-4)。

GB 50011—2010 只给出了水平耗能梁段这种形式,并给出了相关设计规定,这些规定基本和欧洲标准一致。

6.8.1 EN 1998 偏心支撑框架设计

6.8.1.1 设计标准

(1)带有偏心支撑的框架设计应确保某些称为抗震连梁的专用构件或构件的部分能够通过塑性弯曲和/或塑性剪切机理形成能量耗散。

(2)结构体系的设计应确保能实现整组抗震连梁的均匀耗散性能。

(3)抗震连梁可以是水平或垂直部件。

偏心支撑框架的几何特性和轴心支撑框架很接近,构件布局中人为偏心将产生弯矩和剪力。这种结构本质上由轴向承载构件抵抗水平力,但它们被设计成受剪或在地震作用下弯曲而首先屈服。

偏心支撑框架分析并不要求所有的支撑都近似于轴心支撑,因为并不将这种框架设计成在地震条件下斜杆发生屈曲。斜杆是非耗散区的一部分,它们是按连接强度进行的承载力设计,目的是保持弹性和避免屈服。

选择偏心支撑框架作为抗震框架的几种原因:

(1)偏心支撑将刚度和较高的性能系数 q 组合(在 4 ~ 8 之间)。

(2)连接是在三杆之间,而不是轴心支撑框架中的四杆之间,这简化了连接构造,也简化了结构。

(3)斜杆是结构体系的承重部分,通过提供强度和刚度以承重。

6.8.1.2 抗震连梁(消能梁段)

EN 1998-1 针对抗震连梁进行了如下规定:

(1)连梁的腹板应等厚度,腹板上无加强板且无开口或穿孔。根据连梁所形成的塑性机制类型,抗震连梁分为 3 类:

①短连梁,主要通过剪切屈服来耗能。

②长连梁,主要通过弯曲屈服来耗能。

③中等长度连梁,通过弯曲和剪切屈服来耗能。

(2)对于 I 型截面,使用下列参数来定义抗弯、抗剪设计承载力和连梁类型(图 6-18):

$$M_{p,link} = f_y b t_f (d - t_f) \tag{6-30}$$

$$V_{p,link}=\left(\frac{f_y}{\sqrt{3}}\right)t_w(d-t_f) \tag{6-31}$$

(3)如 $N_{Ed}/N_{pl,Rd}\leqslant 0.15$,那么连梁的设计承载力应在连梁两端同时满足下列关系：

$$V_{Ed}\leqslant V_{p,link} \tag{6-32}$$

$$M_{Ed}\leqslant M_{p,link} \tag{6-33}$$

式中：V_{Ed}、M_{Ed}——设计作用效应,分别为支撑两端的设计剪力、设计弯矩。

(4)如 $N_{Ed}/N_{Rd}>0.15$,则应使用 $V_{p,link,r}$ 和 $M_{p,link,r}$ 而不是 $V_{p,link}$ 和 $M_{p,link}$ 来满足式(6-32)和式(6-33)。其中：

$$V_{p,link,r}=V_{p,link}[1-(N_{Ed}/N_{pl,Rd})^2]^{0.5} \tag{6-34}$$

$$M_{p,link,r}=M_{p,link}[1-(N_{Ed}/N_{pl,Rd})] \tag{6-35}$$

(5)如 $N_{Ed}/N_{Rd}\geqslant 0.15$,则连梁长度 e 不应超过：

当 $R<0.3$ 时,$e<1.6M_{p,link}/V_{p,link}$;

当 $R\geqslant 0.3$ 时,$e\leqslant(1.15-0.5R)1.6M_{p,link}/V_{p,link}$。

其中,$R=N_{Ed}t_w(d-2t_f)/(V_{Ed}A)$,$A$ 为支撑的毛面积。

(6)为达到结构的整体耗能性能,应验算确定 EN 1998-1 第 6.8.1.3 条中所定义比率 Ω_i 的单个值不超过第 6.8.1.3 条中所得出的最小值 Ω 的 25%。

(7)在连梁两端会同时形成相等弯矩的设计中[图 6-19a)],可根据长度 e 来对拉杆进行分类。对于 I 型截面,种类有：

短连梁 $e<e_s=1.6M_{p,link}/V_{p,link}$

长连梁 $e>e_L=3.0M_{p,link}/V_{p,link}$

中等长度连梁 $e_s<e<e_L$

(8)在连梁一端处仅会形成一个塑性铰的设计中[图 6-19b)],可根据长度 e 来确定拉杆的种类。对于 I 型截面,种类有：

短连梁 $e<e_s=0.8(1+a)M_{p,link}/V_{p,link}$

长连梁 $e>e_s=1.5(1+a)M_{p,link}/V_{p,link}$

中等长度连梁 $e_s<e<e_L$

其中,a 指在抗震设计情形下连梁一端处的较小弯矩 $M_{Ed,A}$ 与会形成塑性铰的一端处的较大弯矩 $M_{Ed,B}$ 之比,此两个力矩均取绝对值。

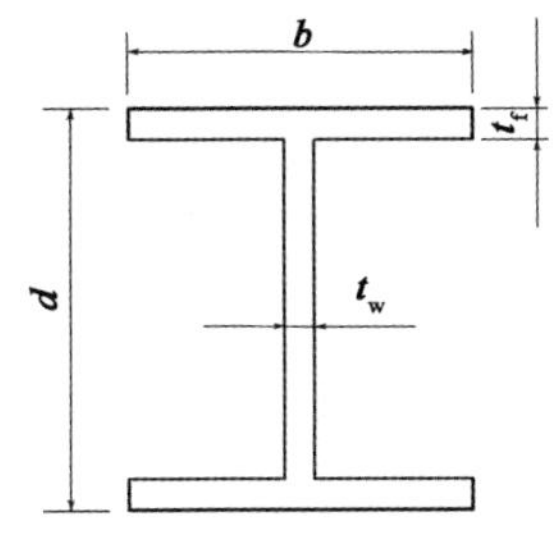

图 6-18 I 型连梁截面的符号定义

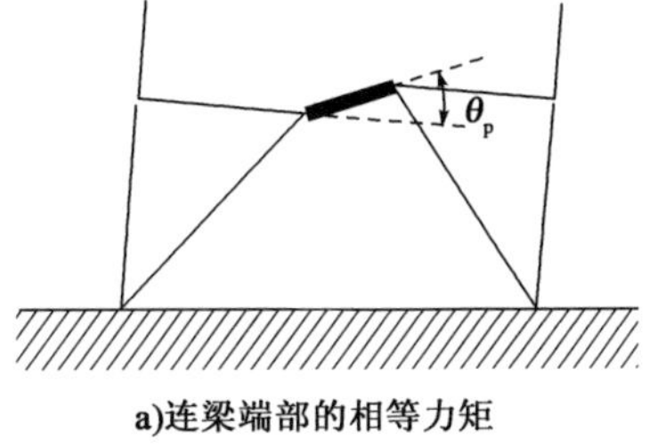

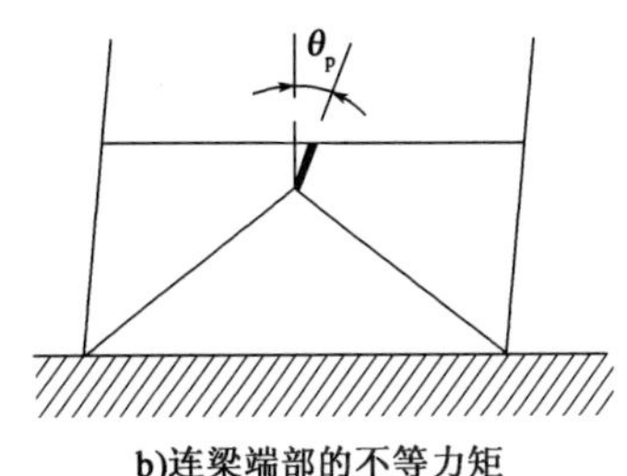

图 6-19 支撑端部的力矩

(9)连梁与连梁外侧构件之间的连梁转角 θ_p 应与整体变形一致,且不应大于下列数值：

短连梁 $\theta_p\leqslant\theta_{pR}=0.08\text{rad}$

长连梁 $\theta_p\leqslant\theta_{pR}=0.02\text{rad}$

中等长度连梁转角 $\theta_p\leqslant\theta_{pR}$ 等于在上述值之间进行线性差值所确定的值。

(10)应在斜支撑端部处的拉杆腹板两侧配置全高度腹板加劲肋。这些加劲肋的组合宽度不应小于(b_f-2t_w)、厚度不应小于 $0.75t_w$ 或 10mm(取两者的较大值)。

(11)应按如下所要求支撑配置中间腹板加劲肋：

①连梁转角 θ_p 为 0.08rad 时,短连梁应配有间距不大于($30t_w-d/5$) 的中间腹板加劲肋;连梁转角 θ_p 为 0.02rad 或更小弧度时,应配有间距不大于($52t_w-d/5$)的中间腹板加劲肋。对于 θ_p 值在 0.08 和 0.02rad 之间时,应使用线性差值法。

②长连梁应配有一根中间腹板加劲肋,此加劲肋位于会形成塑性铰的拉杆各端距离为 1.5 乘以 b 点处。

③中等长度连梁应配有符合上述(1)和(2)中要求的中间腹板加劲肋。

④长度 e 大于 $5M_p/V_p$ 的支撑中无须中间腹板加劲肋。

⑤中间腹板加劲肋应为全高度加劲肋。对于高度 d 小于 600mm 的支撑,仅需在支撑腹板的一侧配置加劲肋。一侧加劲肋的厚度不应小于 t_w 或 10mm(取两者中的较大者)、其宽度不应小于 $b/2-t_w$。对于高度等于或大于 600mm 的支撑,应在腹板的两侧同时配置类似的中间加劲肋。

(12)连接支撑加劲肋和支撑腹板的角焊缝的设计强度应足以承载大小为 $\gamma_{ov}f_yA_{st}$的力,其中 A_{st}为加劲肋的面积。将加劲肋紧固于翼缘的角焊缝的设计强度应足以承载大小为 $\gamma_{ov}f_yA_{st}/4$ 的力。

(13)连梁端部处的顶部及底部翼缘上均应配有横向支承。连梁端部横向支承的设计轴向承载力所提供的横向支承应足以承载大小为连梁翼缘预期公称轴向强度(计算为 f_ybf_t)6% 的力。

(14)在存在连梁的梁内,应检验连梁外部节点域的剪切屈曲承载力。

6.8.1.3 不含抗震连梁的构件

应通过考虑轴力与弯矩的最不利组合来对受压状态下的不含连梁的构件(若使用了梁内水平连梁,则这类构件包括柱和斜构件;若使用了垂直连梁,则这类构件包括梁构件)进行验证:

$$N_{Rd}(M_{Ed},V_{Ed})\geqslant N_{Ed,G}+1.1\gamma_{ov}\Omega N_{Ed,E} \tag{6-36}$$

式中:$N_{Rd}(M_{Ed},V_{Ed})$——考虑到弯矩 M_{Ed}与剪力 V_{Ed}(两者在抗震情形下均取设计值)的相互作用,符合 EN 1993 规定的柱或斜构件的轴向设计承载力;

$N_{Ed,G}$——抗震设计情形下柱或构件内由作用组合中的非地震作用引起的压力;

$N_{Ed,E}$——柱或斜构件内由设计地震作用引起的压力;

γ_{ov}——超强系数;

Ω——乘法因子,为下列数值的最小值:

(1)所有短连梁中,$\Omega_i=1.5V_{p,link,i}/V_{Ed,i}$的最小值;

(2)所有中等长度连梁和长连梁中,$\Omega_i=1.5M_{p,link,i}/M_{Ed,i}$的最小值。

其中:$V_{Ed,i}$、$M_{Ed,i}$——抗震情形下,支撑 i 内的剪力设计值和弯矩设计值;

$V_{p,link,i}$、$M_{p,link,i}$——EN 1998-1 第 6.8.1.2 条中所述的支撑 i 内的抗剪塑性设计承载力和抗弯塑性设计承载力。

6.8.1.4 连梁的连接设计

(1)为在抗震连梁内耗散能量,应按下式计算得出的作用效应 E_d 来设计连梁连接或含有连梁的构件连接:

$$E_d\geqslant E_{d,G}+1.1\gamma_{ov}\Omega_iE_{d,E} \tag{6-37}$$

式中:$E_{d,G}$——抗震设计情形下连接件内由作用组合中的非地震作用引起的作用效应;

$E_{d,E}$——连接件内由设计地震作用引起的作用效应;

γ_{ov}——超强系数;

Ω_i——根据 EN 1998-1 第 6.8.1.2 条中计算得来的支撑超强系数。

(2)在半刚性连接和/或部分强度连接的情形下,可假定能量耗散仅源于连接。如果满足

下列所有条件,则允许上述情况:

①连接的转动承载力足以满足相关的变形需求;

②连接区域相关联的构件已被证明在承载能力极限状态下保持稳定;

③考虑了连接变形对整体侧移的影响。

(3)当对连梁使用了部分强度连接时,应根据连梁连接的塑性承载力来设计结构内其他构件的承载力。

6.8.2 GB 50011—2010 偏心支撑框架设计

6.8.2.1 偏心支撑框架构件抗震承载力验算

GB 50011—2010 给出了偏心支撑框架的规定。

偏心支撑框架构件的抗震承载力验算,应符合下列规定:

(1)消能段的受剪承载力应符合下列要求:

当 $N \leqslant 0.15Af$ 时

$$V \leqslant \frac{\phi V_l}{\gamma_{RE}} \tag{6-38}$$

$V_l = 0.58A_w f_{ay}$ 或 $V_l = 2M_{lp}/a$,取较小值,

$$A_w = (h - 2t_f)t_w \tag{6-39}$$

$$M_{lp} = fW_p \tag{6-40}$$

当 $N > 0.15Af$ 时

$$V \leqslant \frac{\phi V_l}{\gamma_{RE}} \tag{6-41}$$

$$V_{lc} = 0.58A_w f_{ay}\sqrt{1 - \left(\frac{N}{Af}\right)^2} \tag{6-42}$$

或

$$V_{lc} = 2.4M_{lp}\left(1 - \frac{N}{Af}\right)/a \tag{6-43}$$

取较小值。

式中:N、V——消能梁段的轴力设计值和剪力设计值;

V_l、V_{lc}——消能梁段构件承载力和计入轴力影响的受剪承载力;

M_{lp}——消能梁段的全塑性受弯承载力;

A、A_w——消能梁段的截面面积和腹板截面面积;

W_p——消能梁段的塑性截面模量;

a、h——消能梁段的净长和截面高度;

t_w、t_f——消能梁段的腹板厚度和翼缘厚度;

f、f_{ay}——消能梁段钢材的抗压强度设计值和屈服强度;

ϕ——系数,可取0.9;

γ_{RE}——消能梁段承载力抗震调整系数,取0.75。

(2)支撑斜杆与消能梁段连接的承载力不得小于支撑的承载力。若支撑需抵抗弯矩,支撑与梁的连接应按抗压弯连接设计。

6.8.2.2 偏心支撑框架构件消能梁段构造

为了使消能梁段在反复作用下具有良好的滞回性能,GB 50011—2010 中对在消能梁段腹板上设置中间加劲肋进行了规定:

(1)当 $a \leq 1.6M_{lp}/V_l$ 时，加劲肋间距不大于$(30t_w - h/5)$。

(2)当 $2.6M_{lp}/V_l \leq a \leq 5M_{lp}/V_l$ 时，应在距消能梁段端部 $1.5b_f$ 处设置中间加劲肋，且中间加劲肋间距不应大于$(52t_w - h/5)$。

(3)当 $1.6M_{lp}/V_l \leq a \leq 2.6M_{lp}/V_l$ 时，中间加劲肋间距宜在上述二者间线性插入。

(4)当 $a > 5M_{lp}/V_l$ 时，可不设置中间加劲肋。

(5)中间加劲肋应与消能梁段的腹板等高，当消能梁段截面高度大于 640mm 时，可配置单侧加劲肋；消能梁段截面高度大于 640mm 时，应在两侧配置加劲肋，一侧加劲肋的宽度不应小于$(b_f/2 - t_w)$，厚度不应小于 t_w 和 10mm。

注：a 为消能梁段长度。

6.8.2.3 中欧标准的对比

中欧标准对偏心支撑框架(带有偏心支撑的框架)的规定均较为详细。

中国标准中，偏心支撑框架的设计原则是强柱、强支撑和弱消能梁段，即在大地震时消能梁段屈曲形成塑性铰，且具有稳定的滞回性能，即使消能梁段进入应变硬化阶段，支撑斜杆、柱和其余梁段仍保持弹性。EN 1998-1 中没有明确提出类似的设计原则，但要求带偏心支撑的框架设计应确保“支撑”能够通过塑性弯曲和塑性剪切机理的形成耗散能量。也就是说，EN 1998-1 中有类似于中国标准中“消能梁段”的概念，只是 EN 1998-1 中将其表述为“支撑”。

EN 1998-1 中规定支撑“无腹板加强钢筋且无开口或穿孔”，GB 50011—2010 中也规定消能梁段“腹板不得贴焊补强板，不得开洞”，因为腹板上补强板不能进入弹塑性变形，而腹板上开洞会影响其弹塑性变形能力。也就是说，为了保证这类耗能构件的耗能能力，中欧标准有相似的规定。

EN 1998-1 中将支撑划分成短、中等长和长支撑 3 类，每一类别所考虑的塑性变形耗能机理不同(见 EN 1998-1 第 6.2.11.3 条第 3 款)，而 GB 50011—2010 中则没有该分类标准，同时 GB 50011—2010 中验算消能梁段的抗震承载力时只给出了受剪承载力的验算公式，而 EN 1998-1 中则是考虑受剪或者受弯，或者同时考虑两者。此外，EN 1998-1 中考虑了更多的情形，同时对支撑与支撑外侧的转角提出了要求，而 GB 50011—2010 中没有相关的规定；EN 1998-1 中考虑了不含支撑的情况，并给出了验算公式及规定，而 GB 50011—2010 中没有这类规定。

对比 EN 1998-1 部分的规定，可以发现中欧标准中有很多相似的规定，如都有规定加劲肋的间距、可不设置加劲肋的情况等。

在规定加劲肋间距时，中欧标准划分的依据有所不同，EN 1998-1 按照连梁转角进行划分，而 GB 50011—2010 中则按照消能梁段长度区间划分，但它们对间距的限值是相同的。不设置加劲肋的情形，中欧标准相同。基于耗能构件高度设置加劲肋，EN 1998-1 取界限值为 600mm，而 GB 50011—2010 取为 640mm。

6.9 计算实例

某偏心支撑钢框架结构消能梁段长度为 300mm，所受轴力 $N = 100\text{kN}$，材料为 Q235 钢，截面尺寸如图 6-20 所示，分别按照中国标准和欧洲标准验算其抗震承载力。

$A = 12 \times 100 \times 2 + (200 - 24) \times 7 = 3632\text{mm}^2$

$A_w = (200 - 24) \times 7 = 1232\text{mm}^2$

$W_p = 243.866\text{cm}^3$

解：

1)按照中国标准计算偏心支撑框架的规定

$N < 0.15Af = 0.15 \times 3632 \times 215 = 117.1\text{kN}$

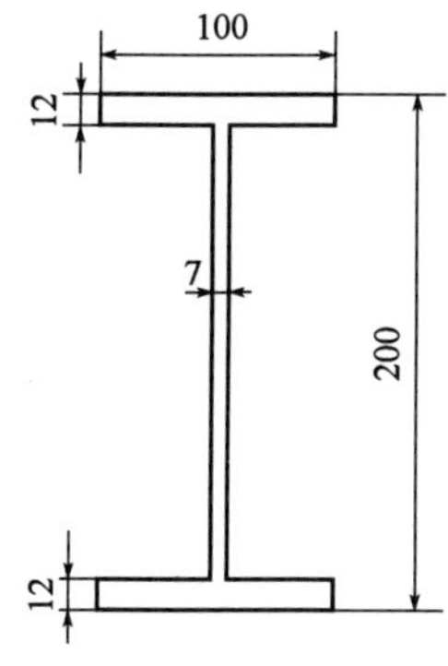

图 6-20 梁截面尺寸
（尺寸单位：mm）

取规范公式：

$$V \leqslant \varphi \frac{V_1}{r_{RE}}$$

其中：

$\varphi = 0.9$；

$r_{RE} = 0.75$；

$V_1 = 0.58 A_w f_{ay} = 0.58 \times 1232 \times 235 = 167.9\text{kN}$ 或 $V_1 = 2M_{1p}/a = 2fW_p/a = 2 \times 215 \times 2.43866 \times 10^5/300 = 349.5\text{kN}$。

则 $V_1 = 167.9\text{kN}$，代入计算数值，得：

$$V \leqslant 0.9 \times 167.9/0.75 = 201.5\text{kN}$$

2）按照欧洲标准计算偏心支撑框架的规定

$$\frac{N_{Ed}}{N_{pl,Rd}} = 0.117 < 0.15$$

取规范公式：

$$V_{Ed} \leqslant V_{p,link} = \left(\frac{f_y}{\sqrt{3}}\right) t_w (d - t_f)$$

$$M_{Ed} \leqslant M_{p,link} = f_y b t_f (d - t_f)$$

其中：

$t_f = 12\text{mm}, d = 200\text{mm}, b = 100\text{mm}$

代入计算数值，得：

$$V_{Ed} \leqslant V_{p,link} = \frac{235}{\sqrt{3}} \times 7 \times (200 - 12) = 178.6\text{kN}$$

$$M_{Ed} \leqslant M_{p,link} = 235 \times 100 \times 12 \times (200 - 12) = 53.0\text{kN} \cdot \text{m}$$

从结果看出，按中国标准计算其抗剪承载力较高，欧洲标准同时考虑了抗弯承载力，所以就此例题的情况来看，欧洲标准要求相对严格一些。

此例题只是众多情况中的一种，所以该例题的结论不一定适用于其他情况，更多比较需要读者按照本章节的方法做自行验算。

6.10 本章小结

该章节主要对比了 GB 50011—2010 和 EN 1998-1 中钢结构抗震设计部分的一些规定。

欧洲的钢结构使用较为普遍，因此，其设计标准中涉及的内容较多也较为全面，但中欧标准仍然有许多相似之处，如较为相似的设计思想，部分相似的结构分类等。而细节部分和一些验算方法及考虑的因素则有较大的不同。

相比较之下，EN 1998-1 在钢结构抗震设计方面经验较为成熟，值得中国标准借鉴。

第7章 钢-混凝土组合结构的抗震设计

建筑物根据使用材料的不同,习惯上会把结构体系分为混凝土结构、砌体结构、钢结构、木结构、钢-混凝土组合结构等。广义组合结构是指将不同材料或构件组合在一起的结构形式,同时在设计时应将不同材料和构件的性能纳入整体进行考虑,以最有效地发挥各种材料和构件的优势,从而获得更好的结构性能和综合效益。

7.1 一般规定

组合结构具有多种多样的组合方式和途径,如材料间的黏结力、机械连接件的抗剪抗拔力、构件或材料间的相互约束与支持等。合理运用各种组合方式,可以使各种材料扬长避短,获得一系列性能优越的组合构件或体系。组合结构还包括多种结构体系之间的组合,如组合筒体与组合框架所形成的组合体系、巨型组合框架体系等。应用组合概念,还可以增强结构构件的局部性能或在构件中形成部分组合作用。组合结构将多种材料或构件通过某种方式组合在一起共同工作,组合后的整体工作性能要明显优于各自性能的简单叠加。

钢-混凝土组合结构就是由钢(或其他组合构件)与钢筋混凝土共同组成的结构,这种组合结构中应用较多的就是钢筋混凝土(或型钢混凝土筒体)与钢或型钢混凝土、钢管混凝土框架组成的结构。

7.2 材料

组合结构在材料使用上范围更广泛。除了传统的钢材与混凝土,各种新型材料的发展为组合结构的发展提供了更多的选择。例如,FRP材料具有高强、低密度和很强的抗腐蚀能力等一系列优点,与混凝土等材料组合后可以获得良好的长期费用效益比。此外,玻璃、轻合金材料、工程塑料等与钢材、混凝土和木材等传统材料组合,也可以进一步发挥各自的材料优势,形成不同类型的组合构件。

7.2.1 中国标准

中国于20世纪80年代开始在高层建筑中使用组合结构,从90年代开始至今,尤其是90年代后期,北京、上海、广州、深圳等地兴建的高楼大厦等都采用了组合结构。组合结构的大量应用促进了对这种结构体系的研究。

在试验研究方面:从20世纪90年代起,中国建筑科学研究院、同济大学、北京建筑工程学院等对框架-混凝土核心筒结构进行了同缩尺比例的振动台试验研究；从21世纪初起，美国、日本的一些研究机构及我国的同济大学、北京建筑设计研究院、武汉理工大学等对框架-混凝土核心筒体混合结构的框架与核心筒连接节点的抗震性能进行了试验研究。

在理论研究方面：清华大学魏勇通过多个算例研究了外钢框架-混凝土核心筒体结构刚度特征值对外围框架屈服的影响；王堂根利用ETABS程序讨论了加强层刚度和数量对带巨柱钢框架-核心筒等双重结构体系基于钢框架-核心筒体结构的频率、位移和内力的影响；白良国、楚留声等总结了型钢混凝土框架、钢筋混凝土框架和钢筋混凝土剪力墙的刚度退化规律，提出框架-核心筒等双重结构体系基于刚度退化的反应谱理论，可用于抗震设计。

目前，中国所使用的GB 50011—2010在钢混组合结构的抗震设计方面没有具体规定，尚缺乏系统的可供参考的定量指标。

在材料方面：GB 50011—2010分别对混凝土和钢筋两种材料做了规定。

1）混凝土

混凝土结构材料应符合下列规定：

（1）混凝土的强度等级，对框支梁、框支柱及抗震等级为一级的框架梁、柱、节点核心区，不应低于C30；构造柱、芯柱、圈梁及其他各类构件不应低于C20。

（2）抗震等级为一、二、三级的框架和斜撑构件（含梯段），其纵向受力钢筋采用普通钢筋时，钢筋的抗拉强度实测值与屈服强度实测值的比值不应小于1.25；钢筋的屈服强度实测值与屈服强度标准值的比值不应大于1.3，且钢筋在最大拉力下的总伸长率实测值不应小于9%。

2）钢材

钢结构的钢材应符合下列规定：

（1）钢材的屈服强度实测值与抗拉强度实测值的比值不应大于0.85。

（2）钢材应有明显的屈服台阶，且伸长率不应小于20%。

（3）钢材应有良好的焊接性和合格的冲击韧性。

除此之外，GB 50017—2017和《混凝土结构设计规范》（GB 50010—2010）也分别对钢材和混凝土所用材料做出了规定。

GB 50017—2017分别从承重结构和连接件两方面对材料加以规定。对于承重结构所使用的材料，有如下规定：

（1）承重结构的钢材宜采用Q235、Q345、Q390、Q420、Q460和Q345GJ，其质量应分别符合《碳素结构钢》（GB/T 700）、《低合金高强度结构钢》（GB/T 1591）和《建筑结构用钢板》（GB/T 19879）的规定。当采用其他牌号的钢材时，还应符合有关标准的规定和要求。

（2）承重结构采用的钢材应具有抗拉强度、伸长率、屈服强度和硫、磷含量的合格保证，对焊接结构尚应具有碳含量的合格保证；焊接承重结构以及重要的非焊接承重结构采用的钢材还应具有冷弯试验的合格保证。

（3）对于需要验算疲劳的焊接结构的钢材，应具有常温冲击韧性的合格保证。当结构工作温度不高于0℃但高于-20℃时，Q235钢和Q345钢应具有0℃冲击韧性的合格保证；对Q390钢和Q420钢应具有-20℃冲击韧性的合格保证。当结构工作温度不高于-20℃时，对Q235钢和Q345钢应具有-20℃冲击韧性的合格保证；对Q390钢和Q420钢应具有-40℃冲击韧性的合格保证。

（4）对于需要验算疲劳的非焊接结构的钢材也应具有常温冲击韧性的合格保证。当结构工作温度不高于-20℃时，对Q235钢和Q345钢应具有0℃冲击韧性的合格保证；对Q390钢和Q420钢应具有-20℃冲击韧性的合格保证。

（5）非焊接结构用铸钢件的质量应符合《一般工程用铸造碳钢件》（GB/T 11352）的规定；当焊接承重结构为防止钢材的层状撕裂而采用Z向钢时，其材质应符合《厚度方向性能钢板》

(GB/T 5313)的规定;对处于外露环境,且对耐腐蚀有特殊要求的或在腐蚀性气态和固态介质作用下的承重结构,宜采用耐候钢,其质量要求应符合现行国家标准《耐候结构钢》(GB/T 4171)的规定。

对于钢结构的连接材料应符合下列要求:

(1)手工焊接采用的焊条,应符合 GB/T 5117—1995 或 GB/T 5118—1995 的规定。选择的焊条型号应与主体金属力学性能相适应。对直接承受动力荷载或振动荷载且需要验算疲劳的结构,宜采用低氢型焊条。

(2)自动焊接或半自动焊接采用的焊丝和相应的焊剂应与主体金属力学性能相适应,并应符合现行国家标准的规定。

(3)普通螺栓应符合现行国家标准 GB/T 5780 和 GB/T 5782 的规定。

(4)钢结构用大六角高强度螺栓的质量应符合现行《钢结构用高强度大六角头螺栓》(GB/T 1228)、《钢结构用高强度大六角螺母》(GB/T 1229)、《钢结构用高强度垫圈》(GB/T 1230)、《钢结构用高强度大六角头螺栓大六角螺母、垫圈 技术条件》(GB/T 1231)的规定。扭剪型高强度螺栓的质量应符合现行国家标准《钢结构用扭剪型高强度螺栓连接副》(GB/T 3632)的规定。

(5)圆柱头焊钉(栓钉)连接件的材料应符合现行国家标准 GB/T 10433 的规定。

(6)铆钉应采用行业标准 YB/T 4155—2006 中规定的 BL2 号或 BL3 号钢制成。

GB 50010—2010 则分别对混凝土和钢筋两种材料进行了规定。对于混凝土材料,应满足以下要求:

(1)钢筋混凝土结构的混凝土强度等级不应低于 C20;采用强度等级 400MPa 及以上的钢筋时,混凝土强度等级不应低于 C25;预应力混凝土结构的混凝土强度等级不宜低于 C40,且不应低于 C30;承受重复荷载的钢筋混凝土构件,混凝土强度等级不应低于 C30。

(2)混凝土轴心抗压强度设计值 f_c 应按表 7-1 采用,轴心抗拉强度的设计值 f_t 应按表 7-2 采用。

混凝土轴心抗压强度设计值(N/mm^2)　　表 7-1

混凝土强度等级	C15	C20	C25	C30	C35	C40	C45	C50	C55	C60	C65	C70	C75	C80
f_c	7.2	9.6	11.9	14.3	16.7	19.1	21.1	23.1	25.3	27.5	29.7	31.8	33.8	35.9

混凝土轴心抗拉强度设计值(N/mm^2)　　表 7-2

混凝土强度等级	C15	C20	C25	C30	C35	C40	C45	C50	C55	C60	C65	C70	C75	C80
f_{tk}	1.27	1.54	1.78	2.01	2.20	2.39	2.51	2.64	2.74	2.85	2.93	2.99	3.05	3.11

(3)混凝土受压和受拉的弹性模量 E_c 宜按表 7-3 采用。混凝土的剪切变形模量 G_c 可按相应弹性模量的 40% 采用。混凝土泊松比 ν_c 可按 0.2 采用。

混凝土受压和受拉的弹性模量($\times 10^4 N/mm^2$)　　表 7-3

混凝土强度等级	C15	C20	C25	C30	C35	C40	C45	C50	C55	C60	C65	C70	C75	C80
E_c	2.20	2.55	2.80	3.00	3.15	3.25	3.35	3.45	3.55	3.60	3.65	3.70	3.75	3.80

(4)当温度在 0~100℃ 范围时,混凝土的热工参数可按下列规定取值:

线膨胀系数 α_c:1×10^{-5}/℃;

导热系数 λ:10.6kJ/(m·h·℃);

比热容 c:0.96kJ/(kg·℃)。

对于钢筋材料,应满足如下要求:

(1)纵向普通受力钢筋宜采用 HRB400、HRB500、HRBF400、HRBF500 钢筋,也可采用 HPB300、HRB335、HRBF335、RRB400 钢筋。

(2)梁、柱纵向普通受力钢筋应采用 HRB400、HRB500、HRBF400、HRBF500 钢筋。

(3)箍筋宜采用 HRB400、HRBF400、HPB300、HRB500、HRBF500 钢筋,也可采用 HRB335、HRBF355 钢筋。

7.2.2 欧洲标准

EN 1998-1:2004 主要从混凝土、钢筋、结构钢三个方面对材料加以规定。

1)混凝土

在耗能区内,规定混凝土的强度等级不应低于 C20/25。如果混凝土强度等级高于C40/50,则设计不在 EN 1998-1 适用范围内。

最小混凝土强度等级为 C25/30,在建筑中,结构的标准强度等级为 C25/30,特别是板构件。

最大混凝土强度等级为 C40/50,这一限制的理由是随混凝土强度增加,破坏应变 ε_{cu} 折减。

2)钢筋

(1)延性级别为 DCM 时,在耗能区塑性承载力中所考虑的钢筋应为 EN 1992-1-1:2004 的表 C.1 中 B 级或 C 级钢筋。延性级别为 DCH 时,在耗能区延性承载力中所考虑的钢筋应为上述同一表中的 C 级钢筋。

(2)B 级或 C 级钢材应用于非耗能区的高应力区内,此要求同时适用于钢筋及焊接网。

(3)除封闭式箍筋或交叉系筋外,在高应力区内仅允许使用螺纹钢筋。

(4)不应在耗能区内使用不符合本小节(1)中延性要求的焊接网。如果使用了这种网,则应在这种网上重叠布置延性钢筋,并应在承载力分析中考虑其承载力。

3)结构钢

(1)结构钢应符合 EN 1993 所述的规定。

(2)结构中材料特性的分布(如屈服强度及韧性)应确保在设计中预定区域内形成耗能区(在地震过程中,预计耗能区会在其他区域离开弹性范围之前发生屈服)。

(3)如果耗能区钢材的屈服强度及结构设计符合下列条件之一,则可满足(2)的要求:

①耗能区钢材的最大实际屈服强度 $f_{y,max}$ 满足:

$$f_{y,max} \leqslant 1.1\gamma_{ov} f_y$$

式中:γ_{ov}——设计中使用的超强系数;

f_y——专用于钢材等级的公称屈服强度。

注:对于等级为 S235 且 $\gamma_{ov}=1.25$ 的钢筋,此方法给出的 $f_{y,max}=323\text{N/mm}^2$。

②结构设计的基础为:耗能区及非耗能区内钢材的等级和公称屈服强度 f_y 均相同,并且上限值 $f_{y,max}$ 是专用于耗能区的钢材;而专用于非耗能区及连接件的钢材的公称值 f_y 大于耗能区的屈服强度 $f_{y,max}$ 的上限值。

注:根据此条件,对于非耗能区构件及非耗能连接件(基于 S235 级钢材的 f_y 而设计),通常会使用 S355 级钢筋,而对于耗能构件或耗能连接件通常会使用 S235 级钢筋(其中,S235 级钢材的屈服强度上限值规定为 $f_{y,max}=355\text{N/mm}^2$)。

③通过测量来确定各耗能区的实际钢材屈服强度 $f_{y,max}$,而各耗能区的超强系数计算为:$\gamma_{ov,act}=f_{y,act}/f_y$,其中 f_y 为耗能区钢材的公称屈服强度。

注:如果已知钢材是成品钢或用于现有建筑的评估,又或在制造前经测量确认了设计中的屈服强度安全性假设,则本条件适用。

(4)如满足(3)中②的条件,则在对 EN 1998-1 第 6.5~6.8 节中所定义的构件进行设计验算时,可将超强系数 γ_{ov} 取值为 1.00。在适用于连接件的公式[见 EN 1998-1 第 6 章式(6.1)]的验证中,用于超强系数 γ_{ov} 的值与(3)中①的值相同。

(5)如满足(3)中的条件,则超强系数 γ_{ov} 应取验证中计算得出的所有 $\gamma_{ov,act}$ 值中的最大值。

(6)对于耗能区,应规定并在图纸上标出符合(3)中条件时所考虑的屈服强度 $f_{y,max}$ 的值。

(7)钢材及焊缝的韧性应满足在工作温度准恒定值条件下的地震作用要求。

(8)钢材及焊缝的所需韧性以及在与地震作用组合中采用的最低工作温度应在项目规范中定义。

(9)在建筑主抗震构件的螺栓连接件内,应使用螺栓等级为8.8或10.9的高强度螺栓。

(10)应根据标准所述来进行材料特性控制。

7.3 结构类型及性能系数

随着建筑材料、设计理论和设计方法的发展,组合结构也由构件层次向结构体系方向发展。组合结构体系是由组合承重构件或组合抗侧力构件构成的结构体系,可以充分发挥不同材料和体系的优势,克服传统结构体系的固有缺点。对于钢筋混凝土结构而言,随着建筑高度的增加和柱网尺寸的增大,单柱荷载的提高使得柱截面不断加大,从而形成对抗震不利的短柱。而且混凝土本身延性差,为提高结构安全性所采取的很多构造措施大大增加了施工的难度和成本。通过组合概念可以充分发挥钢材和混凝土的特性,形成一系列新颖、高效的结构体系。

7.3.1 中国标准

1)结构类型

在中国标准中,虽然没有涉及钢混组合结构,但是从目前的实际应用来看,根据结构体系间的不同组合方式,钢-混凝土组合结构体系发展为以下结构类型:

(1)组合框架结构体系。该体系由3部分组成:钢管或型钢混凝土柱、钢-混凝土组合梁、钢-混凝土组合板,结构中竖向荷载和侧向荷载均由组合框架承受,组合楼盖作为水平承重构件承担荷载之处,还具有很大的水平刚度,以保证各框架的协调工作。

(2)横向组合结构体系。该体系典型形式组合为组合筒体-组合框架结构体系,如采用高性能钢管混凝土或钢板组合剪力墙形成框筒或实腹筒,主要承受侧向荷载,由钢-混凝土组合梁与组合柱形成外框架,主要承担竖向荷载,两者之间通过组合楼盖或伸臂桁架的作用保持工作。

(3)竖向混合结构体系。在高层建筑中,有时地下层作为停车场,底层作为商场,标准层作为住宅,使用功能的不同对结构形式提出了不同的要求。此时,可沿竖向分别使用不同的结构形式。

(4)巨型结构体系。该结构形式是由巨型组合构件组成的简单而巨大的桁架或框架等作为主体结构,与其他结构构件组成的次结构共同工作的一种超高层建筑结构体系。其中,巨型尺寸超过一个普通框架的柱距,一般布置在结构的四角,可采用格构式钢管混凝土柱或组合筒体,巨型梁采用高度在一层或一层以上的空间组合桁架或巨型组合梁。

2)性能系数

在GB 50011—2010中,没有涉及性能系数的概念,只是对选定的性能设计指标做出了说明:

设计应选定分别提高结构或其关键部位的抗震承载力、变形能力或同时提高抗震承载力和变形能力的具体指标,尚应计及不同水准地震作用取值的不确定性而留有余地。设计宜确定在不同地震动水准下结构不同部位的水平和竖向构件承载力的要求(含不发生脆性剪切破坏、形成塑性铰、达到屈服值或保持弹性等);宜选择在不同地震动水准下结构不同部位的预期弹性或弹塑性变形状态,以及相应的构件延性构造的高、中或低要求。当构件的承载力明显提高时,相应的延性构造可适当降低。

7.3.2 欧洲标准

1)结构类型

EN 1998-1:2004根据地震作用下钢混组合结构的主抗震性能将钢混组合结构体系归为下

列类型：

(1)组合抗弯框架。水平力主要由实质上的受弯构件来承载。在此框架内，梁和柱可为组合钢或钢混组合。

(2)组合中心支撑框架。水平力主要由承受轴力的构件来承载。柱和梁可为结构钢或钢混组合，其支撑应为结构钢。

(3)组合偏心支撑框架。水平力主要由承受轴向荷载的构件来承受，但这种布置的偏心应确保能量通过循环弯曲或循环剪切在支撑内耗散。但这种不含支撑的构件可为结构钢或钢混组合；与板不同的是，支撑应为结构钢；应通过这些支撑受弯或受剪屈服来进行能量耗散。

(4)倒摆结构。倒摆结构中50%或更多的质量均位于其结构高度上部三分之一的部分内，或其中的能量耗散主要发生在单个建筑构件的基础处。

注：如果单层框架带有沿着建筑两个主要方向连接的柱顶并且其柱相对轴向荷载值 ν_d 在任一处均不大于0.3，则此单层框架不属于此范畴内。

(5)组合结构体系。那些实质上用作钢筋混凝土墙的结构体系，分为三种类型：1 型，相当于一种与连接到钢结构的混凝土填充板共同起作用的钢框架或组合框架；2 型，是一种钢筋混凝土墙，在此墙内，连接到混凝土结构的外包型钢被用作竖向边缘的钢筋；3 型，为用于连接两面或多面钢筋混凝土墙或组合墙的钢或组合梁。

(6)组合钢板剪力墙。其指由一种竖向钢板和结构钢或组合边界构件组成的墙，其中这种竖向钢板在建筑高度上保持连续并且钢板的一面或双面有钢筋混凝土外包。

2)性能系数

(1)性能系数 q 考虑了结构的能量耗散能力，对于规则体系，性能系数应以表7-4所给出的参考值为上限。

立面规则体系的性能系数参考值上限 表7-4

结构类型	延性级别	
	DCM	DCH
(1)组合抗弯框架	4	$5\alpha_u/\alpha_1$
(2)组合中心支撑框架	斜撑:4;V 形撑:2	斜撑:4;V 形撑:2.5
(3)组合偏心支撑框架	4	$5\alpha_u/\alpha_1$
(4)倒摆结构	2	$2\alpha_u/\alpha_1$
组合结构体系	$3\alpha_u/\alpha_1$	$4\alpha_u/\alpha_1$
组合墙(1 型及 2 型)	$3\alpha_u/\alpha_1$	$4.5\alpha_u/\alpha_1$
通过钢梁或组合梁连接的组合墙或混凝土墙(3 型)	$3\alpha_u/\alpha_1$	$4.5\alpha_u/\alpha_1$
组合钢板剪力墙	$3\alpha_u/\alpha_1$	$4\alpha_u/\alpha_1$

(2)如果建筑的立面不规则，则表7-4中列出的 q 值应折减20%。

(3)对于平面规则的建筑，如果没有进行 α_u/α_1 的求值计算[见 EN 1998-1:2004 第6.3.2条第3款]，则可使用 α_u/α_1 的近似默认值。对于组合结构体系，该缺省值可取 $\alpha_u/\alpha_1=1.1$。对于组合钢板剪力墙，该默认值可取 $\alpha_u/\alpha_1=1.2$。

(4)对于平面不规则的建筑，在没有进行求值计算时可使用的 α_u/α_1 近似值等于1.0或者本小节(3)中所给出的数值的平均值。

(5)只要通过整体非线性静力分析进行计算对 α_u/α_1 值加以确认，则允许此值大于(3)和(4)中给出的值。

(6)即便(5)中所述的分析可能会得出更高的值，设计中可能用到的 α_u/α_1 最大值仍等于1.6。

7.4 构造措施

建筑结构是由纵、横向承重构件和楼盖组成的一个具有空间刚度的结构体系，其抗震能力的强弱取决于结构的空间整体刚度和整体稳定性。对于抗震结构来说，GB 50011—2010 对保证结构实现抗震目标规定了一系列措施，但由于地震具有很大的偶然性，未来遭遇超过抗震设防罕遇地震的可能性依然存在，因此，在抗震设计时除了考虑概念设计、选型布局外，还需要其他构造措施。

7.4.1 中国标准

GB 50011—2010 分别对钢筋混凝土房屋中的框架结构、抗震墙结构和框架-抗震墙 3 种类型的结构规定了抗震构造措施。详细的抗震构造措施已在本书第 5 章介绍，此处不再赘述。

7.4.2 欧洲标准

EN 1998-1:2004 第 7.6 节从概述、与板组合的钢梁、板的有效宽度、完全外包的组合柱、部分外包的构件、填充组合柱 6 个方面对钢混组合结构的构造措施加以规定。

1）概述

（1）组合构件，即主抗震构件，应符合 EN 1994-1-1:2004 以及本节中定义的附加规则。

（2）抗震结构是参照包含局部耗能区的整体塑性机理来进行设计的；这种整体机理确定了内部有耗能区的构件并间接确定了内部无耗能区的构件。

（3）对于受拉构件或受拉构件的部分，应满足 EN 1994-1-1:2004 中的延性要求。

（4）应通过限制构件壁的宽厚比来确保在受压和/或受弯时耗散能量的构件具有足够的局部延性。组合构件的钢耗能区和未外包钢部分应符合相关要求。外包组合构件的耗能应符合表 7-5 中的要求。如果按照要求提供了特殊构造，则可放松对部分或完全外包构件的翼缘外伸部分的限制。

性能系数与臂长细比限制之间的关系　　表 7-5

结构延性级别	DCM		DCH
性能系数 q 的参考值	$q \leqslant (1.5\sim2)$	$(1.5\sim2) < q < 4$	$q > 4$
部分外包的 H 形或 J 形截面 1、完全外包的 H 形或 J 形截面翼缘外伸部分限制 c/t_f	20ε	14ε	14ε
填充矩形截面 h/t 限制	52ε	38ε	24ε
填充圆形截面 d/t 限制	$90\varepsilon^2$	$85\varepsilon^2$	$80\varepsilon^2$

注：其中，$\varepsilon = (f_y/235)^{0.5}$。

（5）在所有类型的组合柱的设计中，可考虑单独的钢截面承载力或考虑钢截面与混凝土包壳或填充物的组合承载力。

（6）对于具有组合性能的完全外包柱，其最小横截尺寸 b、h 或 d 不应小于 250mm。

（7）应根据 EN 1994-1-1:2004 中的规定来确定非耗能组合柱的承载力，包括其抗剪承载力。

（8）只要组合柱主要承受的是轴力，就应提供足够的剪力传递来保证钢和混凝土部分共同承担在梁和支撑构件连接处施加到柱上的荷载。

注：本节中只列出部分条款，详细条款需查阅 EN 1998-1 第 7.6 节。

2）与板组合的钢梁

（1）本小节设计的目的在于在地震过程中，当在钢截面底部和/或板的钢筋发生屈服时，保持混凝土板的完整性。

(2)若并非为进行能量耗散而有意地利用梁截面的组合特性,则允许忽略带板梁组合特性的条件应适用。

(3)对于拟用作抗震结构耗能区内的组合构件的梁,应按照 EN 1994-1-1:2004 所述针对完全或部分剪力连接来对其进行设计。EN 1994-1-1:2004 的定义中的最小连接度 η 不应小于 0.8,且任何负弯矩区内抗剪连接的总承载力不应小于钢筋的塑性承载力。

(4)通过将 EN 1994-1-1:2004 中所给出的设计承载力乘以 0.75 的折减系数来得出耗能区内连接的设计承载力。

(5)使用非延性连接件时,要求有完全剪力连接。

(6)当使用了肋垂直于支撑梁的压型钢板时,应将 EN 1994-1-1 中所给出的连接设计抗剪承载力折减系数 k_t 乘以肋形效率系数 k_r,以此来将折减系数 k_t 进一步折减。

(7)为在塑性铰内达到延性要求,顶部混凝土受压纤维与塑性中性轴之间的距离 x 和组合截面高度 d 之比 x/d 应符合式(7-1)。

$$\frac{x}{d} < \frac{\varepsilon_{cu}}{\varepsilon_{cu2} + \varepsilon_{\alpha}} \tag{7-1}$$

式中:ε_{cu2}——混凝土的极限压应变;

ε_{α}——承载能力极限状态下钢内部的总应变。

(8)当截面的 x/d 小于表 7-6 中所给出的限值时,视为满足(7)中的规定。

对于带有板的梁,其延性的 x/d 限值 表 7-6

延性级别	q	f_y(N/mm^2)	x/d
DCM	$1.5 < q \leq 4$	355	0.27
	$1.5 < q \leq 4$	235	0.36
DCH	$q > 4$	355	0.20
	$q > 4$	235	0.27

注:本节中只列出部分条款,详细条款需查阅 EN 1998-1 第 7.6.2 节。

在受压混凝土结构构件中,计算有效等效钢截面时假设受压混凝土没有开裂,这在模量比值 $n = E_a / E_{cm} = 7$ 中有所反映。在受拉混凝土结构构件中,有关有效等效钢筋截面的计算,仅考虑钢筋截面而忽略了混凝土的抗拉。其结果是截面刚度可能不同,这取决于地震作用效应的符号。例如,在受正弯矩的组合板梁中,有效等效钢截面面积惯性矩 I_1 包括所有钢构件(型钢和板中钢筋)和混凝土(压缩)截面。在受负弯条件下,面积惯性矩 I_2 仅涉及钢截面和板中钢筋截面。另外,板的有效宽度在正弯和负弯条件下是不同的,I_1 和 I_2 通常也不同。仅在混凝土板的等效截面与钢筋截面相同时,I_1 和 I_2 相等,在正弯和负弯条件下分别使用其有效截面宽度计算截面特性,并且两种截面中性轴在同一水平。

对于组合板梁,用于计算 I_1(正弯矩)和 I_2(负弯矩)的板的有效宽度在表 7-7 和表 7-8 中定义。

3)板的有效宽度

(1)与每块钢腹板相关的混凝土翼缘的总有效宽度 b_{eff} 应为钢腹板中心线每侧上翼缘的某一部分的部分有效宽度 b_{e1} 与 b_{e2} 之和。每侧上的部分有效宽度应取表 7-7 和表 7-8 的 b_e 值,但不应大于实际可用宽度 b_1 和 b_2。

(2)每部分的实际宽度应取为两个相邻腹板间距的一半,但在某一自由边上,实际宽度为腹板到此自由边的距离。

(3)确定由于板连接的钢截面构成的组合 T 形截面的弹性和塑性特性时使用的板的部分有效宽度 b_e 的定义在表 7-7 和表 7-8 中给出。在表 7-7 和表 7-8 中,将引起板受压的力矩视为正，而将引起板受拉的力矩视为负。b_e 是在水平方向上与已计算出有效宽度的梁垂直的柱上板的混凝土承载重度，这种承载重度可能包括旨在增加承重能力的附加板或装置。

用于结构弹性分析的板的部分有效宽度 b_e(m)　　表 7-7

b_e	横向构件	适用于 I 的 b_e(弹性)
在内柱处	有或没有	对于负 M:0.05l 对于正 M:0.0375l
在外柱处	有	
在外柱处	没有或钢筋未锚固	对于负 M:0 对于正 M:0.025l

用于评估塑性力矩承载力的板的部分有效刚度 b_e　　表 7-8

弯矩 M 的符号	位置	横向构件	适用于 M_{Rd} 的 b_e(塑性)
负 M	内柱	抗震钢筋	0.1l
负 M	外柱	所有钢筋锚固于立面钢梁或混凝土悬臂梁边缘带的布局	0.1l
负 M	外柱	所有钢筋未锚固于立面钢筋或混凝土悬臂梁边缘带的布局	0.0
正 M	内柱	抗震钢筋	0.075l
正 M	外柱	带有连接件的钢横梁混凝土板在带强轴的 H 形截面处的外立面以内或更长(混凝土边缘带)抗震钢筋	0.075l
正 M	外柱	没有横钢梁或不带连接件的横钢梁 混凝土板在带强轴的 H 形截面处的外立面以内或更长(混凝土边缘带)抗震钢筋	$b_b/2+0.7h_c/2$
正 M	外柱	所有其他的布局 抗震钢筋	$b_b/2 \leq b_{e,max}$ $b_{e,max}=0.05l$

对刚性连接的抗弯框架中组合梁的有效宽度 b_e 的计算方法见表 7-7 和表 7-8。

耗能区的局部耗能机制是在地震发生期间保持混凝土的完整性。事实上，所提供的 b_e 值在塑性转动的第一阶段能实现这一目标，但是随着转动的增加，靠近柱的混凝土强度将有所下降。但是因为以下因素，受弯构件的抗力保持不变：钢的应变硬化，板中其他抗力机制，由于约束导致的柱周混凝土强度高于 f_{cd} 等。

屈曲发生在钢截面底部和/或翼板的钢筋中。广泛的试验和数值计算为 EN 1998 的有效宽度提供了条件，同时表明对弹性和最终(塑性)特性，其值是不同的：计算 M_{Rd} 的值比用于计算 I 的值高 2～3 倍。如 EN 1998-1 附录 C 详述，应考虑其他因素的影响，如横梁的(定义垂直有效宽度的梁)的存在、横梁的表面类型、梁表面钢筋连接的设计和梁两端的弯矩符号。

4)完全外包的组合柱

(1)在耗能结构中，力矩框架内所有柱净长的两端均出现临界区，并且邻近偏心支撑框架内的支撑柱的某一部分内也出现临界区。EN 1998-1 中适用于延性级别为 M 的公式[见 EN 1998-1 式(5.14)]或适用于延性级别为 H 的公式[见 EN 1998-1 式(5.30)]均对这些临界区的长度 l_{cr}(单位为 m)进行了详细说明，这些式中的 h_c 表示组合截面高度(单位为 m)。

(2)为满足塑性转动需求并补偿由混凝土保护层剥落而引起的承载力损失，在上述临界区内满足式(7-2)。

$$\alpha\omega_{wd} \geqslant 30\mu_{\phi} \cdot \nu_d \cdot \varepsilon_{sy,d} \cdot \frac{b_c}{b_0} - 0.035 \tag{7-2}$$

相对设计轴力 ν_d 的定义为：

$$\nu_d = \frac{N_{Ed}}{N_{pl,Rd}} = \frac{N_{Ed}}{A_a f_{yd} + A_c f_{cd} + A_s f_{sd}} \tag{7-3}$$

(3)临界区内约束环筋的间距 S(单位为 mm),不应超过:

$S=\min(b_0/2,260,9d_{bL})$,在延性级别为 DCM 的情况下;

$S=\min(b_0/2,175,9d_{bL})$,在延性级别为 DCH 的情况下;

或在较低楼层的较低部分处,在延性级别为 DCH 的情况下:

$$S=\min\left(\frac{b_0}{2},150,6d_{bL}\right) \tag{7-4}$$

式中:b_0——混凝土核心的最小尺寸(相对于箍筋的中心线,mm);

d_{bL}——纵向钢筋的最小直径(mm)。

(4)箍筋的直径 d_{bw}(单位为 mm),至少应为:

$d_{bw}=6$,在延性级别为 DCM 的情况下;

$d_{bw}=\max[0.35d_{bL,max}(f_{ydL}/f_{ydw})^{0.5},6]$,在延性级别为 DCH 的情况下。

其中:$d_{bL,max}$——纵向钢筋的最大直径(mm)。

(5)临界区内,在延性级别为 DCM 的情况下,由环筋弯曲或交叉系筋约束的连接纵向钢筋的间距不应超过 250mm;而在延性级别为 DCH 的情况下,不应超过 200mm。

(6)在建筑最低的两个楼层内,按(3)、(4)及(5)中的要求配置箍筋时,箍筋应超出临界区之外,超出的长度应为临界区长度的一半。

(7)在耗能区内,应仅基于结构钢截面来确定抗剪承载力。

(8)结构的延性级别与耗能区内翼缘外伸部分的容许长细比之间的关系在 EN 1998-1 表 7.4.2-1 中给出。

(9)约束环筋能延缓耗能区内局部屈曲的出现。如果如此环筋配置时的纵向间距 S 小于翼缘外伸部分:$S/c<1.0$,则可增大 EN 1998-1 表 7.4.2-1 中给出的翼缘长细比限值。如 $S/c<0.5$,则可将 EN 1998-1 表 7.4.2-1 给出的限值增大 50% 以下。如果 $0.5<S/c<1.0$,则可用线性插值法。

(10)用于避免翼缘屈曲的约束环筋 d_{bw} 的直径不应小于:

$$d_{bw}=\left[\left(b\cdot\frac{t_f}{8}\right)\left(\frac{f_{ydL}}{f_{ydw}}\right)\right]^{0.5} \tag{7-5}$$

式中:b、t_f——翼缘宽度及厚度;

f_{ydL}、f_{ydw}——翼缘和钢筋的设计屈服强度。

5)部分外包的构件

(1)在通过组合截面的塑性弯曲来进行能量耗散的耗能区内,若耗能区在构件端部处,则在大于或等于 l_{cr} 的长度上横向钢筋的纵向间距 S 应满足 4)中(3)的要求;若耗能区在构件内,则在大于等于 $2l_{cr}$ 的长度上横向钢筋的纵向间距 S 也应满足 4)中(3)的要求。

(2)在耗能构件内,应仅基于结构钢截面来确定剪切承载力,除非是为了未考虑外包混凝土的抗剪承载力而给出专门的细节说明。

(3)结构的延性级别与在耗能区内翼缘外伸部分的容许长细比(c/t)之间的关系在表 7-9 中给出。

6)填充组合柱

(1)结构延性级别与容许长细比 d/t 或 h/t 之间的关系在表 7-9 中给出。

(2)应基于结构钢截面或基于仅将中空型钢视为抗剪钢筋的钢筋混凝土截面来确定耗能柱的抗剪承载力。

(3)在非耗能构件内,应根据 EN 1994-1-1 的规定来确定柱的承载力。

表 7-9 总结了由 H 形或 I 形截面构成的柱的不同组合设计对应的墙的长细比限值,表中假设翼缘和腹板全部受压。

不同截面、设计细节和性能系数 q 下组合结构的钢构件中墙的长细比限值　　表 7-9

结构的延性分类	DCM		DCH
性能系数的参考值(q)	$q \leqslant (1.5 \sim 2)$	$(1.5 \sim 2) < q \leqslant 4$	$q > 4$
翼缘突出限值 c/t_f	20ε	14ε	9ε
H 形或 I 形钢部分或完全包裹	30ε	21ε	13.5ε
部分或完全包裹的 H 形或 I 形加箍或直链			
腹板宽与厚度限值 c/t	42ε	38ε	33ε
部分或完全包裹的 H 形或 I 形	42ε	42ε	33ε
部分或完全包裹的 H 形或 I 形加腹板连接			

注：$\varepsilon = (f_y/235)/2$。

7.5 抗弯框架设计

中国标准中的抗弯框架一般被称作纯钢框架结构，纯钢框架结构的抗侧移能力主要取决于框架柱和梁的抗弯性能，主要适用于二十几层以下的钢结构房屋。在建筑结构设计中，钢结构具有优越的强度、韧性或延性、强度重量比，总体上抗震性好，抗震能力强。钢框架一般指抗弯框架结构、中心支撑框架结构、偏心支撑框架结构。抗弯钢框架结构构造简单，传力明确，侧移刚度沿高度分布均匀，结构整体侧向变形为剪切变形，抗侧移能力主要取决于框架梁、柱的抗弯能力。

7.5.1 中国标准

在中国标准中，没有钢混组合结构抗弯框架的抗震设计规定，GB 50011—2010 中主要对钢结构框架的验算和构造措施做出要求。本文第 6 章对钢结构框架的验算和构造描绘进行详细介绍。

7.5.2 欧洲标准

EN 1998-1:2004 第 7.7 节主要从以下 5 个方面对抗弯框架设计做出要求。

注：只列出部分条款，详细条款需查阅 EN 1998-1 第 7.7 节。

1）具体标准

(1)抗弯框架的设计应确保在梁内或梁-柱连接内形成塑性铰，而不是在柱内形成塑性铰。本要求不适用于框架基础处及多层建筑顶层处和单层建筑上。

通过式(7-6)对这一要求进行验算：

$$\sum M_{\mathrm{Rd,c}} \geqslant 1.3 \sum M_{\mathrm{Rd,b}} \tag{7-6}$$

式中：$M_{\mathrm{Rd,c}}$、$M_{\mathrm{Rd,b}}$——柱和梁的抗弯承载力设计值。不管它们是主抗震梁还是次抗震梁，左边的总和扩展到柱截面节点上下，右边的总和扩展到所有共同节点。

(2)应根据延性设计来进行组合梁设计，以保持混凝土的完整性。

(3)根据耗能区的位置，如果耗能区位于结构内，则非耗能部分与结构其他部分的连接应具有足够的强度，从而能够在耗能部分内形成循环屈服；当耗能区位于连接件内时，连接件应具有足够的强度，从而能够在连接件内形成循环屈服。

(4)应遵循 EN 1998-1 中第 4.4.2.3、7.7.3、7.7.4、7.7.5 条来实现规定的铰形成模式。

2）分析

(1)应基于 EN 1998-1 第 7.4 节规定的截面特性来进行结构分析。

(2)在梁内，应考虑两种不同的抗弯刚度：跨上承受正(向下)弯(未开裂截面)部分的抗弯刚度 EI_1，以及跨上承受负(向上)弯(开裂截面)部分的抗弯刚度 EI_2。

(3)通过考虑整个梁上全跨内的等效截面惯性矩 I_{eq} 均为恒定来进行分析:

$$L_{eq} = 0.6I_1 + 0.4I_2 \tag{7-7}$$

(4)对于组合柱,其抗弯刚度由式(7-8)给出:

$$(EI)_c = 0.9(EI_a + rE_{cm}I_c + EI_s) \tag{7-8}$$

式中:E、E_{cm}——钢和混凝土的弹性模量;

r——取决于柱截面类型的折减系数;

I_a、I_c、I_s——钢截面的惯性矩、混凝土的截面惯性矩和钢筋的截面惯性矩。

3)梁及柱的规则

EN 1998-1 确定关于梁和柱的规则,参考关于组合 T 形梁和部分包裹梁。EN 1998-1 第6 节中关于钢结构的多方面规则仍然适用。

(1)T 形组合梁的设计应符合 EN 1998-1 第 7.6.2 条的规定,部分外包的梁应符合 EN 1998-1第 7.6.5 条的规定。

(2)应根据 EN 1994-1-1 所述,假定在梁的一端形成了负塑性力矩,以此来验证梁的侧向屈曲及侧扭屈曲。

(3)EN 1998-1 第 6.6.2(2)条适用。

(4)组合桁架不应用作耗能梁。

(5)应通过考虑轴力与弯矩的最不利组合,对柱的受压状态进行验证。

(6)在柱内,若塑性铰[如 EN 1998-1 第 7.7.1(1)中所述]形成,则进行验证时应假定这些塑性铰内实现了 $M_{pl,Rd}$。

(7)式(7-9)应适用于所有组合柱。

$$\frac{N_{Ed}}{N_{pl,Rd}} < 0.3 \tag{7-9}$$

这和下面的事实相一致:在抗弯框架中,柱的响应主要是弯曲且可能是耗能的。为保证满意的周期反应,有必要限制柱的轴力小于某一特定的值。但是,这一规定没有像组合柱的抗弯能力明显下降至这一水平之上的轴力那样过分严格。

(8)应根据 EN 1994-1-1:2004 中所述规定来验证柱的承载力。

(9)应根据 $V_{Ed}/V_{pl,Rd} \leq 0.5$ 来限制(分析得出的)柱的剪力 V_{Ed}。

4)梁-柱连接

(1)如果结构设计的目的在于梁内进行能量耗散,则应通过求出的承载力矩 $M_{pl,Rd}$ 和剪力 $V_{Ed,G} + V_{Ed,M}$ 来设计梁-柱连接,以达到所需的超强程度。

(2)如果下列所有要求均经过验证,则允许使用耗能半刚性连接和/或部分强度连接。

①连接件具有与整体变形一致的转动能力。

②连接区域相关联的构件已被证明在承载能力极限状态下是稳定的。

③通过整体非线性静力分析或非线性时程分析,考虑了连接件变形对整体侧移的影响。

(3)连接件的设计应确保塑性铰区的转动能力 θ_p 对于延性级别为 DCH 的结构,不小于 35m/rad;对于延性级别为 DCM 的结构,不小于 25m/rad,且 $q > 2$。

5)允许忽略带板梁组合特性的条件

(1)如果在直径为 $2b_{eff}$ 的柱周围的圆形区内,板完全与钢框架分离,则可通过仅考虑钢截面[根据 EN 1998-1 第 7.1.2 条中定义的方案 c)进行设计]来计算与板组合的梁截面的塑性承载力(耗散区的下限或上限塑性承载力),其中 b_{eff} 应为与柱相连的梁的有效宽度中的较大值。

(2)完全分离指板不与任何钢构件(如柱、剪力连接件、连接板、波状翼缘、钉入钢截面翼缘内的钢板层)的任何垂直侧接触。

(3)在部分外包的梁内,应考虑钢截面翼缘之间混凝土的有利作用。

7.6 中心支撑框架设计

中心支撑的特征是支撑的每个节点及各杆件的轴心线交会于一点,它包括十字交叉支撑、单斜杆支撑、K 形支撑、人字形支撑以及 V 形支撑等类型。中心支撑具有较大的侧向刚度,构造相对简单,能减小结构的水平位移,改善结构的内力分布。

7.6.1 中国标准

与抗弯框架类似,GB 50011—2010 也是从验算和构造措施方面对中心支撑框架结构做出要求。本书在第 6 章进行了详细介绍。

7.6.2 欧洲标准

EN 1998-1:2004 第 7.8 节从以下 4 个方面对中心支撑框架设计及详细设计规则做出要求,主要还是依据 EN 1998-1 第 6.7 节中钢结构中心支撑框架的要求制定的。

非耗能性中心支撑组合框架的结构性构件,梁和柱可能是结构钢或是组合材料;但是,耗能性构件(支撑)必须是结构钢:

①组合支撑增加了梁和柱在屈曲第一阶段超载的可能性,与钢支撑框架相比,这将增加结构的超强度。

②组合支撑还没有得到充分的研究,关于其受拉和受压时的循环特性存在不确定性。

在支撑框架柱中,比率 $N_{Ed}/N_{pl,Rd}$ 不像抗弯框架中式(7.5.2-3)那样严格限制,因为其弯矩存在的范围比抗弯框架中小。而且,支撑框架中混凝土包裹增加构件的轴向抗力,有助于防止屈曲。

对非耗能构件,除使用组合截面的可能性外,EN 1998-1 第 7.8 节对组合中心支撑框架的要求与第 6.10 节分析过的钢轴心支撑框架相同。

1)具体标准

(1)中心支撑框架的设计应确保受拉斜杆的屈服先于连接件破坏及梁或柱屈服或屈曲出现。

(2)柱和梁应为结构钢或组合型钢。

(3)支撑应为结构钢。

(4)支撑斜杆的布置方式应确保各楼层上结构在荷载反向时同一支撑方向的相反方向上出现类似的荷载变形曲线特征。

2)分析

(1)在重力荷载条件下,应仅考虑利用梁和柱来承载这类荷载,而不考虑支撑构件。

(2)在地震作用的结构弹性分析中,应按下列方式来考虑斜杆:

①在带有斜撑的框架内,应仅考虑受拉斜杆。

②在带有 V 形撑的框架内,应同时考虑受拉及受压斜杆。

(3)如果满足下列所有条件,则允许在任何类型的同心支撑分析中同时考虑受拉和受压斜杆:

①使用了非线性静力整体分析或分线性时程分析。

②在斜杆性能建模中,同时考虑了屈曲前和屈曲后的情形。

③提供了背景信息,对用于表现斜杆性能的模型加以证明。

3)斜构件

(1)在带有 X 形斜撑的框架内,应将 EN 1993-1-1:2005 中所定义的无量纲长细比 $\bar{\lambda}$ 限定为

$1.3 < \lambda \leqslant 2.0$。

(2)在带有斜撑的框架内,无量纲长细比$\bar{\lambda}$应小于或等于2.0。

(3)在带有V形撑的框架内,无量纲长细比$\bar{\lambda}$应小于或等于2.0。

(4)在低于或等于两层的结构内,$\bar{\lambda}$无限制。

(5)斜杆毛截面的屈服承载力$N_{pl,Rd}$应为$N_{pl,Rd} \geqslant N_{Ed}$。

(6)在带有V形撑的框架内,应根据EN 1993中的抗压承载力来设计受压斜杆。

(7)斜杆与任何其他构件的连接应符合EN 1998-1中第6.5.5条的设计规则。

(8)为满足斜杆的均匀耗散性能,应核查确定EN 1998-1第6.7.4条第1款中定义的最大超强Ω_i与最小Ω值之间的差值不会超过25%。

(9)如果满足下列所有条件,则允许使用耗能半刚性连接件和部分强度连接件:

①连接件具有与整体变形一致的伸长承载力。

②利用整体非线性静力分析或非线性时程分析,考虑了连接件变形对总体侧移的影响。

4)梁和柱

(1)带有轴力的梁和柱应符合下列最小承载力的要求:

$$N_{pl,Rd}(M_{Ed}) \geqslant N_{Ed,G} + 1.1\gamma_{ov}\Omega \cdot N_{Ed,E} \tag{7-10}$$

式中:$N_{pl,Rd}(M_{Ed})$——考虑了屈曲承载力与弯矩M_{Ed}之间相互作用的符合EN 1993规定的梁或柱的设计屈曲承载力,在抗震设计情形下定义为其设计值;

$N_{Ed,G}$——梁或柱内由抗震设计情形下作用组合中的非地震作用引起的轴力;

$N_{Ed,E}$——梁或柱内由设计地震作用引起的轴力;

γ_{ov}——超强系数;

Ω——支撑框架体系的所有斜杆上的$\Omega_i = N_{pl,Rd,i}/N_{Ed,i}$最小值,其中,$N_{pl,Rd,i}$为斜杆$i$的设计承载力;$N_{Ed,i}$为抗震设计情形下,同一斜杆$i$中的轴力设计值。

(2)在带有V形撑的框架内,梁的设计应保证能够承载:

①所有的非地震作用,不考虑由斜杆提供的中间支撑。

②受压斜杆屈曲后,由支撑施加到梁上的不平衡垂直地震作用效应。对于受拉支撑,此作用效应是通过$N_{pl,Rd}$计算得出的,对于受压支撑则使用$\gamma_{pb}N_{pl,Rd}$。

(3)在带有斜撑且其内部受拉和受压斜杆不相交的框架内,设计应考虑到拉力和压力,这些力在受压斜杆的相邻柱内形成,并与这些斜杆内等于其设计屈曲承载力的压力相对应。

7.7 偏心支撑框架设计

偏心支撑框架是近二十多年来发展起来的一种良好的抗震结构形式,它是指每一根支撑斜杆的两端,至少有一端与梁不在柱节点处连接。偏心支撑结构体系在弹性阶段具有较高的强度和刚度,满足标准要求的层间位移要求;在罕遇地震作用下,一方面通过耗能梁段的非弹性变形进行耗能;另一方面耗能梁段首先发生剪切屈服,很好地保护支撑斜杆不屈曲或屈曲滞后,从而有效地保持并相应地延长结构抗震能力和抗震持续时间。

7.7.1 中国标准

GB 50011—2010从验算和构造措施方面对偏心支撑框架结构做出了要求。本书在第6章进行了介绍。

7.7.2 欧洲标准

偏心支撑组合框架的设计与偏心支撑钢框架类似,EN 1998-1:2004从以下4个方面对偏心支撑框架设计及详细设计规则给出了要求。

1)设计标准

(1)带有偏心支撑的组合框架的设计应能够确保实质上通过链杆的受弯屈服或受剪屈服来实现耗能作用,所有其他构件应保持弹性且应防止连接破坏。

(2)柱、梁及支撑应为结构钢或组合型钢。

(3)链杆段外的支撑、柱和梁段的设计应确保其能够在链杆处于完全屈服和循环应变硬化状态下所产生的最大力作用下保持弹性。

(4)EN 1998-1 第 6.8.1 条第 2 款适用。

2)分析

(1)结构分析基于 EN 1998-1 第 7.4.2 节中定义的截面特征。

(2)在梁内,考虑了两种不同的抗弯刚度:跨上承受正(向下)弯(未开裂截面)部分的抗弯刚度 EI_1,以及跨上承受负(向上)弯(开裂截面)部分的抗弯刚度 EI_2。

3)链杆

(1)链杆应由型钢制成,并可能与板组合,可能无外包物。

(2)EN 1998-1 第 6.8.2 节中所给出的抗震链杆及其加劲肋的规则适用。链杆长度应为较短或中等长度,其最大长度 e 为:

在链杆两端形成两个塑性铰的结构内

$$e = 2\frac{M_{\mathrm{p,link}}}{V_{\mathrm{p,link}}} \tag{7-11}$$

在链杆一端形成一个塑性铰的结构内

$$e < \frac{M_{\mathrm{p,link}}}{V_{\mathrm{p,link}}} \tag{7-12}$$

$M_{\mathrm{p,link}}$ 及 $V_{\mathrm{p,link}}$ 的定义在 EN 1998-1 第 6.8.2 条第 3 款中给出。对于 $M_{\mathrm{p,link}}$,求值时,仅考虑了链杆截面的钢部件,而忽略了混凝土板。

(3)若抗震链杆进入钢筋混凝土柱或外包柱,应在柱立面处的链杆两侧及链杆端截面内配置立面承压板,承压板应符合 EN 1998-1 第 7.5.4 节的规定。

(4)邻近耗能链杆的梁/柱连接的设计应符合 EN 1998-1 第 7.5.4 节的规定。

(5)连接应符合 EN 1998-1 第 6.8.4 节中偏心支撑钢框架的连接要求。

如果抗震连接是组合结构,它们应是短或中等长度,本质上受剪。允许由翼板与钢梁组合构成链,翼板对梁的抗剪力的贡献较小,因而易于控制。抗震连接不应包含包裹钢截面,由于在这种情况下,混凝土对剪力的贡献是不确定的。

4)不含抗震链杆的构件

(1)不含抗震链杆的构件应符合 EN 1998-1 第 6.8.3 节中的规则,并应考虑在组合构件情形下钢与混凝土的组合承载力以及 EN 1998-1 第 7.6 节与 EN 1994-1-1:2004 中关于构件的相关规则。

(2)若链杆与完全外包组合柱邻近,则应在链杆连接的上方及下方配置符合 EN 1998-1 第 7.6.4 条要求的横向钢筋。

(3)对于受拉组合支撑,在进行支撑的承载力求值时,应仅考虑结构型钢的横截面。

7.8 本章小结

近年来,在中国的高层建筑结构设计中,越来越广泛地使用钢混组合结构体系,并且建筑高度越来越高。因为目前国内尚无相应标准来指导此类结构的抗震设计,所以对这种结构体系的理论计算模型,在多遇地震作用下结构层间相对位移控制,以及在罕遇地震作用下结构破坏形态等方面的研究需求日趋迫切。

本章内容主要依据 GB 50011—2010 和 EN 1998-1:2004，总结了中国与欧洲国家钢混组合结构抗震设计中，在材料、结构类型及构造措施方面的不同之处，并对钢混组合结构的 3 种不同类型结构的抗震设计要求做了比较。

需要说明的是，欧洲标准中本章节内容大多是从 EN 1998-1 第 6 节钢结构抗震部分演变而来；在中国标准中，没有明确的关于组合结构抗震的章节，因此仿照欧洲标准的思路，本章主要内容是按照 GB 50011—2010 第 8 章钢结构房屋抗震构造的要求来处理的。

钢混组合结构的发展前景十分广阔，国外不同类型结构的发展经验对今后中国钢混组合结构的发展有一定的借鉴作用。

第 8 章
木结构建筑抗震设计

8.1 概述

EN 1998-1 第 8.1 节中指出，木结构建筑抗震设计除应满足 EN 1995 规定外，还应满足 EN 1998-1 中针对 EN 1995 的补充规定。

《EN 1998-1 和 EN 1998-5 设计指南 Eurocode 8：结构抗震设计 一般规定、地震作用、房屋建筑规定、基础和支挡结构》在第 8.2 节中指出，木材具有合适的抗拉和抗压强度，但木构件不能承受大的延性变形，其直到破坏时的响应近似于线弹性，出现突然破坏，多数源于其原始的内在缺陷。基于木构件的上述特点，EN 1998-1 第 8.1.3 条第 4 款中规定“耗能区应位于节点和连接内，同时应将木构件本身视为具有弹性性能”。即认为地震能量的耗散主要依靠节点，木构件本身仍在弹性范围内工作。

GB 50011—2010 第 11 章中对木结构房屋的规定多数是构造措施的规定（主要见 11.3 节，11.1 节中有部分内容），没有提及类似于欧洲标准中的范围、设计方案等内容，木结构建筑抗震设计术语的定义参见 GB 50005—2017 第 2.1 节，但其中也没有类似于欧洲标准中关于连接及静态延性的定义。此外，相较于欧洲标准中基于木材力学性能认识的抗震设计概念，GB 50011—2010 中则强调木结构的整体性（参见条文说明第 11.1.2、11.3.3、11.3.6 ~ 11.3.8 条等）。

8.2 耗能区的材料及其特征

EN 1998-1 第 8.2 节中对耗能区的材料给出了规定，其中条款（1）为概述性规定，条款（2）可视为耗散性结构性能方案中耗能区材料使用的原则，条款（3）、（4）可认为是（2）的补充，条款（5）可认为是（1）的补充。

总体而言，EN 1995-1-1（Eurocode 5 中关于木结构部分）中对木材的要求也适用于 EN 1998-1 中木结构的抗震设计。但是，为保证在 DCM 和 DCH 类木结构中的耗散特性，某些关于材料的力学特性和节点的特性的附加要求必须满足。对所有的设计状况，附加要求的目标是避免脆性破坏并且在较大的逆向变形条件下，保持连接的稳定特性。

对于框架结构中的节点，除总体要求通过试验证明节点具有稳定的低循环疲劳响应和黏接节点不可能被视为耗散区（因为它们的弹性响应直至破坏，其本质是脆性的）之外，没有指定特殊条件。相反，对保护材料，提出某些最低的力学特性要求，即

（1）对于密度板，其密度至少为 650kg/m^3。

（2）对密度板和纤维板保护材料厚度应至少为 13mm。

（3）夹板的厚度至少为 9mm。

其目的在于,在钉剪板体系中表现出优良的延性行为,钉剪板体系优于传统的斜撑,但其严重依赖于保护板的特性。对这类体系应适当响应(稳定)以避免横向循环荷载作用下钉子拔出。为此,可穿过保护层厚度 6 ~ 8 倍直径,并且不要用光滑的钉子或采取附加措施防止钉子滑动(加帽或回头扎)。

GB 50011—2010 第 11 章中没有提出木结构耗能区的概念,对欧洲标准中的相关条款,中国标准中也没有提及。

8.3 延性级别和性能系数

EN 1998-1 第 8.3 节中对木结构的延性级别及其对应的性能系数做了规定。根据木结构建筑的延性性能及其在地震作用下的能量耗散能力,应将其归为表 8-1 中给出的 3 种延性级别中的一种。表 8-1 给出了性能系数相应的上限值。

适用于 3 种延性级别的设计方案、结构类型和性能系数上限值 表 8-1

设计方案和延性级别	q	结构示例
能量耗散能力较低——DCL	1.5	悬臂梁,梁,两铰拱或三铰拱,采用连接件进行连接的桁架
能量耗散能力中等——DCM	2	(通过钉子和螺栓连接的)带胶合隔板的胶合墙板,采用榫钉连接和螺栓连接的桁架,由木框架(承载水平力)和非承重填充物组成的混合结构
	2.5	采用榫钉接合和螺栓连接的超静定门架
能量耗散能力较强——DCH	3	(通过钉子和螺栓连接的)带有胶合隔板的钉墙板,采用钉连接的桁架
	4	采用榫钉接合和螺栓连接的超静定门架
	5	(通过钉子和螺栓连接的)带有钉接隔板的钉接墙板

GB 50011—2010 第 11 章中没有对木结构进行明确的分类,也没有性能系数这种概念。

值得留意的是 EN 1998-1 第 8.3 节第 4 款中对连接部位(耗能区)各构件的尺寸进行了限制(主要是构件的最小厚度和最大直径),《EN 1998-1 和 EN 1998-5 设计指南 Eurocode 8:结构抗震设计 一般规定、地震作用、房屋建筑规定、基础和支挡结构》在 8.4 节中指出,"厚木柔销"对循环荷载作用下连接发挥良好性能是有利的,长而细的扣件在地震中更容易屈服(短而硬的销子的破坏模式多为木纤维的破碎和劈裂,这不允许能量耗散),即扣件先于木构件屈服(破坏)对抗震有利。

GB 50011—2010 中没有提及对连接处各构件的尺寸限制,而在 GB 50005—2017 的第 6.2.4条中则有关于连接木构件最小厚度的规定,并示于表 8-2。

8.4 结构分析

EN 1998-1 第 8.4 节中给出了木结构分析的一些规定:

(1)在分析里应考虑到结构中连接内的滑移现象。

(2)应使用瞬时加载的 E_0 模量值(比短期荷载高出 10%)。

(3)如果满足以下条件,则无须进一步检验即可认定结构模型中的楼面隔板是刚性的:

EN 1998-1 第 8.5.3 条中给出的针对水平隔板的详细设计规则适用,而且它们的开口不会明显影响楼板的整体面内刚性。

GB 50011—2010 第 11 章中没有这类规定。

8.5 详细设计规则

EN 1998-1 第 8.5 节中给出了木结构的详细设计规则,其中第 8.5.1 条为一般规定,第 8.5.2条和第 8.5.3 条分别给出了连接和水平隔板的详细设计规则。

GB 50011—2010 第 11.3.8 条中给出了木结构房屋构件连接的要求,而第 11 章中没有有关水平隔板的规定。

中欧标准所给出的关木结构连接的规定几乎没有共同点。EN 1998-1 第 8.5.2 条偏向于连接构件的使用及注意事项,如第 8.5.2(2)条规定的大螺栓等使用限制和第 8.5.2(3)条对光滑钉等的使用限制,以及第 8.5.2(2)条中“螺栓和榫钉应紧固并紧密安装在孔洞内”和第 8.5.2(1)、(4)条的规定。GB 50011—2010 第 11.3.8 条中则偏向于屋盖的规定及柱的连接规定,在第 11.3.8 条及对第 11.3.6 ~ 11.3.8 条的条文说明中多次提到整体性,可见中国标准对木结构整体性的重视。

8.6 安全验证

EN 1998-1 第 8.6 节对木结构的安全验算做了规定。具体规定如下:

(1)应按照 EN 1995-1-1 的规定,在考虑瞬时荷载的 k_{mod} 值的情况下,确定木结构材料的强度值。

(2)对于根据低耗散结构性能(延性级别为 L)方案设计的结构的承载能力极限状态验证,EN 1995 中的基本荷载组合的材料性能分项系数 γ_M 仍然适用。

(3)对于根据耗散结构性能(延性级别为 M 或 H)方案设计的结构的承载能力极限状态验证,EN 1995 中的偶然荷载组合的材料特性分项系数 γ_M 仍然适用。

(4)为了保证耗散区内产生循环屈服,应将所有其他的结构构件和连接设计成有充分超强性能。

(5)如果使用一个值为 1.3 的附加分项系数进行 EN 1995 中规定的剪应力验证,则木工连接不会出现脆性破坏。

GB 50011—2010 第 11 章中则没有这项规定。

8.7 设计和施工控制

EN 1998-1 第 8.7 节中给出了有关设计和施工控制方面的规定,尤其强调了应在设计图纸上确认以下结构构件,并应提供施工过程中特殊控制的规范:

(1)锚拉杆以及任何与基础构件的连接。

(2)用作支撑的斜拉钢桁架。

(3)水平隔板和承受侧向荷载的垂直构件之间的连接。

(4)水平和垂直隔板中覆板和木框架之间的连接。

GB 50011—2010 第 11 章中没有这项规定。

8.8 本章小结

本章对 EN 1998-1 和 GB 50011—2010 中木结构设计部分(EN 1998-1 第 8 章和 GB 50011—2010 第 11 章)做了对比。

(1)总体上而言,EN 1998-1 在这部分的规定更加系统。欧洲标准中的规定从适用范围(8.1.1 条)到材料(8.2 节),到设计及分析(8.1.3 条、8.3 节、8.4 节及 8.5 节),再到安全验算(8.6 节)和设计及施工控制(8.7 节)等,形成了一个较为完整的设计系统,设计思路清晰。而 GB 50011—2010 在这部分只是给出了一些构造措施的规定,并不涉及分析验算等内容,因此不会形成欧洲标准中的系统。

(2)EN 1998-1 第 8 章中涉及的内容较多(范围、材料、分析、验算等),因而较为全面,其规定的内容大都体现着其设计思想[第 8.1.3(4)条提及的内容,其后很多规定都是该条思想的体现,如 8.2 节和 8.5 节中的部分内容],在较为核心的节点和连接设计中,贯穿着“厚木柔销”的概念设计,这些是值得中国标准借鉴的内容。GB 50011—2010 在木结构设计部分(第 11 章)涉及的内容不多,以构造措施为主,比较重视结构的整体性(规范中多处提到整体性的要求),而且在屋架屋盖这方面的规定较多(第 11.1.2 条、11.1.3 条、11.3.5 条、11.3.6条及第 11.3.8 条中部分内容等),可见其为中国标准的一个较为重要的内容(GB 50011—2010 在第 11.3.3 条中对木结构房屋的层数和高度做了严格的限制,多为 1 ~ 2 层,因此其屋架屋盖的设计成为重要的设计内容,而且在条文说明第 11.1.2 条中指出木楼、屋盖房屋刚性较弱,加强木楼、屋盖的整体性可以有效提高房屋的抗震性能,故认为中国标准较为重视屋架屋盖方面的设计)。

第 9 章

砌体结构抗震设计

9.1 中国建筑抗震设计标准

多层砌体房屋是中国居住、办公、学校和医院等建筑中最为普通的结构形式。目前主要是用黏土砖、砌块、石块通过砂浆砌成承重墙体和各种混凝土楼板组成的结构。由于墙体材料为脆性和整体性能差，砌体房屋的抗震性能相对较低。在历次地震中，未经合理抗震设计的多层砌体房屋遭到了不同程度的破坏。在唐山大地震中，多层砌体房屋的破坏更为严重，造成了大量的倒塌。海城、唐山、汶川和玉树大地震以后，中国抗震设计和科研工作者对砌体房屋的抗震性能进行了大量的试验和理论研究，深入探讨了砌体房屋的抗震性能，提出了改善这类房屋抗震性能和提高抗震能力的有效措施。

9.1.1 层数和高度的限制

GB 50011—2010 第 7.1.2 条规定：多层房屋的层数和高度应符合下列要求：

(1)一般情况下，房屋的层数和总高度不应超过表 9-1 的规定。

房屋的层数和总高度限值 表 9-1

房屋类型		最小抗震墙厚度(mm)	地震烈度和设计基本地震加速度											
			6		7				8				9	
			0.05g		0.10g		0.15g		0.20g		0.30g		0.40g	
			高度(m)	层数	高度(m)	层数	高度(m)	层数	高度(m)	层数	高度(m)	层数	高度(m)	层数
多层砌体房屋	普通砖	240	21	7	21	7	21	7	18	6	15	5	12	4
	多孔砖	240	21	7	21	7	18	6	18	6	15	5	9	3
		190	21	7	18	6	15	5	15	5	12	4	—	—
	小砌块	190	21	7	21	7	18	6	18	6	15	5	9	3
底部框架-抗震墙房屋	普通砖、多孔砖	240	22	7	22	7	19	6	16	5	—	—	—	—
	多孔砖	190	22	7	19	6	16	5	13	4	—	—	—	—
	小砌块	190	22	7	22	7	19	6	16	5	—	—	—	—

注：1. 房屋的总高度指室外地面到主要屋面板板顶或檐口的高度，半地下室从地下室室内地面算起，全地下室和嵌固条件好的半地下室应允许从室外地面算起；对带阁楼的坡屋面应算到山尖墙的 1/2 高度处。

2. 室内外高差大于 0.6m 时，房屋总高度应允许比表中的数据适当增加，但增加量应少于 1.0m。

3. 乙类的多层砌体房屋仍按本地区设防烈度查表，其层数应减少一层且总高度应降低 3m；不应采用底部框架-抗震墙砌体房屋。

4. 本表小砌块砌体房屋不包括配筋混凝土小型空心砌块砌体房屋。

(2)横墙较少的多层砌体房屋,总高度应比表9-2的规定降低3m,层数相应减少一层;各层横墙很少的多层砌体房屋,还应再减少一层。

注:横墙较少是指同一楼层内开间大于4.2m的房间占该层总面积的40%以上;其中,开间不大于4.2m的房间占该层总面积不到20%,且开间大于4.8m的房间占该层总面积的50%以上为横墙很少。

(3)地震烈度6、7度时,横墙较少的丙类多层砌体房屋,当按规定采取加强措施并满足抗震承载力要求时,其高度和层数应允许仍按GB 50011—2010表7.1.2的规定采用。

(4)采用蒸压灰砂砖和蒸压粉煤灰砖的砌体的房屋,当砌体的抗剪强度仅达到普通黏土砖砌体的70%时,房屋的层数应比普通砖房减少一层,总高度应减少3m;当砌体的抗剪强度达到普通黏土砖砌体的取值时,房屋层数和总高度的要求同普通砖房屋。

9.1.2 楼梯间的设置

楼梯作为重要的逃生通道,其破坏将会延误住户的撤离和救援工作的开展,从而导致严重的经济和生命损失。砌体结构本身就是抗震性能较差的一种结构形式,而其中的楼梯间作为建筑垂直向交通设施在砌体结构中更是抗震设防的一个薄弱部位。因此,楼梯间作为抗震设计的一个关键部位,应从各方面予以加强。

汶川地震中,按之前抗震标准建造的多层砌体房屋经受了考验,验证了中国标准的可靠性,同时也发现了一些应补充的地方,考虑到楼梯间作为地震疏散通道,而且地震时受力比较复杂,容易造成破坏,故提高了砌体结构楼梯间的构造要求,将关于楼梯间设置的条文新增为强制性条文。GB 50011—2010增加了地震烈度为8、9度时不应采用装配式楼梯段的要求;突出屋顶的楼、电梯间,地震中受到较大的地震作用,因此在构造措施上也需要特别加强,所以在意见稿中扩大了楼梯间构造措施的适用区域,并增加了地震烈度8度(0.30g)和9度时不应采用装配式楼梯段的要求。

9.1.3 圈梁的设置

钢筋混凝土圈梁的主要功能:

(1)增强房屋的整体性,由于圈梁的约束,预制板散开以及砖墙出平面倒塌的危险性大大减小了。使纵、横墙能保持一个整体的箱形结构,充分地发挥各片砖墙在平面内的抗剪承载力。

(2)作为楼(屋)盖的边缘构件,提高了楼盖的水平刚度,使局部地震作用能够分配给较多的砖墙来承担,也减轻了大房间纵、横墙平面外破坏的危险性。

(3)圈梁还能限制墙体斜裂缝的开展和延伸,使砖墙裂缝仅在两道圈梁之间的墙段内发生,斜裂缝的水平夹角减小,砖墙抗剪承载力得以充分地发挥和提高。

(4)可以减轻地震时地基不均匀沉陷对房屋的影响。各层圈梁,特别是屋盖处和基础处的圈梁,能提高房屋的竖向刚度和抗御不均匀沉降的能力。

砌体结构圈梁的设置和配筋量按设防烈度的不同进行了区分。通过总结汶川地震的震害经验,GB 50011—2010提高了对楼层内横墙圈梁间距的要求。

9.1.4 构造柱的设置

钢筋混凝土构造柱的作用主要有:

(1)可以大大提高砌体墙的极限变形能力,使砌体墙在遭遇强烈的地震作用时,虽然开裂严重但不至于突然倒塌。

(2)构造柱虽然对于提高砌体墙的初裂和极限承载能力有一定的帮助,但其主要作用是在墙体开裂以后,特别是墙体破坏分成四大块以后,能够约束破碎的三角形砌体脱落坍塌,即使在构造柱自身上下端出现塑性铰后,也仍能阻止破碎砌体的倒塌。

(3)构造柱不仅增强了内外墙连接的整体性,而且形成了一个由圈梁和构造柱组成的带钢筋混凝土边框的抗侧力体系,大大增强了砌体结构的整体作用。

试验证明,利用圈梁和构造柱等延性构件对砌体结构形成分割、包围,必要时设置水平钢筋,对整个砌体房屋而言,承载力提高不多,而变形能力和耗能能力却大大增大。这样,可以大大提高砌体房屋的防倒塌能力,是改善砌体结构抗震性能的最重要的有效途径。

GB 50011—2010 第7.3.1条规定了多层砖砌体房屋构造柱设置的要求,具体见表9-2。

多层砖砌体房屋构造柱设置要求 表9-2

<table>
<tr><td colspan="4">不同地震烈度下的房屋层数</td><td colspan="2" rowspan="2">设 置 部 位</td></tr>
<tr><td>6</td><td>7</td><td>8</td><td>9</td></tr>
<tr><td>四、五</td><td>三、四</td><td>二、三</td><td></td><td rowspan="3">楼、电梯间四角、楼梯斜梯段上下端对应的墙体处;外墙四角和对应转角;错层部位横墙与外纵墙交接处;较大洞口两侧</td><td>隔12m或单元横墙与外纵墙交接处,楼梯间对应的另一侧内横墙与外纵墙交接处</td></tr>
<tr><td>六</td><td>五</td><td>四</td><td>二</td><td>隔开间横墙(轴线)与外墙交接处,山墙与内纵墙交接处</td></tr>
<tr><td>七</td><td>≥六</td><td>≥五</td><td>≥三</td><td>内墙(轴线)与外墙交接处,内横墙的局部较小墙垛处,内纵墙与横墙(轴线)交接处</td></tr>
</table>

注:较大洞口,内墙指不小于2.1m的洞口;外墙在内外墙交接处已设置构造柱时应允许适当放宽,但洞侧墙体应加强。

9.2 中欧部分标准的对比

9.2.1 设防依据

中国标准是按照不同烈度区对砌体房屋进行设防的,EN 1998-1:2004将砌体分为3类:无筋砌体、约束砌体和配筋砌体。按这3类砌体,EN 1998-1分别给出了地震区域相应的设计标准和建造规则。

9.2.2 抗震构造措施

EN 1998-1第9.5.1条给出了砌体结构均要符合的设计标准与建造要求:

(1)砌体结构由楼板和墙体组成,这些楼板和墙体在正交的两个水平方向和垂直方向连接在一起。

(2)楼板间和墙体间的连接应由钢筋带或钢筋混凝土圈梁提供。

(3)如果满足了连续性和有效隔板作用的一般要求,则可使用任何类型的楼板。

(4)剪力墙至少在水平两个正交方向设置,其几何尺寸的要求如表9-3所示。

(5)对于剪力墙不符合表9-3中几何尺寸的要求时,应遵循表9-4中无筋砌体的构造要求。

EN 1998-1 砌体剪力墙几何尺寸要求 表9-3

砌 体 类 型	$t_{ef,min}$(min)	$(h_{ef}/t_{ef})_{max}$	$(l/h)_{min}$
无筋砌体(石砌块)	350	9	0.5
无筋砌体(其他类型砌块)	240	12	0.4
无筋砌体(其他类型砌块,低地震区)	170	15	0.35
约束砌体	240	15	0.3
加筋砌体	240	15	无限制

注:t_{ef}为墙体厚度;h_{ef}为墙体有效高度;h为与墙体相邻的开口的较大净高;l为墙的长度。

EN 1998-1 3 类砌体构造要求 表 9-4

类别	无筋砌体	约束砌体	配筋砌体
水平和纵向构件	水平混凝土梁或钢筋带应放置在每层楼板所在平面内且垂直向间距不超过4m,这些梁或带应形成有规律的连续边界构件	水平和垂直约束构件应黏结在一起并且锚固到主结构体系的构件上。水平和纵向的约束构件的横截面尺寸不小于150mm。在双翼墙内,约束构件的尺寸应能保证两翼墙的连接和有效约束。竖向约束构件的位置:①墙单元的自由端;②面积超过 1.5m² 洞口的两侧;③如果有必要的话,墙内约束构件间距不超过5m;④墙体相交处,符合上述三条规则的约束构件应间隔 1.5m以上。水平约束构件应放置在每层楼板所在平面内且垂直向间距不超过4m	无特殊要求
配筋	水平混凝土梁中纵筋面积不小于200mm²	约束构件的纵向钢筋面积不应小于300mm²,且不小于约束构件横截面的1%。箍筋直径不小于5mm,间距不大于150mm。钢筋的搭接长度不应小于直径的60倍	水平钢筋应放置在层间接缝中或构件适宜的槽中,垂直间距不超过600mm。有凹槽的砌体单元应按过梁和女儿墙进行配筋。应采用直径不小于4mm的钢筋弯绕在墙体边缘的纵向钢筋上。竖向钢筋应布置在凹槽、空腔或孔洞中,分布于整个墙体。应避免较高的水平钢筋比例,因为其会导致砌块在钢筋屈服之前受压破坏。水平钢筋对于墙体毛截面的最小配筋率不应小于0.05%。安排在以下部位的竖向钢筋面积不小于200mm²:①每一墙单元的自由端;②墙体相交处;③墙内竖向钢筋间距不超过5m。墙体内水平截面的配筋率不应小于0.08%。箍筋间距要求和搭接长度同约束砌体。女儿墙和过梁应通过水平钢筋规则地连接在相邻墙体上
浇筑	无特殊要求	水平和竖向约束构件应连接在一起,并锚固在主要结构体系的构件上。为使约束构件同砌体主体得到有效连接,约束构件的混凝土要在砌体主体完成后再浇筑	无特殊要求

通过上述内容我们可以看出,GB 50011—2010 和 EN 1998-1 均是随着地震区由低到高而逐渐加强砌体结构内柱体和墙体配筋,来达到抵抗地震作用的目的。虽然在设防依据上存在差异,但中欧标准规定的实际内容是相似的。中国的砌体结构也如欧洲标准那样划分为3类:无筋砌体、约束砌体和加筋砌体,用墙体的体积配筋率来大致界定。配筋率在0.2%以上称为加筋砌体,配筋率在0.07%~0.2%称为约束砌体,把仅配少量拉结钢筋的砌体结构划为无筋砌体。

EN 1998-1 第9.3 节第2款明确指出"无筋砌体只适用于低地震区",中国标准在低烈度区(6度区)的构造措施要求也较低,基本上可采用无筋砌体。欧洲标准对约束砌体和加筋砌体给出了具体的配筋要求,其中约束砌体的约束构件可理解为中国标准中的圈梁和构造柱,而加筋砌体则在"圈梁"和"构造柱"的基础上,墙体内增加了配筋。中国标准则主要采用圈梁和构造柱形成的框体将砌体结构"捆绑"在一起。

9.2.3 墙体尺寸

EN 1998-1 第9.5.1条第5款给出了砌体剪力墙的几何尺寸要求,如其表9.2.3-1所示。对于剪力墙的最小厚度,欧洲标准根据砌体类型取不同的值;GB 50011—2010 第 7.1.2 条规定,剪力墙的最小厚度为 190mm。欧洲标准中给出的砌体剪力墙最小厚度值,按照砌体类型确定;GB 50011—2010 第 7.1.2 条中砌体结构剪力墙的最小厚度取值,则是按照房屋类型和所用的砌体材料来确定的。

EN 1998-1 中对砌体结构剪力墙的尺寸限值做出了规定,而 GB 50011—2010 中对砌体结构剪力墙尺寸限值除厚度外则没有具体的规定。

9.2.4 建筑布置

9.2.4.1 建筑的布置

EN 1998-1 第 9.7.1 条指出重要性级别为Ⅰ级或Ⅱ级并且符合 EN 1998-1 第 9.2、9.5 和 9.7.2 节规定的建筑可定义为“简单砌体建筑”,对于这样的建筑不强制进行 EN 1998-1 第 9.6 节所规定的安全性验证。“简单砌体结构”对应于 GB 50011—2010 中的普通砌体结构。因此,将“简单砌体建筑”中相关规定同中国标准中的某些条款做对比,EN 1998-1 第 9.7.2 条对“简单砌体建筑”的平面布置做出了规定:

(1)平面应近似为矩形。

(2)平面上短边和长边的长度之比应不小于最小值 λ_{min},推荐 λ_{min} 的值为 0.25。

(3)矩形凹进的投影面积应不超过所考虑楼层以上总楼面面积的百分比 p_{max},推荐 p_{max} 的值为 15%。

GB 50011—2010 第 7.1.7 条和第 7.1.8 条分别对多层砌体房屋和底部框架-抗震墙砌体房屋的建筑和结构布置做了规定。对于多层砌体房屋,GB 50011—2010 中要求其纵横抗震墙布置时平面轮廓凹凸尺寸不应超过典型尺寸的 50%,当超过典型尺寸的 25% 时,房屋转角处应采取加强措施,而 EN 1998-1 中则给出了一个 p_{max} 值的规定,并且要求平面布置成近似矩形。

GB 50011—2010 第 7.1.7 条还规定多层砌体房屋纵横向抗震墙布置“宜均匀对称,沿平面内宜对称,沿竖向应上下连续;且纵横向墙体的数量不宜相差过大”,EN 1998-1 中则相对地要求相邻楼层的质量和水平剪力墙横截面面积的差值不能过大,并给出了具体的限值。

9.2.4.2 结构的布置

对于底部框架-抗震墙砌体房屋,GB 50011—2010 第 7.1.8 条对结构布置做了如下规定:

(1)上部的砌体墙体与底部的框架梁或抗震墙,除楼梯间附近的个别墙段外均应对齐。

(2)房屋的底部,应沿纵横两方向设置一定数量的抗震墙,并应均匀对称布置。地震烈度 6 度且总层数不超过四层的底层框架-抗震墙砌体房屋,应允许采用嵌砌于框架之间的约束普通砖砌体或小砌块砌体的砌体抗震墙,但应计入砌体墙对框架的附加轴力和附加剪力并进行底层的抗震验算,且同一方向不应同时采用钢筋混凝土抗震墙和约束砌体抗震墙;其余情况,地震烈度 8 度时应采用钢筋混凝土抗震墙,地震烈度 6、7 度时应采用钢筋混凝土抗震墙或配筋小砌块砌体抗震墙。

(3)底层框架-抗震墙砌体房屋的纵横两个方向,第二层计入构造柱影响的侧向刚度与底层侧向刚度的比值,地震烈度 6、7 度时不应大于 2.5,地震烈度 8 度时不应大于 2.0,且均不应小于 1.0。

(4)底部两层框架-抗震墙砌体房屋纵横两个方向,底层与底部第二层侧向刚度应接近,第三层计入构造柱影响的侧向刚度与底部第二层侧向刚度的比值,地震烈度 6、7 度时不应大于 2.0,地震烈度 8 度时不应大于 1.5,且均不应小于 1.0。

(5)底部框架-抗震墙砌体房屋的抗震墙应设置条形基础、筏形基础等整体性好的基础。

EN 1998-1 中则没有对这类建筑的相关规定。

GB 50011—2010 第 7.1.7 条对多层砌体房屋的建筑布置和结构体系做了规定，要求“多层砌体房屋应优先采用横墙承重或纵墙共同承重的结构体系，不应采用砌体墙和混凝土墙混合承重的结构体系”。EN 1998-1 中没有提及对砌体建筑的相关规定。

9.2.4.3 剪力墙的形式

EN 1998-1 规定，“简单砌体建筑”的剪力墙应满足以下条件：

(1)建筑应通过剪力墙加劲，这些剪力墙在平面图上沿两个正交方向近似对称排列。

(2)两个正交方向上应至少设置两面平行墙体，每面墙的长度大于建筑在所考虑的墙体方向上长度的 30%，在低地震强度下，墙体的长度可由某一轴上由开口隔开的剪力墙的累积长度提供，此时，每个方向上至少有一面剪力墙体的长度应为 l，其不小于规定限值$(l/h)_{min}$的 2 倍。

(3)对于一个方向上的墙体，墙间距至少应大于在另一方向上建筑长度的 75%。

(4)从建筑顶部到底部剪力墙应是连续的。

EN 1998-1 对两个正交水平方向上相邻楼层之间质量的差值和水平剪力墙横截面面积差值给出了限定，推荐质量差值最大限值 $\Delta_{m,max}=20\%$，面积差值最大限值 $\Delta_{A,max}=20\%$。

GB 50011—2010 要求“楼板局部大洞口的尺寸不宜超过楼板宽度的 30%，且不应在墙体两侧同时开洞”“房屋错层的楼板高差超过 500mm 时，应按两层计算，错层部位的墙体应采取加强措施”“同一轴线上的窗间墙宽度宜均匀，墙面洞口的面积在 6、7 度时不宜大于墙面总面积的 55%，8、9 度时不宜大于 50%”“房屋宽度方向的中部应设置内纵墙，其累计长度不宜小于房屋总长度的 60%”。

GB 50011—2010 第 7.1.8 条规定，底部框架-抗震墙砌体房屋“上部的砌体墙与底部的框架梁或抗震墙，除楼梯间附近的个别墙段外均应对齐”，这与 EN 1998-1 中“从建筑顶部到底部剪力墙应是连续的”相似，只是 EN 1998-1 中有关砌体建筑的章节中没有中国标准中所出现的底部框架-抗震墙砌体建筑的相关定义，而是对“简单砌体建筑”给出了规定。

从上述 3 个方面可以看出，中欧标准对砌体建筑的建筑布置要求在细节方面并不相同，但有些思路是相似的。

(1)EN 1998-1 和 GB 50011—2010 中对砌体建筑均有布置规则均匀的概念。例如，EN 1998-1中矩形的平面布置要求，对平面不规则面积的限制，对相邻楼层质量和剪力墙横截面面积差值的限定。GB 50011—2010 中对剪力墙布置不规则尺寸的限制以及处理措施，对纵横墙体数量差值不能过大，以及中欧标准中均有剪力墙上下连续的要求等。可见，EN 1998-1 和 GB 50011—2010对建筑结构规则均匀在抗震设计中的重要性均有认识。

(2)中欧标准的不同之处在于，GB 50011—2010 对砌体建筑的规定较多，对很多细节设计都有规定，而 EN 1998-1 中规定比较清晰，很多规定都给出具体限值。

9.2.5 高度限制

GB 50011—2010 第 7.1.2 条中给出了多层砌体房屋的层数和高度限制。

EN 1998-1 没有单独给出砌体建筑的高度限制，在第 9.7.2 条中给出了简单砌体建筑地面楼层的允许数量及墙体最小横截面面积的限值要求，如表 9-5 所示。

简单砌体建筑容许地面楼层数量和剪力墙最小面积建议值 表 9-5

场地加速度 $a_g \cdot S$		$\leqslant 0.07k \cdot g$	$\leqslant 0.10k \cdot g$	$\leqslant 0.15k \cdot g$	$\leqslant 0.20k \cdot g$
施工类型	楼层数量(n)	每个方向上水平剪力墙横截面面积之和的最小值，即在每层总楼面面积中所占的百分比($p_{A,min}$)			
无筋砌体	1	2.00%	2.00%	3.50%	n/a
	2	2.00%	2.50%	5.00%	n/a

续上表

场地加速度 $a_g \cdot S$		≤0.07k·g	≤0.10k·g	≤0.15k·g	≤0.20k·g
无筋砌体	3	3.00%	5.00%	n/a	n/a
	4	5.00%	n/a*	n/a	n/a
约束砌体	2	2.00%	2.50%	3.00%	3.50%
	3	2.00%	3.00%	4.00%	n/a
	4	4.00%	5.00%	n/a	n/a
	5	6.00%	n/a	n/a	n/a
加筋砌体	2	2.00%	2.00%	2.00%	3.50%
	3	2.00%	2.00%	3.00%	5.00%
	4	3.00%	4.00%	5.00%	n/a
	5	4.00%	5.00%	n/a	n/a

注:1. n/a 意为“不容许”。

2. 整个楼层以上的顶部空间不包含在楼层数量中。

对比 GB 50011—2010 第 7.1.2 条中的表格,可以发现:

(1)中欧标准对砌体建筑高度的限值均是基于地震大小而给出的,而且区别砌体建筑分类的不同,在地震较大、层数较多的情况下则不容许使用砌体结构。

(2)不同的是,GB 50011—2010 以地震烈度和设计基本地震加速度为基准,EN 1998-1 则是根据场地加速度 $a_g \cdot S$ 这一指标给出楼层数量。

(3)GB 50011—2010 不仅给出了层数限值,还给出了高度限值,而 EN 1998-1 只是给出了推荐地面楼层数量。

(4)GB 50011—2010 按照砌体房屋结构和所用砌体材料进行划分,EN 1998-1 则按照施工类型或砌体结构类型来分类。

(5)过去的地震震害调查表明,层数较多的砌体建筑所受的震害往往比层数较少的砌体建筑所受的震害严重,中欧标准都认识到了这一点,相比较之下,EN 1998-1 对砌体建筑层数的限制更为严格,其在某些地震情况下不允许采用无筋砌体,而层数较多的加筋砌体也不允许采用,最高层数限值也更为严格。

9.2.6 材料

9.2.6.1 EN 1998-1 对材料部分的规定

EN 1998-1 第 9.2 节中对材料部分的规定如下:

1)砌块类型和最小强度

砌块应具有充分的坚固性以避免局部脆性破坏。具体的砌块类型需要查阅 EN 1996。砌块最小强度除了地震强度较弱的情况外,按照 EN 772-1 规定得出的砌块相对抗压强度应不低于如下最小值:

与基层表面垂直:$f_{b,min}$;

与墙体平面内的基层表面平行:$f_{bh,min}$。

注:各国国内使用的 $f_{b,min}$ 和 $f_{bh,min}$ 的值可在该国国家附件中找到。建议 $f_{b,min} = 5N/mm^2$,$f_{bh,min} = 2N/mm^2$。

2)灰浆

EN 1998-1 第 9.2.3 条第 1 款对灰浆最小强度 $f_{m,min}$ 做出了规定,其中,各国国内使用的 $f_{m,min}$ 的值可在该国国家附件中找到。对于未加筋或约束砌体,建议 $f_{m,min} = 5N/mm^2$;对于加筋砌体,建议 $f_{m,min} = 10N/mm^2$。

3)砌筑

有3种等级的备选砌缝:

(1)满浆砌缝。

(2)无浆砌缝。

(3)无浆砌缝,砌体之间具有机械联锁。

注:国家附件可详细说明以上3种等级中哪一种将被允许在该国或该国某些地区使用。

9.2.6.2 GB 50011—2010 对材料部分的规定

GB 50011—2010 第7.1.1条中所提到的砌体材料有普通砖(包括烧结、蒸压、混凝土普通砖)、多孔砖(包括烧结、混凝土多孔砖)和混凝土小型空心砌块等。

《砌体结构设计规范》(GB 50003—2011)第3.1节和第3.2节中规定了各类砌体材料及砂浆的强度等级。

(1)对于承重结构的块体的强度等级,采用的强度等级为:

①烧结普通砖、烧结多孔砖的强度等级:MU30、MU25、MU20、MU15和MU10。

②蒸压灰砂普通砖、蒸压粉煤灰普通砖的强度等级:MU25、MU20和MU15。

③混凝土普通砖、混凝土多孔砖的强度等级:MU30、MU25、MU20和MU15。

④混凝土砌块、轻集料混凝土砌块的强度等级:MU20、MU15、MU10、MU7.5和MU5。

⑤石材的强度等级:MU100、MU80、MU60、MU50、MU40、MU30和MU20。

(2)自承重墙的空心砖、轻集料混凝土砌块的强度等级为:

①空心砖的强度等级:MU10、MU7.5、MU5和MU3.5。

②轻集料混凝土砌块的强度等级:MU10、MU7.5、MU5和MU3.5。

③砂浆的强度等级应按下列规定采用:

a. 烧结普通砖、烧结多孔砖、蒸压灰砂普通砖和蒸压粉煤灰普通砖砌体采用的普通砂浆强度等级:M15、M10、M7.5、M5和M2.5;蒸压灰砂普通砖和蒸压粉煤灰普通砖砌体采用的专用砌筑砂浆强度等级:Ms15、Ms10、Ms7.5、Ms5.0。

b. 混凝土普通砖、混凝土多孔砖、单排孔混凝土砌块和煤矸石混凝土砌块砌体采用的砂浆强度等级:Mb20、Mb15、Mb10、Mb7.5和Mb5。

c. 双排孔和多排孔轻集料混凝土砌块砌体采用的砂浆强度等级:Mb10、Mb7.5和Mb5。

d. 毛料石、毛石砌体采用的砂浆强度等级:M7.5、M5和M2.5。

GB 50003—2011 中还给出了采用各类砌体材料砌筑的砌体抗压强度设计值,如表9-6~表9-9所示。

烧结普通砖和烧结多孔砖砌体的抗压强度设计值(MPa) 表9-6

砖强度等级	砂浆强度等级					砂浆强度
	M15	M10	M7.5	M5	M2.5	0
MU30	3.94	3.27	2.93	2.59	2.26	1.15
MU25	3.60	2.98	2.68	2.37	2.06	1.05
MU20	3.22	2.67	2.39	2.12	1.84	0.94
MU15	2.79	2.31	2.07	1.83	1.60	0.82
MU10	—	1.89	1.69	1.50	1.30	0.67

注:当烧结多孔砖的孔洞率大于30%时,表中数值应乘以0.9。

混凝土普通砖和混凝土多孔砖砌体的抗压强度设计值(MPa) 表 9-7

砖强度等级	砂浆强度等级					砂浆强度
	Mb20	Mb15	Mb10	Mb7.5	Mb5	0
MU30	4.61	3.94	3.27	2.93	2.59	1.15
MU25	4.21	3.60	2.98	2.68	2.37	1.05
MU20	3.77	3.22	2.67	2.39	2.12	0.94
MU15	—	2.79	2.31	2.07	1.83	0.82

蒸压灰砂普通砖和蒸压粉煤灰普通砖砌体的抗压强度设计值(MPa) 表 9-8

砖强度等级	砂浆强度等级				砂浆强度
	M15	M10	M7.5	M5	0
MU25	3.60	2.98	2.68	2.37	1.05
MU20	3.22	2.67	2.39	2.12	0.94
MU15	2.79	2.31	2.07	1.83	0.82

注:当采用专用砂浆砌筑时,其抗压强度设计值按表中数值采用。

单排孔混凝土砌块和轻集料混凝土砌块对孔砌筑砌体的抗压强度设计值(MPa) 表 9-9

砌体强度等级	砂浆强度等级					砂浆强度
	Mb20	Mb15	Mb10	Mb7.5	Mb5	0
MU20	6.30	5.68	4.95	4.44	3.94	2.33
MU15	—	4.61	4.02	3.61	3.20	1.89
MU10	—	—	2.79	2.50	2.22	1.31
MU7.5	—	—	—	1.93	1.71	1.01
MU5	—	—	—	—	1.19	0.70

注:1. 对独立柱或厚度为双排组砌的砌块砌体,应按表中数值乘以0.7。
2. 对T形截面墙体、柱,应按表中数值乘以0.85。

对比中欧标准相关内容可以发现,EN 1998-1 中规定有3种砌缝,即满浆砌缝、无浆砌缝和机械联锁,中国标准要求的砌缝基本只有第一种形式。

9.2.7 结构类型及性能系数

9.2.7.1 欧洲标准的规定

EN 1998-1 第9.3节对砌体结构的施工类型做了规定。

根据抗震构件所使用的砌体类型,应将砌体结构归为以下施工类型中的某一类:

(1)无筋砌体施工。

(2)约束砌体施工。

(3)加筋砌体施工。

注:1. 同样包含了采用具有结构加强延性的砌体体系进行的施工;
2. 不涉及带填充砌体的框架。

第9.3节所规定的施工类型可以理解为结构类型,即欧洲标准中的砌体类型为无筋砌体、约束砌体和加筋砌体3种。

EN 1998-1 中还规定:

仅符合EN 1996规定的无筋砌体,其抗拉强度和延性都较低,如果这类砌体建筑墙体的有效厚度 t_{ef} 不低于最小值 $t_{ef,min}$(各国国内使用的 $t_{ef,min}$ 可在该国国家附件中找到,推荐值见EN 1998-1 表9.2.2-1),则认为其具有低耗散能力,且其用途受到限制,推荐仅用于低地震强度情形。如果

$a_g \cdot S$值超出了一定的限值 $a_{g,um}$，则不可使用符合现行欧洲标准规定的未加筋砌体，各国使用的 $a_{g,um}$的值可以在该国国家附件中找到。对于低地震强度情形，该值应不小于阈值所对应的值。$a_{g,um}$的值应与适用于最小强度（对于砌块，为$f_{b,min}$、$f_{bh,min}$；对于砂浆，为$f_{m,min}$）的值一致。

EN 1998-1 给出了各类砌体建筑的性能系数 q 的上限容许值范围，如表 9-10 所示。

结构类型和性能系数上限 表 9-10

结构类型	性能系数 q
仅符合 EN 1996 规定的无筋砌体（推荐仅用于低地震强度情形）	1.5
符合 EN 1998-1 规定的无筋砌体	1.5～2.5
约束砌体	2.0～3.0
加筋砌体	2.5～3.0

注：1. 某国国内使用的性能系数 q 的上限值（在EN 1998-1表 9. 2. 7-1 的范围内）可在其国家附件中找到。推荐值为 EN 1998-1表 9. 2. 7-1 中范围的下限值。

2. 对于采用具备结构增强延性的砌体体系进行施工的建筑物，如果对体系和 q 的相关值用试验方法进行了检验，则可使用性能系数 q 的特定值。各国国内适用于该类建筑的性能系数 q 值可在该国国家附件中找到。

9.2.7.2 中国标准的规定

GB 50003—2011 中有配筋砌体结构明确的定义，即由配置钢筋的砌体作为建筑物主要受力构件的结构，是网状配筋砌体柱、水平配筋砌体墙、砖砌体和钢筋混凝土面层或钢筋砂浆面层组合砌体柱（墙）、砖砌体和钢筋混凝土构造柱组合墙和配筋砌块砌体剪力墙结构的统称。其中，配筋砌块砌体剪力墙结构是指由承受竖向和水平作用的配筋砌块砌体剪力墙和混凝土楼、屋盖所组成的房屋建筑结构。相对于 EN 1998-1，GB 50003—2011 和 GB 50011—2010 中有提到无筋砌体构件和约束砌体构件，但并没有提及有关无筋砌体和约束砌体的明确定义，主要针对多层砌体和底部框架-抗震墙砌体建筑的有关规定。

通过对比可见：

（1）EN 1998-1 对砌体结构类型的划分较为明确，GB 50003—2011 中只对加筋砌体结构定义明确，但 GB 50011—2010 中也存在着将砌体划分成为无筋砌体、约束砌体和加筋砌体的思想，规范中砌体结构的设计计算及构造要求是分别针对不同的砌体类型展开的。GB 50011—2010 中涉及多层砌体房屋和底部框架-抗震墙砌体房屋，其中后者是适应目前中国经济发展状况的一类砌体建筑形式，EN 1998-1 中并没有提及这类砌体结构形式。

（2）EN 1998-1 给出了 3 类砌体结构形式的性能系数上限值，GB 50011—2010 中没有针对砌体建筑有关性能系数的概念。

9.2.8 结构分析

9.2.8.1 欧洲标准的规定

EN 1998-1 第 9.4 节给出了砌体结构分析的规定：

（1）用于建筑分析的结构模型应表现整个体系的刚度特征。

（2）应通过考虑结构构件的弯曲和剪切弹性以及轴向弹性（如相关）来计算结构构件的刚性。分析可使用未开裂弹性刚度或开裂刚度（更好且更真实），以便考虑开裂对变形的影响以及更好地模拟结构构件的双线性-变形模型第一分支的斜率。

（3）在无法对刚度特性进行精确评估的情况下，经合埋分析证实，开裂后的弯曲和剪切刚度可取值为毛截面未开裂弹性刚度的 1/2。

（4）在结构模型中，如果砌体拱肩规则地粘贴到临墙并同时连接到楼板系梁和下部的过梁，则可考虑砌体拱肩并将其作为两个墙构件之间的连梁。

（5）如果在结构模型中考虑了连梁，则可使用框架分析以确定垂直和水平结构构件中的作用效应。

(6)如果达到以下条件,则(4)中所述的线性分析所得到的各种不同墙体内的基底剪力可在墙间重分布:

①满足了整体平衡性(达到了相同的总基底剪力和合力位置)。

②所有墙内的剪力既没有减小25%以上,也没有增大33%以上。

③考虑了隔板重分布的后果。

9.2.8.2 中国标准的规定

GB 50003—2011 给出了砌体结构静力计算方案,即静力计算简图。将砌体结构的静力计算按照建筑空间工作性能分为刚性方案、刚弹性方案和弹性方案。其中,刚性方案是指按楼盖、屋盖作为水平不动铰支座对墙、柱进行静力计算的方案;刚弹性方案是指按楼盖、屋盖与墙、柱为铰接,考虑空间工作的排架或框架对墙、柱进行静力计算的方案;弹性方案是指按楼盖、屋盖与墙、柱为铰接,不考虑空间工作的平面排架或框架对墙、柱进行静力计算的方案。设计时,按表9-11 确定计算方案。

房屋静力计算方案 表9-11

屋盖或楼盖类别		刚性方案	刚弹性方案	弹性方案
1	整体式、装配整体式和装配式无檩体系钢筋混凝土屋盖或钢筋混凝土楼盖	$S<32$	$32\leqslant S\leqslant 72$	$S>72$
2	装配式有檩体系钢筋混凝土屋盖、轻钢屋盖和有密铺塑板的木屋盖或木楼盖	$S<20$	$20\leqslant S\leqslant 48$	$S>48$
3	瓦材屋面和木屋盖与轻钢屋盖	$S<16$	$16\leqslant S\leqslant 36$	$S>36$

注:1. 表中 S 为房屋横墙间距,其长度单位为 m。

2. 当屋盖、楼盖类别不同或横墙间距不同时,可按 GB 50003—2011 第 4.2.7 条的规定确定房屋的静力计算方案。

3. 对无山墙或伸缩缝处无横墙的房屋,应按弹性方案考虑。

对于弹性方案静力计算,可按屋架或大梁与墙(柱)为铰接的、不考虑空间工作的平面排架或框架计算。

对于刚弹性方案静力计算,可按屋架、大梁与墙(柱)铰接并考虑空间工作的平面排架或框架计算。房屋各层的空间性能影响系数,可按表9-12 采用。

房屋各层的空间性能影响系数 η 表9-12

屋盖或楼盖类别	横墙间距 S(m)														
	16	20	24	28	32	36	40	44	48	52	56	60	64	68	72
1	—	—	—	—	0.33	0.39	0.45	0.50	0.55	0.60	0.64	0.68	0.71	0.74	0.77
2	—	0.35	0.45	0.54	0.61	0.68	0.73	0.78	0.82	—	—	—	—	—	—
3	0.37	0.49	0.60	0.68	0.75	0.81	—	—	—	—	—	—	—	—	—

对于刚性方案静力计算,GB 50003—2011 中规定:

(1)单层房屋:在荷载作用下,墙、柱可视为上端不动铰支承与屋盖,下端嵌固于基础的竖向构件。

(2)多层房屋:在竖向荷载作用下,墙、柱在每层高度范围内,可近似地视为两端铰支的竖向构件;在水平荷载作用下,墙、柱可视为竖向连续梁。

(3)对本层的竖向荷载,应考虑对墙、柱的实际偏心影响,梁端支承压力 N_l 到墙边的距离,应取梁端有效支承长度 a_0 的 0.4 倍(图9-1)。由上面楼层传来的荷载 N_u,可视为作用于上一楼层的墙、柱的截面重心处。

(4)对于梁跨度大于9m 的墙承重的多层房屋,按上述方法计算时,应考虑梁端约束弯矩的影响。可按梁两端固结计算梁端弯矩,再将其乘以修正系数γ后,按墙体线性刚度分到上层墙底部和下层墙顶部,修正系数γ可按式计算:

$$\gamma = 0.2\sqrt{\frac{a}{b}} \tag{9-1}$$

式中:a——梁端实际支承长度;

b——支承墙体的墙厚,当上下墙厚不同时取下部墙厚,当有壁柱时取h_T。

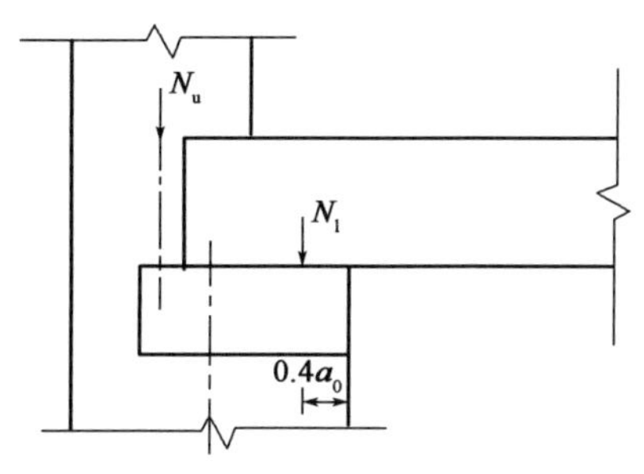

图 9-1 梁端支承压力位置

EN 1998-1 中没有对砌体建筑的刚度做具体的规定,只是要求“用于建筑分析的结构模型应表现整个体系的刚度特征”,并采用了一定的简化计算方法;GB 50003—2011 中则将砌体建筑的静力计算方法分为 3 种方案,并给出了各类计算的简化模型。

9.3 计算实例

某四层教学楼(砌体结构),7 度设防 0.15g,Ⅱ类场地,设计分组第一组。结构高度及各层重力荷载代表值数据如图 9-2 所示。四层顶上有局部突出屋顶间高 3m。计算各层水平地震作用及各层水平地震剪力标准值。

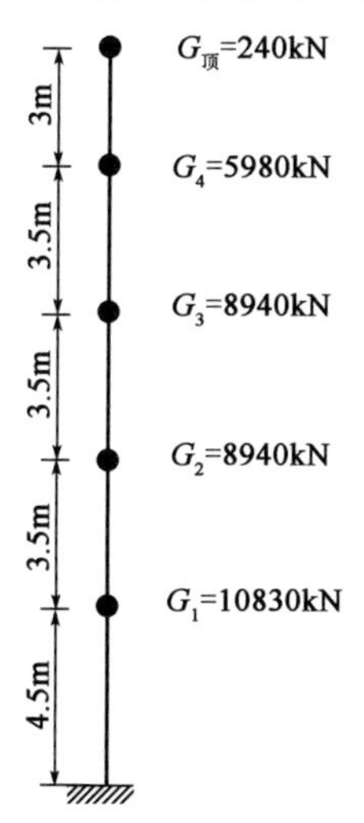

图 9-2 计算简图

解:

1)按中国标准计算

(1)总重力荷载代表值:

$G = (G_1 + G_2 + G_3 + G_4 + G_{顶}) = (10830 + 8940 \times 2 + 5980 + 240)$

$= 34930\text{kN}$

等效总重力荷载:

$G_{eq} = 0.85G = 0.85G = 0.85 \times 34930 = 29690.5\text{kN}$

(2)水平地震作用影响系数。

在确定水平地震作用中,与结构基本周期对应的水平地震影响系数α_1,按规定,多层砌体房屋宜取水平地震影响系数最大值。其原因是这类房屋基本自振周期多数在 0.25s 以下,特征周期最小值为 0.25s。从反应谱曲线上看,当$T_1 \leq T_g$时,$\alpha_1 = \alpha_{max}$是适宜的;当T_1稍大于T_s时,α_1值下降,但不会下降太多。从安全考虑,均取$\alpha_1 = \alpha_{max}$是适宜的。这一规定不仅免去了基本周期T_1的求解,而且与场地类别和设计地震分组都不发生关系,因为不需要再确定特征周期了,从而简化了计算。按本例所给条件 7 度 0.15g,自 GB 50011—2010 表 5.1.4-1 查出$\alpha_{max} = 0.12$,代入规范中式(5.2.1-1),可算出结构水平地震作用标准值:

$F_{EK} = \alpha_1 G_{eq} = 0.12 \times 29690.5 = 3562.86\text{kN}$

因为这类房屋自振周期较短,其顶部附加地震作用系数δ_n按规定可采用 0,故可不用考虑。

(3)各层水平地震作用标准值,其计算过程如表 9-13 所示。

各层水平地震作用标准值 表 9-13

层	H_i(m)	G_i(kN)	G_iH_i(kN·m)	$\frac{G_iH_i}{\sum G_iH_i}$	F_{EK}(kN)	F_i(kN)	V_i(kN)
顶	18	240	4320	0.0136	3562.86	48.45	145.35
四	15	5980	89700	0.2829	3562.86	1007.93	1056.38
三	11.5	8940	102810	0.3242	3562.86	1155.08	2211.46

续上表

层	H_i(m)	G_i(kN)	G_iH_i(kN·m)	$\frac{G_iH_i}{\sum G_iH_i}$	F_{EK}(kN)	F_i(kN)	V_i(kN)
二	8	8940	71520	0.2256	3562.86	803.78	3015.24
一	4.5	10830	48735	0.1537	3562.86	547.62	3562.86
Σ		34930	317085	—	—	—	—

根据 GB 50011—2010 第 5.2.4 条的规定：采用底部剪力法时，突出屋面的屋顶间、女儿墙、烟囱等的地震作用效应，宜乘以增大系数 3，此增大部分不应往下传递。因此顶层的剪力在水平地震作用标准值的基础上乘以 3，但增大部分不计入第四层。

2）按欧洲标准计算

该四层砌体结构所处建筑场地为Ⅱ类，根据中国标准与欧洲标准场地类别划分标准，欧洲标准按 B 类场地计算，取最大地震分区系数 0.4，采用中等延性等级。

（1）水平地震作用。

根据 EN 1998-1:2004 第 4.3.3.2.2 条中式(4.5)：

$F_b = S_d(T_1)m\lambda$

λ 为修正系数，如果 $T_1 \leqslant 2T_C$ 且建筑层数多于两层，则 $\lambda = 0.85$，其他情况下 $\lambda = 1.0$。

当为 B 类场地时，查 EN 1998-1 表 3.2 得：$T_B = 0.15s$，$T_D = 0.5s$。

根据 EN 1998-1:2004 第 4.3.3.2.2 条第 3 款求自振周期：

$T_1 = C_tH^{3/4} = 0.05 \times 18^{3/4} = 0.44s$

$T_B = 0.15s < T_1 < T_C = 0.5s$

故采用 EN 1998-1 式(3.14)：

$$S_d(T) = a_g \cdot S \cdot \frac{2.5}{q}$$

故对于中等延性等级的砌体结构，性能系数 q 按约束砌体取 2.5。

（2）结构总水平地震作用的标准值。

对于 B 类场地，场地系数 $S = 1.2$，不考虑砌体结构的阻尼比，地震分区系数 $a_g = 0.1$。

$$F_b = S_d(T_1)m\lambda = a_g \cdot S \cdot \frac{2.5}{q} \cdot \left(\frac{T_C}{T}\right)m\lambda$$

$$= 0.1 \times 1.2 \times \frac{2.5}{2.5} \times (10830 + 8940 + 8940 + 5980 + 240) = 4191.6\text{kN}$$

（3）各层水平地震作用标准值，其计算过程如表 9-14 所示。

各层水平地震作用标准值 表 9-14

层	H_i(m)	G_i(kN)	G_iH_i(kN·m)	$\frac{G_iH_i}{\sum G_iH_i}$	F_{EK}(kN)	F_i(kN)	V_i(kN)
顶	18	240	4320	0.0136	4191.6	57.01	57.01
四	15	5980	89700	0.2829	4191.6	1185.80	1242.81
三	11.5	8940	102810	0.3242	4191.6	1358.92	2601.73
二	8	8940	71520	0.2256	4191.6	945.62	3547.35
一	4.5	10830	48735	0.1537	4191.6	644.25	4191.6
Σ	—	34930	317085	—	—	—	—

由于欧洲标准中没有明确突出屋面部分的结构的地震作用效应，故将顶层按照一般结构进行计算。从表 9-13 和表 9-14 可以看出，欧洲标准算出的地震作用效应大于中国标准算出的地

震作用效应。究其原因,依然可以解释为欧洲标准的“不倒塌”要求相当于中国的中震设防设计,比中国多遇地震,即小震设防的要求更为严格。

9.4 本章小结

本章主要对比了中欧标准中对砌体房屋部分规定的异同,虽然侧重点不同,但总体思想是相同的。

中国标准借助抗震圈梁、构造柱大大提高了结构的抗倒塌能力,而欧洲标准则采用配筋混凝土砌块剪力墙结构作为承重和抗侧力构件。在横向对比中欧抗震标准中关于砌体结构的条款时,可以看出它们是从不同角度进行规定的,但均是按照地震区由低到高而逐渐增加配筋和加强构造措施,从而达到抵抗地震作用的目的。中国可以借鉴国外的震害经验,使中国标准更加有效、合理。

第10章 隔震及消能

地震是一种突发性的、严重危及人类生命和财产安全的自然灾害。建筑结构是地震作用的主要载体,其破坏倒塌是造成人们生命财产损失的主要原因。近年来,世界范围内地震频发,尤其是汶川地震、海地地震及智利地震等影响巨大。这使人们对建筑物抗震性能的重要性有了进一步认识,并提出了更高的要求。在对建筑震害分析的基础上,建立并推广有效的抗震技术体系,成为当前抗御地震灾害最重要和紧迫的任务。

常规的延性抗震设计虽然提高了结构的抗震能力,但也存在结构安全性难以保证、适用性和全面性受到限制、经济性欠佳以及震后修复难度大等问题。汶川地震震害调查发现,经过常规抗震设计的建筑在地震中也出现了不同程度破坏。

近年来,以隔震、消能减震为主要内容的结构减震控制技术得到迅速发展,成为国际学术界和工程界关注的热点与研究的前沿。美国T. T. Soong、Constantinou和中国的周锡元等专家对结构减震控制技术做了全面评述,Constatinou教授还完成了在日常使用和地震作用下结构抗震保护装置的性能表现的总结,对结构保护系统的发展做了系统评述和总结归纳,对这一领域的发展起了重要的指引作用,在中国已有许多实际工程应用了结构隔震及消能减震技术。在此基础上,为达到建筑结构(尤其是中小学建筑和救灾关键建筑)的抗震性能目标,将可以减少结构损伤的隔震、消能减震设计方法同常规抗震设计有效结合,将是一个更加合理的抗震设计方法。

10.1 一般规定

在GB 50011—2010中,隔震和消能减震设计适用于设置隔震层以隔离水平地震动的房屋隔震设计,以及设置消能部件吸收与消耗地震能量的房屋消能减震设计。隔震与消能减震设计,可用于对抗震安全性和使用功能有较高要求或专门要求的建筑。采用隔震或消能减震设计的建筑,当遭遇到本地区的多遇地震影响、设防地震影响和罕遇地震影响时,可按高于规范规定的基本设防目标进行。

需要指出的是,规范中的隔震设计指在房屋基础、底部或下部结构与上部结构之间设置由橡胶圈隔震支座和阻尼装置等部件组成具有整体复位功能的隔震层,以延长整个结构体系的自振周期,减少输入上部结构的水平地震作用,达到预期防震要求;消能减震设计指在房屋结构中设置消能器,通过消能器的相对变形和相对速度提供附加阻尼,以消耗输入结构的地震能量,达到预期防震减震要求。

建筑结构抗震设计和消能减震设计确定设计方案时,结构体系应根据建筑的抗震设防类别、抗震设防烈度、建筑高度、场地条件、地基、结构材料和施工等因素,经技术、经济和使用条件综合比较确定,此外,还应与采取抗震设计的方案进行对比。

建筑结构采用抗震设计时应符合下列各项要求：

(1)结构高宽比宜小于4，且不应大于相关规范规程对非隔震结构的具体规定，其变形特征接近剪切变形，最大高度应满足规范中非隔震结构的要求；高宽比大于4或非隔震结构相关规定的结构采用隔震设计时，应进行专门研究。

(2)建筑场地宜为Ⅰ、Ⅱ、Ⅲ类，并应选用稳定性较好的基础类型。

(3)风荷载和其他非地震作用的水平荷载标准值产生的总水平力不宜超过结构总重力的10%。

(4)隔震层应提供必要的竖向承载力、侧向刚度和阻尼；穿过隔震层的设备配管、配线，应采用柔性连接或其他有效措施以适应隔震层的罕遇地震水平位移。

消能减震设计可用于钢、钢筋混凝土、钢-混凝土混合等结构类型的房屋。消能部件应对结构提供足够的附加阻尼，还应根据其结构类型分别符合规范的设计要求。

隔震和消能减震设计时，隔震装置和消能部件应符合下列要求：

(1)隔震装置和消能部件的性能参数应经试验确定。

(2)隔震装置和消能部件的设置部位，应采取便于检查和替换的措施。

(3)设计文件上应注明对隔震装置和消能部件的性能要求，安装前应按规定进行检测，确保性能符合要求。

建筑结构的隔震设计和消能减震设计，应符合相关专门标准的规定，也可按抗震性能目标的要求进行性能化设计。

10.2 基底隔震

结构隔震即隔离地震对结构的作用，其原理是将整个结构物或局部支座落在柔性隔震层上，通过隔震层装置有效吸收地震能量，限制和减少地震能量向上部结构的传递，以控制地震对上部结构的作用和隔震部位的变形，从而减小结构的地震响应，提高结构的抗震可靠性。

所谓基底隔震结构就是在建筑物的基础和上部结构之间设置一个隔震层，以阻隔地震能量向上部结构传递。隔震层由隔震支座组成，隔震层的作用是延长结构的自振周期，使其远离输入地震波的卓越周期，达到降低上部结构地震反应的目的。从基础隔震结构在日本、美国等发达国家实际应用的情况来看，这种结构的减震效果是明显的，具有广阔的发展前景。

基底隔震结构的工作特性表现为：在强风或微小地震时隔震层(隔震装置)具有足够的初始刚度，结构水平变位极小，不影响使用要求；当中强地震发生时，隔震装置的水平刚度较小，水平柔性滑动，使刚性的抗震体系变为柔性的隔震结构体系，其自振周期大大延长(如 $T=2\sim4\text{s}$)，远离上部结构的自振周期($T_s=0.3\sim1.2\text{s}$)和场地特征周期($T_g=0.2\sim1.0\text{s}$)，从而把地面振动有效地隔开，明显地降低上部结构的地震响应。

常用的隔震装置有橡胶垫基础隔震装置、摩擦滑移基础隔震装置和混合基础隔震等。

1)橡胶垫基础隔震装置

橡胶垫基础隔震装置由多层橡胶和多层钢板或其他材料交替叠合而成，是在上部结构底部与基础顶面之间增设一个水平刚度很低的隔震层，使在地震过程中整个结构体系的周期变长，变形集中在底层，上部结构基本上是刚体运动。

其优点有：具有足够的竖向刚度和竖向承载力；具有恰当的阻尼比，能有效吸收地震能量；具有稳定的弹塑性性能，能在多次地震中自动复位；构造简单，安装检修方便；工程应用广泛；适用于房屋、桥梁、铁路、设备等隔震装置，是目前世界上应用最多的隔震器。但是，橡胶支座若尺寸太大可能发生折断。

2)摩擦滑移基础隔震装置

在上部结构底部和建筑物基础顶面之间设置摩擦滑移构件,利用摩擦滑移消耗大量的地震能量,从而使上部结构免受大地震的直接作用,减轻上部结构的破坏。上部结构与基础之间设置的滑移摩擦面,小震时,静摩擦力使结构固结于基础上;大震时,结构发生水平滑动。

其优点有:竖向刚度大,承载能力强;隔震系统无固定频率,对地震波和场地类别不敏感;摩擦力与载重成正比,抗力重心与质心重合,可降低结构扭转效应;造价低廉。目前,国内外对摩擦滑移隔震装置的研制及其性能研究还很有限。

3)混合基础隔震装置

混合基础隔震装置包括建筑橡胶隔震支座和滑移支座的串联、并联及串并联等多种形式。

其优点有:在多遇水平地震作用下,水平刚度较小;在罕遇地震作用下,滑移板产生滑动,其滞回曲线具有明显的弹塑性性质;兼具橡胶隔震支座与滑移支座的优点,降低了对隔震层材料的要求和造价。这种复合隔震方案充分融合了前两种隔震方案的优点,同时弥补了单独采用一种隔震技术的缺点,极大地提高了建筑结构的抗震能力。

基础隔震结构的优点:

(1)由于隔震装置把结构物的承重构件与承受水平地震的构件分开,使承重构件受到较小的水平力,避免其在强地震作用下进入塑性状态,从而可靠地提高了地震作用下结构的安全度和可靠度。

(2)基础隔震方法能够较为准确地控制传到上部结构的最大地震作用,且受力明显,从而克服了传统抗震方法中设计结构构件难以准确地确定其荷载的困难,降低了地震作用的不稳定性。

(3)基础隔震方法把结构的变形局限在隔震支座上,结构自身的相对变形大大减小,甚至在强震时仍保持在弹性范围内,可以保护非结构构件不受地震的损坏。

(4)隔震支座即使在震后产生较大的永久性变形或损坏,其复位、更换、维修也要比更换、维修结构构件方便、经济,基础隔震结构的修复比传统结构要容易得多。

采用隔震设计的主要限制:

(1)软土地基上的建筑因输入地震波含有丰富的低频成分,难以采用隔震结构。

(2)结构的自振周期大于1.55s时隔震结构效果不大。

(3)风荷载大于结构自重的10%时,隔震结构会经常处于运动状态。

(4)没有空间安装隔震支座并提供足够宽的隔震沟。

基底隔震结构旨在依靠限制而非抵抗地震作用来保护结构不受地震的破坏。隔震限制地震作用力,因为柔性基础使结构与水平地面运动在很大程度上解除了耦联关系,结构的反应加速度一般要比地面加速度小,阻尼装置消耗了输入地震动的能量,使传递到隔震结构上的作用力进一步减小。

由于采用基底隔震结构,上部结构地震作用减小,能够确保安全,而且抗震措施简单明了,对上部结构的建筑设计的限制较小,震后只需简单修复甚至无须修复。由于基底隔震结构的优越特性,所以基底隔震结构适用于地震区的生命线工程、重要的建筑结构物、内部有重要仪器设备、文物等重要物品的建筑物等。此外,对于已有的不符合抗震要求的建筑物、结构物或仪器、设备、设施等可以采用隔震技术进行隔震加固改良。

基底隔震结构由于自身的优越特性在工程应用中能明显有效地减轻上部结构的地震反应,从而能有效地保护结构及其内部的仪器设备免遭地震破坏,提高结构的抗震能力,表现出其优越性。基底隔震结构以延长结构的基本周期和改善结构的阻尼为基本方法,是一种全新的抗震技术。

10.2.1 中国标准

GB 50011—2010 主要从隔震层的选择、布置、设计、计算、验算等方面对建筑抗震设计做出了规定。

隔震设计应根据预期的竖向承载力、水平向减震系数和位移控制要求，选择适当的隔震装置及抗风装置组成结构的隔震层。

隔震支座应进行竖向承载力的验算和罕遇地震下水平位移的验算。

隔震层以上结构的水平地震作用应根据水平向减震系数确定；其竖向地震作用标准值，地震烈度为 7 度(0.20g)、8 度(0.30g)和 9 度时应分别不小于隔震层以上结构总重力荷载代表值的 20%、30% 和 40%。

10.2.1.1 关于建筑结构抗震设计计算分析的要求

(1)隔震体系的计算简图，应增加由隔震支座及其顶部梁板组成的质点；对变形特征为剪切型的结构可采用剪切模型；当隔震层以上结构的质点与隔震层刚度中心不重合时，应计入扭转效应的影响。隔震层顶部的梁板结构，应作为其上部结构的一部分进行计算和设计。

(2)一般情况下，宜采用时程分析法进行计算；输入地震波的反应谱特性和数量，应符合规范的规定；当处于发震断层 10km 以内时，输入地震波应考虑近场影响系数，5km 以内宜取 1.5，5km 以外可取不小于 1.25。

(3)砌体结构及基本周期与其相当的结构可按 GB 50011—2010 附录简化计算。

10.2.1.2 关于隔震层的橡胶隔震支座应力的要求

(1)隔震支座在表 10-1 所列的压应力下的极限水平变位，应大于其有效直径的 0.55 倍和支座内部橡胶总厚度 3 倍中的较大值。

橡胶隔震支座压应力限值 表 10-1

建筑类别	甲类建筑	乙类建筑	丙类建筑
压应力限值(MPa)	10	12	15

注：1. 压应力设计值应按永久荷载和可变荷载的组合计算；其中，楼面活荷载应按现行国家标准《建筑结构荷载规范》(GB 50009)的规定乘以折减系数。

2. 结构倾覆验算时应包括水平地震作用效应组合；对需进行竖向地震作用计算的结构，尚应包括竖向地震作用效应组合。

3. 当橡胶支座的第二形状系数(有效直径与橡胶层总厚度之比)小于 5.0 时应降低压应力限值；小于 5 不小于 4 时降低 20%，小于 4 不小于 3 时降低 40%。

4. 外径小于 300mm 的橡胶支座，丙类建筑的压应力限值为 10MPa。

(2)在经历相应设计基准期的耐久试验后，隔震支座刚度、阻尼特性变化不超过初期值的 ±20%，徐变量不超过支座内部橡胶总厚度的 5%。

(3)橡胶隔震支座在重力荷载代表值的竖向压应力不超过表 10-1 的规定。

10.2.1.3 关于隔震层的布置、竖向承载力、侧向刚度和阻尼应力的规定

(1)隔震层宜设置在底部或下部，其橡胶隔震支座应设置在受力较大的位置，间距不宜过大，其规格、数量和分布应根据竖向承载力、侧向刚度和阻尼的要求通过计算确定。隔震层在罕遇地震下应保持稳定，不宜出现不可恢复的变形；其橡胶支座在罕遇地震的水平和竖向地震同时作用下，拉应力不应大于 1MPa。

(2)隔震层的水平等效刚度和等效黏滞阻尼比可按下列公式计算：

$$K_h = \sum K_j \tag{10-1}$$

$$\zeta_{eq} = \frac{\sum K_j \zeta_j}{K_h} \tag{10-2}$$

式中：ζ_{eq}——隔震层等效黏滞阻尼比；

K_h——隔震层水平等效刚度；

ζ_j——j 隔震层支座由试验确定的等效黏滞阻尼比，设置阻尼比装置时，应包括阻尼比；

K_j——j 隔震支座（含消能器）由试验确定的水平等效刚度。

（3）隔震支座由试验确定设计参数时，竖向荷载应保持表 10-1 的压力限值；对水平向减震系数的计算，应取剪切变形 100% 的等效刚度和等效黏滞阻尼比，当隔震支座直径较大时可采用剪切变形 100% 时的等效刚度和等效黏滞阻尼比。当采用时程分析时，应以试验所得滞回曲线作为计算依据。

10.2.1.4 关于隔震层以上结构的地震作用计算的规定

（1）对多层结构，水平地震作用沿高度可按重力荷载代表值分布。

（2）隔震后水平地震作用计算的水平地震影响系数可按 GB 50011—2010 确定。其中，水平地震影响系数最大值可按式（10-3）计算：

$$\alpha_{max1} = \frac{\beta\alpha_{max}}{\psi} \tag{10-3}$$

式中：α_{max1}——隔震后的水平地震影响系数最大值；

α_{max}——非隔震的水平地震影响系数最大值；

β——水平向减震系数；对于多层建筑，为按弹性计算所得的隔震与非隔震各层层间剪力的最大比值；对于高层建筑，还应计算隔震与非隔震各层倾覆力矩的最大比值，并与层间剪力的最大比值相比较，取两者的较大值；

ψ——调整系数；一般橡胶支座，取 0.80；支座剪切性能偏差为 S-A 类，取 0.85；隔震装置带有阻尼器时，相应减少 0.05。

注：1. 弹性计算时，简化计算和反应谱分析时宜按隔震支座水平剪切应变为 100% 时的性能参数进行计算；当采用时程分析法时按设计基本地震加速度输入进行计算。

2. 支座剪切性能偏差按现行国家产品标准《橡胶支座　第 3 部分：建筑隔震橡胶支座》（GB 20688.3）确定。

（3）隔震层以上结构的总水平地震作用不得低于非隔震结构在 6 度设防时的总水平地震作用，并应进行隔震验算；各楼层的水平地震剪力还应符合 GB 50011—2010 对本地区地震烈度的最小地震剪力系数的规定。

（4）地震烈度 9 度时和 8 度且水平向减震系数不大于 0.3 时，隔震层以上的结构应进行竖向地震作用的计算。进行隔震层以上结构竖向地震作用标准值计算时，各楼层可视为质点，并按 GB 50011—2010 计算竖向地震作用标准值沿高度的分布。

10.2.1.5 隔震支座的水平剪力和水平位移

隔震支座的水平剪力应根据隔震层在罕遇地震下的水平剪力按各隔震支座的水平等效刚度分配；当按扭转耦联计算时，还应考虑隔震层的扭转刚度。

隔震支座对应于罕遇地震水平剪力的水平位移，应符合下列要求：

$$u_i \leqslant [u_i] \tag{10-4}$$

$$u_i = \eta_i u_c \tag{10-5}$$

式中：u_i——罕遇地震作用下，第 i 个隔震支座考虑扭转的水平位移；

$[u_i]$——第 i 个隔震支座的限值；对橡胶隔震支座，不应超过该支座有效直径的 0.55 倍和支座内部橡胶总厚度 3.0 倍中的较小值；

u_c——罕遇地震下隔震层质心处或不考虑扭转的水平位移；

η_i——第 i 个隔震支座的扭转影响系数,应取考虑扭转和不考虑扭转时 i 支座计算位移的比值;当隔震层以上结构的质心与隔震层刚度中心在两个主轴方向均无偏心时,边支座的扭转影响系数不应小于 1.15。

10.2.1.6 隔震结构的隔震措施

隔震结构的隔震措施,应符合下列规定:

(1)隔震结构应采取不阻碍隔震层在罕遇地震下发生大变形的下列措施:

①上部结构的周边应设置竖向隔震缝,缝宽不宜小于各隔震支座在罕遇地震下的最大水平位移的 1.2 倍且不小于 200mm。对两相邻隔震结构,其和缝宽取最大水平位移值之和,且不小于 400mm。

②上部结构与下部结构之间,应设置完全贯通的水平隔离缝,缝高可取 20mm,并用柔性材料填充;当设置水平隔离缝确有困难时,应设置可靠的水平滑移垫层。

③穿越隔离层的门廊、楼梯、电梯、车道等部位,应防止可能的碰撞。

(2)隔离层以上结构的抗震措施,当水平向减震系数大于 0.40(设置阻尼器时为 0.38)时,不应降低非隔震时的有关要求;水平向减震系数不大于 0.40(设置阻尼器时为 0.38)时,可适当降低对非抗震建筑的要求,但烈度降低不得超过 1 度,与抵抗竖向地震作用有关的抗震构造措施不应降低。此时,对砌体结构,可按 GB 50011—2010 附录采取抗震构造措施。

注:与抵抗竖向地震作用有关的抗震措施,对钢筋混凝土结构,指墙、柱的轴压比规定;对砌体结构,指外墙尽端墙体的最小尺寸和圈梁的有关规定。

10.2.1.7 关于隔震层与上部结构的连接的规定

(1)隔震层顶部应设置梁板式楼盖,且应符合下列要求:

①隔震支座的相关部位应采用现浇混凝土梁板结构,现浇板厚度不应小于 160mm。

②隔震层顶部梁、板的刚度和承载力,宜大于一般楼盖梁板的刚度和承载力。

③隔震支座附近的梁、柱应计算冲切和局部承压,加密箍筋并根据需要配置网状钢筋。

(2)隔震支座和阻尼装置的连接构造,应符合下列要求:

①隔震支座和阻尼装置应安装在便于维护人员接近的部位。

②隔震支座与上部结构、下部结构之间的连接件,应能传递罕遇地震下支座的最大水平剪力和弯矩。

③外露的预埋件应有可靠的防锈措施。预埋件的锚固钢筋应与钢板牢固连接,锚固钢筋的锚固长度宜大于 20 倍锚固钢筋直径,且不应小于 250mm。

10.2.1.8 关于隔离层以下的结构和基础的要求

(1)隔离层支墩、支柱及相连构件,应采用隔震结构罕遇地震下隔震支座底部的竖向力、水平力和力矩进行承载力验算。

(2)隔离层以下的结构(包括地下室和隔震塔楼下的底盘)中直接支撑隔震层以上结构的相关构件,应满足嵌固的刚度比和隔震后设防地震的抗震承载力要求,并按罕遇地震进行抗震承载力验算。隔震层以下地面以上的结构在罕遇地震下的层间位移角限值应满足表 10-2 的要求。

隔震层以下地面以上结构罕遇地震作用下层间弹塑性位移角限值 表 10-2

下部结构类型	$[\theta_p]$	下部结构类型	$[\theta_p]$
钢筋混凝土框架结构和钢结构	1/100	钢筋混凝土抗震墙	1/250
钢筋混凝土框架-抗震墙	1/200		

(3)隔震建筑地基基础的抗震验算和地基处理仍按本地区抗震设防烈度进行,甲、乙类建筑的抗震液化措施应按提高一个液化等级确定,直至全部消除液化沉陷。

10.2.2 欧洲标准

EN 1998-1:2004 中,针对基底隔震,主要从基本要求、一般设计规定、地震作用、性能系数、隔震体系的特征、结构分析、在承载能力极限状态下的安全验证等方面加以说明。

10.2.2.1 一般设计规定

装置的目的在于优化隔离建筑的性能,对地震隔离的效果和满足隔离结构的性能要求而言多数是粗糙的,当开始对建筑进行设计(建筑与结构)时应仔细考虑。概括如下:

(1)结构(EN 1998-1 第 10.5.1 条)中隔离设施的布置,允许其检查、维护和替换。

(2)隔离设施防止火灾、化学和生物袭击。

(3)隔离系统中的刚度分配,最大限度地减小扭转效应(EN 1998-1 第 10.5.2 条)。

(4)隔离界上下的结构构件刚度(EN 1998-1 第 10.5.3 条),必须足以抵抗不同的移动。

(5)上部结构(EN 1998-1 第 10.5.4 条)周边的间隙,必须允许自由运动,以使地震隔离能充分发挥其有利作用,并且在隔离层与固定部件之间没有受到损害。

10.2.2.2 地震作用

(1)应假定地震作用的两个水平和垂直分量是同时作用的。

(2)根据适用局部地面条件和设计地面加速度 a_g 的弹性谱,EN 1998-1 第 3.2 节对地震作用的每个分量给出了定义。

(3)在重要性级别为Ⅳ级的建筑中,如果建筑距离最近的潜在活性断层(震级 $M_s \geqslant 6.5$)不到 15km,那么也应考虑包括近源效应的特定谱。不应将这种谱视为小于该小节(2)中所规定的标准谱。

(4)在建筑中,EN 1998-1 第 4.3.3.5 条给出了地震作用分量的组合。

(5)如果要求进行时程分析,那么应使用一组至少有三次地面运动的记录,并且应符合 EN 1998-1 第 3.2.3.1 条和第 3.2.3.2 条的要求。

10.2.2.3 性能系数

除了 EN 1998-1 中第 10.105 条第 5 款的规定外,性能系数的值应取 $q=1$。

10.2.2.4 隔震体系的特征

(1)分析中所使用的隔震体系的物理和力学特性值是在结构使用寿命期限内可获得的最不利值。这些值应反映以下影响:

①荷载比。

②同时出现的竖向荷载的大小。

③横向上同时出现的水平荷载的大小。

④温度。

⑤预计使用寿命期限内特性的变化。

(2)应通过考虑刚度的最大值以及阻尼和摩擦系数的最小值计算地震引起的加速度和惯性力。

(3)应通过考虑刚度、阻尼和摩擦系数的最小值来计算位移。

(4)在重要性级别为Ⅰ级或Ⅱ级的建筑中,如果极限(最大或最小)值与平均值的差值不超过 15%,那么应使用物理和力学特性的平均值。

10.2.2.5 结构分析

1)概述

(1)应从加速度、惯性力和位移三方面来分析结构体系的动态响应。

(2)在建筑中,应考虑到扭转效应,包括 EN 1998-1 第 4.3.2 条中定义的偶然偏心效应。

(3)隔震体系的建筑应足够精确地反映隔震装置的空间分布,这样便可充分考虑到两个水平方向上的平移、相应的倾覆效应以及绕垂直轴的转动,其应充分反映隔震体系中所用不同类型的装置的特性。

2)等效线性分析

(1)根据本小节(5)中的条件,如果隔震体系由诸如板式橡胶支座等装置组成,那么隔震体系的建模应模拟等效线性黏弹性能。如果隔震体系由弹簧类的装置组成,那么隔震体系的建筑应模拟双线性滞后性能。

(2)如果使用了等效线性模型,那么应使用每个装置的有效刚度(总设计位移 *ddb* 处的割线刚度值),同时参考 EN 1998-1 第 10.8 节第 1 款的规定。隔震体系的有效刚度 K_{eff}是隔震装置的有效刚度之和。

(3)如果使用了等效线性模型,则应用等效黏滞阻尼(称作有效阻尼)来表示隔震体系的能量耗散量。支座内的能量耗散量应采取循环中所测得的耗散能量来表示,其中循环的频率在所考虑的模态的固有频率范围内。对于超出此范围的更高的模态,整个结构的模态阻尼比应是固定基底上部结构的模态阻尼比。

(4)当某些隔震装置的有效刚度或有效阻尼取决于设计位移 *ddc* 时,应采用迭代法,直到 *ddc* 假定值和计算值之间的差值不超过假定值的 5%。

(5)如果满足了以下所有条件,那么应认为隔震体系的性能与线性等效:

①如本小节(2)所定义的,隔震体系的有效刚度不小于位移为 0.2*ddc* 时有效刚度的 50%。

②如本小节(3)所定义的,隔震体系的有效阻尼比不超过 30%。

③隔震体系的力-位移特性不会因为荷载比或垂直荷载而变化超过 10%。

④对于位移在 0.5*ddc* 和 *ddc* 之间的情况,隔震体系中回复力的增量不小于隔震体系以上总重力荷载的 2.5%。

(6)如果认为隔震体系的特性是等效线性的,并且按照 EN 1998-1 第 10.6 节第 2 款所述,通过弹性谱来定义地震作用,那么应根据 EN 1998-1 第 3.2.2.2(3)条所述进行阻尼修正。

3)简化线性分析

(1)简化线性分析方法考虑两种水平动态平移并与静态扭转效应叠加。根据本小节的(2)和(3)中的条件,此方法假定上部结构是刚性实体,在隔震体系上方平移,那么平移的有效周期为:

$$T_{eff} = 2\pi\sqrt{\frac{M}{K_{eff}}} \tag{10-6}$$

式中:M——上部结构的质量;

K_{eff}——隔震体系的有效水平刚度。

(2)如果在两个主要水平方向的每个方向上,隔震体系刚度中心和上部结构质量中心的垂直投影之间的总偏心(包括偶然偏心)不超过与所考虑的水平方向横向的上部结构长度的 7.5%,那么在计算有效水平刚度和简化线性分析中,绕垂直轴扭转可忽略。这是简化线性分析方法应用的一个条件。

(3)如果具有等效线性阻尼特性的隔震体系也符合以下所有条件,则简化方法可用于此体系中:

①从隔震体系所处位置到最近的潜在活性断层(震级 $M_s \geqslant 6.5$)的距离超过 15km。

②平面上的上部结构最大尺寸不大于 50m。

③下部结构具有充分的刚度,从而可使差速地面位移的影响最小。

④所有装置安装在承载垂直荷载的下部结构的构件的上方。

⑤有效周期 T_{eff} 满足以下条件：

$$3T_f \leqslant T_{eff} \leqslant 3s \tag{10-7}$$

式中：T_f——假定基底固结的上部结构的基本周期（通过简化公式估算）。

（4）在建筑中，除了本小节（3）中的规定外，对于应用到具有等效线性阻尼特性的隔震体系上的简化方法，还应满足以下所有条件：

①上部结构侧向荷载承载体系应规则对称地沿着平面上结构的两个主轴布置；

②应忽略下部结构基础处的摇摆转动；

③隔震体系的垂直和水平刚度之比应满足式（10-8）：

$$\frac{K_v}{K_{eff}} \geqslant 150 \tag{10-8}$$

④垂直方向上的基本周期 T_v 应不超过 0.1s，其中：

$$T_v = 2\pi\sqrt{\frac{M}{K_v}} \tag{10-9}$$

（5）应根据式（10-10）计算每个水平方向上由地震作用引起的刚度中心的位移：

$$d_{dc} = \frac{MS_e(T_{eff}, \xi_{eff})}{K_{eff,min}} \tag{10-10}$$

式中：$S_e(T_{eff}, \xi_{eff})$——EN 1998-1 第 3.2.2.2 条中定义的谱加速度，且考虑了有效阻尼 ξ_{eff} 的适当值。

（6）应通过式（10-11）计算施加在上部结构各层上每个水平方向的水平力：

$$f_j = m_j S_e(T_{eff}, \xi_{eff}) \tag{10-11}$$

式中：m_j——j 层的质量。

（7）（6）中所考虑的力系会引发由固有和偶然偏心的组合而导致的扭转效应。

（8）如果满足了上述关于忽略绕垂直轴的扭转运动的条件，则可利用按以下公式得出的系数 δ_i（针对 x 方向的作用）放大每个方向上在（5）和（6）中定义的作用效应，以此来考虑单个隔震装置中的扭转效应：

$$\delta_{xi} = 1 + \frac{e_{tot,y}}{r_y^2} y_i \tag{10-12}$$

式中：y——与所考虑方向 x 垂直的水平方向；

r_y——按式（10-13）得出的 y 方向上隔震体系的扭转半径：

$$r_y^2 = \frac{\sum(x_i^2 K_{yi} + y_i^2 K_{xi})}{\sum K_{xi}} \tag{10-13}$$

式中：K_{xi}、K_{yi}——x 和 y 方向给定装置 i 的有效刚度；

(x_i, y_i)——相当于有效刚度中心的隔震装置 i 的坐标；

$e_{tot,y}$——y 方向上的总偏心。

（9）应按照 EN 1998-1 第 4.3.3.2.4 条所述估算上部结构中的扭转效应。

4）模态简化线性分析

（1）如果可将装置性能视为是等效线性的，但是不满足 EN 1998-1 中第 10.9.3（2）、（3）或（4）条（如适用）规定的任何一种条件，那么可按照 EN 1998-1 第 4.3.3.3 条进行模态分析。

（2）如果 EN 1998-1 第 10.9.9（3）和（4）条（如适用）中所有条件都满足，那么可使用考虑了水平位移和绕垂直轴扭转运动的简化分析，同时分析中还假定下部结构和上部结构性能为刚性。在这种情况下，在分析中应考虑上部结构实体的总偏心。应结合平移和转动位移计算结构每点上的位移。这特别适用于每个隔震装置的有效刚度计算。在对隔震装置和下部结构及上部结构进行验证时,应考虑惯性力和力矩。

5)时程分析

如果隔震体系不能用等效线性模型表示(如果无法满足 EN 1998-1 第 10.9.2 条第 5 项中的条件),则应通过时程分析来计算地震响应,使用在地震设计情形中预期的变形和速度范围内可充分再现体系性能的装置的本构关系。

综上,根据在本节所列出的几种方法,在分析和选择的时候应该根据隔离系统的力学使用不同类型的分析方法。

10.2.2.6 结构分析在承载能力极限状态下的安全验证

欧洲标准的具体条款参见 EN 1998-1 的第 10.10 节,这里需要强调的是:

对于破坏极限状态的安全验算与传统建筑结构[EN 1998-1 第 10.4 节第(3)款]的安全验算本质上是相同的,附加要求是所有的跨越隔离结构周围的节点生命线应保持在弹性范围内,对承载能力极限状态的安全验算略有差异。完全隔离要求设计强度对于基础等于分析应力,对于上部结构应除以 1.5[第 10.10(5)条]。

在安全验算中,隔离装置的关键作用得以公认。对于承载能力极限状态验算,必须将放大系数 γ_x 在国家附件中定义,应用于装置的设计位移。同样的系数必须用于煤气管道和其他跨越独立节点的危险生命线的承载能力极限状态验算,相对其位移必须有较大的安全富余。

10.3 消能设计

10.3.1 消能设计的适用范围

消能部件通常包括带阻尼器的支撑或墙板,增加结构的总有效阻尼能减少结构的水平和竖向地震作用,并不改变主体结构的受力体系,故不受结构类型和高度的限制。当然,设置支撑和阻尼墙板的部位可能对建筑的局部功能有所影响,需与建筑方案相配合。采用消能减震方案的建筑,在设防烈度地震下和罕遇地震下的层间弹塑性变形可根据要求减少,控制在预期的范围内,也可能实现设防烈度地震下不需修理而继续使用和罕遇地震下可修的要求。现阶段,对消能减震框架结构,其层间弹塑性位移角限值宜小于 1/80,从而在一定程度上提高了消能减震结构的抗震设防目标。消能减震结构体系宜用于钢、钢筋混凝土及其组合结构房屋。由于消能装置可同时减少结构的水平和竖向地震作用,故适用范围较广,结构类型和高度均不受限制。

10.3.1.1 消能减震设计的基本方法

消能减震设计时,应根据罕遇地震下或设防烈度下预期的结构位移控制要求,在适当的位置设置一定数量的消能部件,通过增大整个结构的阻尼来减少结构的地震反应,并对设置消能部件的相关构件进行细部构造设计。消能部件可由消能器及斜撑、墙体、梁或节点等支承构件组成。消能器可采用速度相关型、位移相关型或其他类型。速度相关型包括黏滞消能器和黏弹性消能器等,位移相关型包括金属屈服型消能器和摩擦型消能器。

(1)黏滞消能器一般由装满液态阻尼材料的液缸和活塞组成,利用液体通过活塞的节流孔产生阻尼力,自身无刚度。液态阻尼材料为硅油,性能稳定,价格较高,其阻尼的大小与消能器两端相对移动的速度有关,消能器的力-速度关系曲线,可用速度的幂函数表示。

(2)黏弹性消能器通常由夹层的固体黏弹性材料组成,通过固体黏弹性材料的往复剪切变形耗散能量,有一定的初始刚度,其阻尼的大小与消能器两端相对移动的速度有关,消能器的力-速度关系曲线,可用位移的线性函数和速度的幂函数相加表示,黏滞消能器和黏弹性消能器的性能，取决于频率、温度和应变，而且呈非线性特征。

(3)金属屈服型消能器通常由软钢或合金材料制成。当其受力达到某个规定值(阈限)时，金属屈服，消能器的刚度明显降低，通过大变形耗散能量，具有丰满的滞回特性。其构造简单，性能稳定，价格低廉，但金属材料在反复拉压屈服时的疲劳性能影响其耐久性。

(4)摩擦型消能器可用普通材料制作，依靠锁紧力和材料的摩擦系数形成阻尼力。其对主体结构有一定的附加刚度，自身仅具有理想弹塑性的特点，需与主体结构构件串联，形成双线性滞回特性的阻尼耗能效果，主要问题是形成摩擦力的固定的锁紧力往往不能满足不同设防烈度地震的消能要求，锁紧力在整个使用期内如何保持恒定等。

(5)复合型耗能器是利用两种以上的耗能构件或耗能机制设计而成的新型耗能减震装置。已研制开发的复合型耗能器有弹塑性摩擦耗能器、弹塑性黏弹性耗能器、摩擦黏弹性耗能器、流体黏弹性阻尼器等。

(6)自耗能减震构件是通过在结构的适当部位有目的地设置薄弱环节，并对该环节采用特殊的构造措施，以期利用该薄弱部位的塑性变形消耗大量地震能量，从而保护主体结构在大地震中不致有大的损坏。

结构消能减震体系是把结构的某些非承重构件设计成消能杆件或在结构物的某些部位装设阻尼器，以消耗上部结构的振动能量，以达到抗震设防要求。其原理可用结构在地震发生时的能量转换过程来解释。消能减震结构的能量表达式为

$$E_{in} = E_R + E_D + E_S + E_A \tag{10-14}$$

式中：E_{in}——地震时输入结构的能量；

E_R——结构地震反应能量(弹性变形能)；

E_D——结构阻尼消耗的能量(一般不超过5%)；

E_S——主体结构及承重构件非弹性变形(或损害)消耗的能量；

E_A——消能构件或消能装置消耗的能量。

从式(10-14)中可以看出，消能装置进入工作状态，即消耗地震能量，E_A增大，则E_R、E_S减小，这样既衰减了结构的地震反应，又避免了结构构件产生过大变形或损坏。

消能减震既可全面提高新建建筑的抗震性能，又可改善已有建筑的抗震性能。建筑装有阻尼减震控制系统，可大大提高建筑的抗震性能，给人们的逃生提供宝贵时间和空间。

10.3.1.2 结构消能减震的特点

消能减震体系按其消能装置的不同可分为以下两种体系。

1)消能构件减震体系

消能构件减震体系是利用结构的非承重构件作为消能装置的结构减震体系。常用的消能构件有：①消能支撑，一般支撑构件大都采用软钢制作，取材容易，屈服点适当，延性好，故有较高的消能减震性能和抵抗周期疲劳破坏的能力。②消能剪力墙，有竖缝消能剪力墙、横缝消能剪力墙、周边缝消能剪力墙等。强地震时，出现非弹性的缝面错动，产生阻尼，消耗地震能量。

2)阻尼器消能减震体系

在强地震时，结构物某些部位发生较大变形，从而使装设在该部位的阻尼器有效地发挥消能作用。

10.3.1.3 消能减震结构的计算方法及要点

(1)消能减震结构和原结构的主要区别在于加大了阻尼比。大阻尼比的阻尼矩阵不具有正交性，动力方程组不能解耦。所以，一般应采用非线性静力分析法或非线性时程分析法计算。当主体结构基本处于弹性工作阶段时，可采用线性分析方法做近似估算，并根据结构的变形特征和高度等，按规定分别采用底部剪力法、振型分解反应谱法和时程分析法。其地震影响系数

可根据消能减震结构的总阻尼比按规定计算。采用振型分解法属于强行解耦近似计算，结构的抗震设计不能以振型分解反应谱法为主加以时程分析的补充计算，一般需要由专门的非线性计算模型和相应的软件计算。基本要求是：

第一，计算模型中，应有能描述消能器（或消能部件）非线性特性的计算单元，对速度相关型消能器，应能体现两端相对移动速度与阻尼力的非线性关系，对位移相关型消能器，应能输入相应的恢复力特性。

第二，求解方法可采用给定侧力的静力弹塑性分析法或输入地震波形的时程分析法。

第三，计算结果应给出消能器的最大受力、位移、连接部位的受力等，以便确定消能器的规格和连接构件的设计。

第四，计算结果可用于消能减震方案与非消能减震方案的比较，包括位移、层间位移、楼层地震剪力、构件内力等的比较。当消能部件的分布较均匀且消能结构总阻尼比不大于0.20时，略去附加阻尼矩阵的非正交项，采用振型阻尼比按振型广义坐标做强行解耦的近似计算。

与考虑非正交项的精确计算相比，误差大多在5%以内。

（2）对非线性静力分析法，可采用消能减震结构的总刚度和总阻尼比计算；对非线性时程分析法，宜采用消能部件的恢复力模型计算；对振型分解反应谱法，应采用振型阻尼比计算。

（3）消能减震结构的总刚度为原结构刚度和消能部件附加给结构的有效刚度之和，总阻尼比为原结构阻尼比和消能器附加给结构的有效阻尼比之和。

消能减震方法是有效的，它的减震效果一般为10%～40%。消能减震不仅可用于旧房抗震设防，还可用于新建房屋的减震；不仅可用于多层，还可用于高层，特别是利用隔热层减震，可作为房屋抗震的多道防线之一，且不会影响房屋的使用功能，是一种较理想的减震方法。

考虑自由行程的影响后，结构在地震时的位移反应有所增加。不过在罕遇地震条件下，阻尼器自由行程给结构位移反应带来的影响很小，因而在计算结构在罕遇地震下的反应时，可不考虑阻尼器自由行程的影响。而在常遇地震条件下，阻尼器自由行程对结构的位移反应已带来较大的影响，所以，计算结构在常遇地震下的反应时，有必要考虑阻尼器自由行程的影响。另外，如果希望通过增大附加阻尼的方式使结构在遭遇较大的地震时仍处于弹性状态，也有必要考虑自由行程的影响。因此，消能减震效果还需要考虑自由行程的影响。

普通框架模型的初始刚度和极限承载力较低，消能能力较差。普通支撑框架模型的初始刚度和极限承载力较高，但刚度退化迅速，消能能力和延性较差，消能支撑框架的滞回曲线饱满，消能能力强，骨架曲线下降段坡度平缓，刚度退化缓慢，延性和消能能力较普通框架和普通支撑框架有较大提高。

10.3.2 中国标准

10.3.2.1 一般设计思想

消能减震设计时，应根据多遇地震下的预期建筑要求及罕遇地震下的预期结构位移控制要求，设置适当的消能部件。消能部件可由消能器及斜撑、墙体、梁等支撑构件组成。消能器可采用速度相关型、位移相关型或其他类型。

注：1. 速度相关型消能器指黏滞消能器和黏弹性消能器等。

2. 位移相关型消能器指金属屈服消能器和摩擦消能器等。

消能部件可根据需要沿结构的两个主轴方向分别设置。消能部件宜设置在变形较大的位置，其数量和分布应通过综合分析合理确定，并有利于提高整个结构的消能减震能力，形成均匀合理的受力体系。

10.3.2.2 消能减震计算应符合的规定

（1）当主体结构基本处于弹性工作阶段时，可采用线性分析方法简化估算，并根据结构的变形特征和高度等，按规范的规定分别采用底部剪力法、振型分解反应谱法和时程分析法。消能减震结构的地震影响系数可根据消能减震结构的总阻尼比按规范的规定采用。

消能减震结构的自振周期应根据消能减震结构的总刚度确定，总刚度应为结构和消能部件有效刚度的总和。

消能减震结构的总阻尼比应为结构阻尼比和消能部件附加结构的有效阻尼比的总和，多遇地震和罕遇地震下的总阻尼比应分别计算。

(2)对主体结构进入弹塑性阶段的情况，应根据主体结构特征，采用静力非线性分析方法或非线性时程分析方法。

在非线性分析中，消能减震结构的恢复力模型应包括结构恢复力模型和消能部件的恢复力模型。

(3)消能减震结构的层间弹塑性位移角限值，应符合预期的变形控制要求，宜比非消能减震结构适当减小。

10.3.2.3 消能部件附加结构有效阻尼比和有效刚度的确定

(1)位移相关型消能部件和非线性速度相关型部件附加结构的有效刚度应采用等效线性化方法确定。

(2)消能部件附加结构的有效阻尼比可按式(10-15)估算：

$$\xi_a = \frac{\sum_j W_{cj}}{4\pi W_s} \tag{10-15}$$

式中：ξ_a——消能减震结构的附加有效阻尼比；

W_{cj}——第 j 个消能部件在结构预期层间位移 $\Delta\mu_j$ 下往复循环一周所消耗的能量；

W_s——设置消能部件的结构在预期位移下的总应变能。

注：当消能部件在结构上分布较均匀，且附加结构的有效阻尼比小于20%时，消能部件附加结构的有效阻尼比也可采用强行解耦方法确定。

(3)不计及扭转影响时，消能减震结构在水平地震作用下的总应变能，可按式(10-16)估算：

$$W_s = \frac{1}{2}\sum F_i\mu_i \tag{10-16}$$

式中：F_i——质点的水平地震作用标准值；

μ_i——质点 i 对应于水平地震作用标准值的位移。

(4)速度线性相关型消能器在水平地震作用下往复循环一周所消耗的能量，可按式(10-17)估算：

$$W_{cj} = \left(\frac{2\pi^2}{T_1}\right)C_j\cos^2\theta_j\Delta\mu_j^2 \tag{10-17}$$

式中：T_1——消能减震结构的基本自振周期；

C_j——第 j 个消能器的线性阻尼系数；

θ_j——第 j 个消能器的消能方向与水平面的夹角；

$\Delta\mu_j$——第 j 个消能器两端的相对水平位移。

当消能器的阻尼系数和有效刚度与结构振动周期有关时，可取相应于消能减震结构基本自振周期的值。

(5)位移相关型和速度非线性相关型消能器在水平地震作用下往复循环一周所消耗的能量，可按式(10-18)估算：

$$W_{cj} = A_j \tag{10-18}$$

式中：A_j——第 j 个消能器的恢复力滞回环在相对水平位移 $\Delta\mu_j$ 时的面积。

消能器的有效刚度可取消能器的恢复力滞回环在相对水平位移 $\Delta\mu_j$ 时的割线刚度。

(6)消能部件附加结构的有效阻尼比超过25%时,宜按25%计算。

10.3.2.4 关于消能部件设计参数的规定

(1)线性速度相关型消能器与斜撑、墙体或梁等支承构件组成消能部件时,支承构件沿消能器消能方向的刚度应满足式(10-19):

$$K_b \geqslant \left(\frac{6\pi}{T_1}\right)C_D \tag{10-19}$$

式中:K_b——支承构件沿消能器方向的刚度;

C_D——消能器的线性阻尼系数;

T_1——消能减震结构的基本自振周期。

(2)黏弹性消能器的黏弹性材料总厚度应满足式(10-20):

$$t \geqslant \Delta\mu[\gamma] \tag{10-20}$$

式中:t——黏弹性消能器的黏弹性材料的总厚度;

$\Delta\mu$——沿消能器方向的最大可能的位移;

$[\gamma]$——黏弹性材料允许的最大剪切应变。

(3)位移相关型消能器与斜撑、墙体或梁等支承构件组成消能部件时,消能部件的恢复力模型参数宜符合下列要求:

$$\frac{\Delta\mu_{py}}{\Delta\mu_{sy}} \leqslant \frac{2}{3} \tag{10-21}$$

式中:$\Delta\mu_{py}$——消能部件在水平方向的屈服位移或起滑位移;

$\Delta\mu_{sy}$——设置消能部件的结构层间屈服位移。

(4)消能器的极限位移应不小于罕遇地震下的消能器最大位移的1.2倍;对速度相关型消能器,消能器的极限速度应不小于地震作用下消能器最大速度的1.2倍,且消能器应满足在此极限速度下的承载力要求。

10.3.2.5 关于消能器性能检验的规定

(1)对黏滞流体消能器,由第三方进行抽样检验,其数量为同一工程、同一类型、同一规格数量的20%,但不少于2个,检测合格率为100%,检测后的消能器可用于主体结构;对其他类型消能器,抽检数量为同一类型、同一规格数量的3%,当同一类型、同一规格的消能器数量较少时,可以在同一类型消能器中抽检总数量的3%,但不应少于2个,检测合格率为100%,检测后的消能器不能用于主体结构。

(2)对速度相关型消能器,在消能器设计位移和设计速度幅值下,结构基本频率往复循环30圈后,消能器的主要设计指标误差和衰减量不应超过15%;对位移相关型消能器,在消能器设计位移幅值下往复循环30圈后,消能器的主要设计指标误差和衰减量不应超过15%,且不应有明显的低周疲劳现象。

结构采用消能减震设计时,消能部件的相关部位应符合下列要求:

(1)消能器与支承构件的连接,应符合GB 50011—2010和有关规程对相关构件连接的构造要求。

(2)在消能器施加给主体结构最大阻尼比作用下,消能器与主结构之间的连接部位应在弹性范围内工作。

(3)与消能部件相连的结构构件设计时,应计入消能部件传递的附加内力。

当消能减震结构的抗震性能明显提高时,主体结构的抗震构造要求可适当降低。降低程度可根据消能减震结构地震影响系数与不设置消能减震装置结构的地震影响系数之比确定，最大降低程度应控制在1度以内。

10.3.3 欧洲标准

EN 1998-1:2004 中没有消能设计的概念，而是针对不同结构类型的耗散结构性能设计标准、延性级别、性能系数等加以规定，从而达到消能减震的目的。

10.3.3.1 混凝土结构能量耗散能力及延性级别

(1)抗震混凝土建筑的设计应能够为结构提供足够的能量耗散能力，而不会从根本上耗减其对水平及垂直荷载的总体承载力。在抗震设计情形下，所有结构构件应有足够的承载力，同时在临界区内的非线性变形需求应与计算中假设的总体延性相当。

(2)如果满足 EN 1998-1 第5.3节给出的要求，则作为备选方案，可通过仅适用 EN 1992-1 中:2004 中针对抗震设计情形的规则并忽略本节中的具体规定，来根据低耗散能力和低延性进行混凝土建筑的设计。对于非基础隔震建筑(参照 EN 1998-1 第10章)，按照此备选方案进行的、称为L(低)级延性的设计，建议仅在低地震震级情形下使用[见 EN 1998-1 第3.2.1(4)条]。

(3)对于本小节第(2)项中规定之外的抗震混凝土建筑，其设计应能够确保提供能量耗散能力及总体延性性能。如果延性要求涉及分布到建筑所有楼层的不同构件和位置的结构的大部分体积，则可确保总体延性性能。因此，延性破坏模态(如弯曲)会先于脆性破坏模态(如剪切)出现，因后者具有足够的稳定性。

(4)根据规范所述设计的混凝土建筑，根据其滞后耗散能力分为两个延性级别:中延性和高延性。这两个级别均与根据具体的抗震规定而设计、绘制详图并定尺寸的建筑相对应，并能使结构形成与反复反向荷载下的较大滞后能量耗散有关的稳定机理，而不会出现脆性破坏。

(5)为了在中延性等级和高延性等级情况下提供适量的延性，每个级别内均应满足针对所有结构构件的专门规定(见 EN 1998-1 第5.4~5.6节)。与这两个延性级别不同的可用延性相对应，每个级别使用不同的性能系数 q 值(见 EN 1998-1 第5.2.2.2条)。

10.3.3.2 钢结构耗散结构设计标准

(1)带有耗能区的结构的设计应确保屈服、局部屈曲或其他由滞后性能引起的现象不会影响结构的总体稳定性。

(2)耗能区应有足够的延性及承载力，应根据 EN 1993 来验证该承载力。

(3)耗能区可位于结构构件或连接件内。

(4)如果耗能区位于结构构件内，则非耗能部分以及耗能部分与结构其他部分连接的连接件应具有足够的强度，以便能在耗能部分内形成循环屈服。

(5)当耗能区位于连接件内时，连接的构件应具有足够的强度，以便能在连接件内形成循环屈服。

10.3.3.3 钢混组合建筑耗散结构设计标准

(1)带有耗能区的结构设计应确保耗能区内的滞后性能引起的屈服、局部屈曲或其他现象不会影响结构的总体稳定性。

(2)耗能区应具有充分的延性及承载力。对于 EN 1998-1 第7.1.2(1)条中的方案c)，应根据 EN 1998-1 中第7章(见 EN 1998-1 中7.1.2节)来确定承载力；而对 EN 1998-1 第7.1.2(1)条中的方案b)则应根据 EN 1994-1-1:2004 和 EN 1998-1 中第7章(见 EN 1998-1 中7.1.2节)来确定承载力。通过遵守详细的设计规则来达到延性。耗能区可位于结构构件或连接件内。

(3)如果耗能区位于结构构件内，则非耗能部分以及耗能部分与结构其他部分的连接应具有足够的强度,从而能够在耗能部分内形成循环屈服;当位于连接件内时,连接的构件应具有足够的超强,从而能够在连接件内形成屈服。

10.3.3.4 砌体结构性能系数

(1)无筋砌体具有较低的抗拉强度和较低的延性,如果墙体的有效厚度 t_{ef} 不低于最小值 $t_{ef,min}$,则认为其具有低耗能能力,并且其用途受到限制。

(2)如果 $a_g \cdot S$ 值超出了一定的限值 $a_{g,urm}$,则不可使用符合现行欧洲标准规定的无筋砌体。对于低地震强度情形,该值应不小于阈值所对应的值。$a_{g,urm}$ 的值应与适用于最小强度的值一致。

(3)对不同的施工类型,表 10-3 给出了连接类型和性能系数的上限。

连接类型和性能系数的上限　　表 10-3

施 工 类 型	性能系数 q
仅符合 EN 1996 规定的无筋砌体(推荐仅用于低地震强度情形)	1.5
符合 EN 1998-1 规定的无筋砌体	1.5 ~ 2.5
约束砌体	2.0 ~ 3.0
加筋砌体	2.5 ~ 3.0

注:对于采用具备结构增强延性的砌体体系进行施工的建筑物,如果对体系和 q 的相关值用试验方法进行了检验,则可使用性能系数 q 的特定值。

(4)如果建筑物立面不规则,则表 10-3 列出的 q 值应减少 20%,但取值不宜小于 1.5。

10.4 本章小结

本章介绍了建筑结构基底隔震及消能减震的原理和特点,并从一般规定、减震效果、适用范围和经济性等方面进行了概况分析,并对中欧标准关于基底隔震和消能设计的规定做了介绍。为了达到建筑结构的大震性能目标,隔震、消能减震设计同常规抗震设计相结合的方法将是一个更加合理的抗震设计方法,它可以使设计出的建筑物同时满足安全、适用和经济的要求。

建筑隔震技术是世界许多国家关注的研究课题。中国在这方面已经取得了很大的进展。隔震消能技术为中国在减轻多、低层房屋水平地震灾害中提供了一条行之有效的新途径。这项新技术可以在传统设计的基础上,大大提高我们结构的抗震、抗风、抗振动的能力,可以有效地减轻结构在地震作用下的反应和损伤,可以有效地提高结构的抗震能力和防灾性能,可以突破传统的抗震加固技术的局限性,进行旧建筑物的加固和改造,节省我们的建设费用。

第 11 章 建筑物抗震性能评估及加固

震前对现有建筑物的抗震加固,是减轻地震灾害行之有效的方法之一,同时是提高既有建筑物抗震能力最主要的方法,是国家抗震防灾工作的重要组成部分,也是当代土木工程领域发展较快的学科。

中国是一个多地震国家,在中国的地震区内,有相当一部分建筑未考虑抗震设防,特别是唐山大地震以来建筑抗震鉴定、加固的实践与震害经验表明,对现有建筑按现行设防烈度进行抗震鉴定,并对不符合鉴定要求的建筑采取对策和抗震加固,是减轻地震灾害的有效措施。

11.1 中欧抗震鉴定标准基本组成内容

11.1.1 GB 50023—2009 与 EN 1998-3 的基本内容

GB 50023—2009 共分为十一章七个附录;而 EN 1998-3:2005 主要包括六个章节、三个附录和国家附件。

EN 1998-3:2005 第一章通则,规定了标准的适用范围、参考文献、原则和应用标准之间的区别、假设、定义、符号、单位等内容;第二章性能要求和合格准则,规定了抗震鉴定目标以及既有结构要达到鉴定目标必须满足的要求;第三章结构评估资料,主要讲述了结构评估信息的来源和主要内容,以及一个重要概念认知水平;第四章评估,主要讲述了量化评估的整个过程;第五、六章为结构性干预决定和设计内容;附录 A、B、C 分别是针对钢筋混凝土结构、钢与组合结构、砌体结构 3 种类型建筑的特点提出的鉴定加固要求、能力模型等内容;国家附件中的可选参数包括鉴定选取的极限状态的数量、地震作用重现期、材料分项系数、置信因子、检测和试验等级等。

GB 50023—2009 鉴定标准和 EN 1998-3 评估标准的章节组成及基本内容见 11.1.2 节表 11-1。

11.1.2 GB 50023—2009 与 EN 1998-3 的基本内容对比

从表 11-1 中可以看出,EN 1998-3 评估标准与 GB 50023—2009 鉴定标准相比,从整个标准的框架和基本内容上主要存在以下不同:

(1)GB 50023—2009 仅仅针对现有建筑的抗震鉴定,而 EN 1998-3 不仅针对现有建筑的抗震鉴定,还针对可能存在的抗震鉴定不满足要求而需要的抗震加固。

(2)EN 1998-3 以材料为基础将建筑分为钢筋混凝土结构、钢结构和组合结构、砌体结构 3 种类型,在附录中分别根据 3 种不同类型结构的特点针对性地提出了区别化的鉴定加固要求;而 GB 50023—2009 则是根据中国实际情况将建筑划分为多层砌体房屋、多层钢筋混凝土房屋、内框架和底层框架砖房、单层钢筋混凝土柱厂房等具有中国特色的建筑类型来进行区别化的构造鉴定和抗震验算,分别组成了中国标准中的五~十一章。

(3)相比 EN 1998-3,GB 50023—2009 包含了木结构鉴定的内容,但缺少了关于钢结构和组合结构的内容,这与中国钢结构和组合结构建筑日渐增多的现状不符,GB 50023—2009 应适时增加关于钢结构和组合结构抗震鉴定的内容。

(4)EN 1998-3 中没有专门针对场地、地基和基础的抗震鉴定要求,而GB 50023—2009在第四章场地、地基和基础中专门针对场地、地基和基础的抗震鉴定提出了要求。

GB 50023—2009 和 EN 1998-3:2005 基本组成内容 表 11-1

	章节分布	基本内容		章节分布	基本内容
GB 50023—2009	第一章 总则	标准适用范围、抗震鉴定目标、根据建筑物的重要性划分的建筑物类型及鉴定要求、后续使用年限的确定及不同后续使用年限建筑物应该采用的鉴定方法等内容	EN 1998-3:2005	第一章 总则	标准的适用范围、基本假设、术语、符号等内容
	第二章 术语和符号	术语与符号的具体规定		第二章 性能要求与服从准则	现有抗震设防目标以及既有结构要达到鉴定目标必须满足的要求等内容
	第三章 基本规定	现有建筑抗震鉴定的内容和要求、抗震措施和构造鉴定的基本要求、抗震验算的基本原则等内容		第三章 结构评估信息	结构评估信息的来源和主要内容,以及一个重要概念"认知水平"等内容
	第四章 场地、地基和基础	场地、地基和基础抗震鉴定的基本要求		第四章 评估	量化评估的整个过程及方法
	第五章~ 第十一章	针对各种类型建筑的特点提出的鉴定要求和鉴定方法,包括多层砌体房屋、多层及高层钢筋混凝土房屋、单层钢筋混凝土柱厂房等		第五章 结构加固判定 第六章 结构加固设计	判定结构是否需要加固及加固设计过程
	附录 A~G	砌体、混凝土、钢筋材料性能设计指标、砖房抗震墙基准面积率、钢筋混凝土结构楼层受剪承载力等内容		附录 A、B、C	分别针对钢筋混凝土结构、钢与组合结构、砌体结构 3 种类型建筑的特点提出的具体的鉴定加固方法和要求,以及能力模型等内容

11.2 中欧抗震鉴定标准适用范围

11.2.1 GB 50023—2009 适用范围

GB 50023—2009 明确规定,其适用范围为 6~9 度地震区的现有建筑。现有建筑是指除古建筑、新建建筑、危险建筑以外,迄今仍在使用的既有建筑,也就是说现有建筑只是既有建筑中的一部分。

现有建筑的抗震鉴定,是从抗震承载力和抗震措施两方面综合判断结构实际具有的抵御地震灾害的能力。一般情况下,需进行抗震鉴定的现有建筑是经安全性鉴定(不遭受地震作用情况下)仍能正常使用的建筑,因此危险房屋(包括乱尾楼)不能按本标准进行鉴定。需进行抗震鉴定的现有建筑主要有以下几类:

(1)已接近设计年限的建筑,如二十世纪五六十年代设计建造的房屋。

(2)原设计未考虑抗震设防或抗震设防偏低的房屋,如中华人民共和国成立初期设计的房屋,这类房屋一般未考虑抗震设防或按当时的苏联规范进行抗震设计,设防标准达不到现行国家标准规定的要求。

(3)当地设防烈度提高了的建筑。如 GB 18306—2015 修订后,部分地区的设防烈度进行了调整,对于设防烈度提高地区的房屋需要进行抗震鉴定。

(4)设防类别提高了的建筑。如汶川地震后,《建筑工程抗震设防分类标准》(GB 50223—2008)进行了修订,中小学校建筑由原来的标准设防类提高到了重点设防类,这类建筑需要进行抗震鉴定。

(5)进行大修改造的建筑,其使用条件、结构布局发生了变化。这类房屋也需要进行鉴定。

现有建筑增层时的抗震鉴定,由于情况复杂,标准未做规定。一般来说,加层结构的要求应高于现有建筑鉴定而接近或达到新建工程的要求,此时可以采用综合抗震能力鉴定的原则,但不能直接套用抗震鉴定标准中的具体要求。

震后建筑的鉴定,可按《建筑震后应急技术规程》(JGJ/T 415—2017)进行鉴定。

11.2.2 EN 1998-3:2005 适用范围

EN 1998-3 中第 1.1 条(2)、(4)、(5)和第 4.1 条(2)定义了标准的适用范围。其中,1.1(2)规定 EN 1998-3 的适用范围如下:

(1)为现有建筑物的抗震性能评估提供标准。

(2)为需要进行加固的建筑,提供了选择必要加固措施的方法。

(3)为需要进行改造加固的建筑物提供设计标准。

1.1(4)规定:为反映 EN 1998-1:2004 的基本要求,适用于混凝土结构、钢和组合结构、砌体结构的抗震评估与加固。

1.1(5)规定:尽管 EN 1998-3:2005 中的规定适用于各种类型的建筑物,但对于纪念性质的建筑和历史建筑,应按专门的规定和方法进行抗震鉴定与加固,这取决于该建筑物的性质。

4.1(2)规定:标准旨在评估个体建筑,决定其是否需要进行抗震加固以及不满足评估要求而进行的加固设计。但不适用于基于地震危险性评价的其他目的建筑群体的易损性评估(如确定保险风险、防震减灾优先权等)。

另外,EN 1998-3:2005 的制定主要考虑了以下 3 种情况:

(1)对于一些较陈旧的建筑结构,修建时结构根据传统的建造原则满足了非地震作用要求,但没考虑结构抗震性能。

(2)按现行规范来对建筑结构进行地震危险性评估,可能会因为不满足抗震要求而需要进行加固。

(3)按规范进行了抗震设防的建筑,但遭受了地震破坏,需要进行加固。

11.2.3 EN 1998-3 与 GB 50023—2009 适用范围对比

从以上介绍中可以看出,GB 50023—2009 和 EN 1998-3 的适用对象基本相同,但 EN 1998-3中划分建筑物类型以材料为基础,包括了钢结构和组合结构;而 GB 50023—2009 中未包括钢结构和组合结构的内容,但根据中国实际情况,基于结构形式更加详细地划分了建筑物类型;另外,GB 50023—2009 鉴定标准不适用于建筑物的增层改造的抗震鉴定,而 EN 1998-3

中未明确提出不适用于建筑物增层的抗震鉴定。

11.3　中欧标准抗震鉴定设防标准

11.3.1　GB 50023—2009

GB 50023—2009 第 1.0.1 条规定现有建筑在预期的后续使用年限内具有相应的抗震设防目标:后续使用年限 50 年的现有建筑,具有与 GB 50011—2010 相同的设防目标;后续使用年限少于 50 年的现有建筑,在遭遇同样的地震影响时,其损坏程度略大于按后续使用年限 50 年鉴定的建筑。

中国设防标准指取决于烈度和设防分类的设防要求尺度,根据 GB 50223—2008 的规定,现有建筑的抗震设防类别同样划分为标准设防类、重点设防类、特殊设防类和适度设防类。

1)各类建筑的抗震措施和抗震验算综合鉴定的要求

(1)标准设防类,简称丙类,应按本地区设防烈度的要求核查其抗震措施并进行抗震验算。

(2)重点设防类,简称乙类,地震烈度为 6 ~ 8 度应按比本地区设防烈度提高一度的要求核查其抗震措施,地震烈度为 9 度时应适当提高要求;抗震验算应按不低于本地区设防烈度的要求采用。

应注意,在 GB 50023—2009 中,凡明确提及乙类建筑的鉴定要求时,直接按本地区设防烈度核查,不再按提高一度的要求核查。规模很小的变电站、泵房等工业建筑,当采用抗震性能较好的结构材料时,可按丙类建筑进行鉴定。

(3)特殊设防类,简称甲类,应经专门研究按不低于乙类的要求核查其抗震措施,抗震验算应按高于本地区设防烈度的要求采用。

(4)适度设防类,简称丁类,地震烈度为 7 ~ 9 度时应允许按比本地区设防烈度降低一度的要求核查其抗震措施,抗震验算应允许比本地区设防烈度适当降低要求;地震烈度为 6 度时应允许不做抗震鉴定。

2)现有建筑设防标准的调整因素

现有建筑的设防标准尚可根据建筑存在的有利和不利因素进行调整。

11.3.2　EN 1998-3

EN 1998-3 中提出基于结构性能要求的极限状态作为抗震设防目标。与 EN 1998-1 中不倒塌和限制破坏两水准要求不同的是,EN 1998-3 提出了 3 种极限状态作为抗震设防目标,分别为:接近倒塌状态(NC)、重大破坏状态(SD)、破坏极限状态(DL),对应的 50 年超越概率以及地震作用重现期分别为 2%/2475 年、10%/475 年、20%/225 年,并提出了相应的考虑控制结构破坏的抗震性能水准,包括强度和刚度、非结构构件、位移等要求,具体如表 11-2所示。

3 种极限状态对应的性能水准和地震动水准　　表 11-2

极限状态	性能水准	地震动水准
接近倒塌(NC)	(1)结构发生很严重破坏,剩下很少(low residual)的侧向强度和刚度,尽管竖向构件还能承受竖向荷载; (2)大多数非结构构件倒塌(collapse); (3)存在很大(large)的永久位移(drifts); (4)结构接近倒塌,很可能甚至经不起再一次中等强度的地震	50 年 2%/2475 年

续上表

极限状态	性能水准	地震动水准
重大破坏 (SD)	(1)结构发生重大破坏,还存在一定(some)的侧向强度和刚度,竖向构件能承受竖向荷载; (2)非结构构件发生破坏(damage),尽管隔墙(partitions)和填充物(infills)平面外还未失效; (3)存在中等(moderate)的永久位移; (4)结构能承受再一次中等强度的地震,但是进行结构维修是不经济的	50年10%/475年
破坏极限(DL)	(1)结构仅仅受到轻微(only lightly)破坏,结构构件未发生重大屈服,并维持着构件本身的强度和刚度; (2)像隔墙和填充物之类的非结构构件可能产生了一些分布式的裂缝,但是这些破损修复是比较经济的; (3)永久位移可以忽略不计; (4)结构不需要任何修复措施	50年20%/225年

注:各个成员国有权利根据情况合理地选择极限状态的数量。

EN 1998-3 定义的倒塌极限状态比 EN 1998-1 给出的定义要更接近建筑物的实际倒塌状况,并且与之对应的是结构变形能力的充分利用。EN 1998-1 中定义的不倒塌要求(no collapse)大致相当于 EN 1998-3 中定义的重大破坏极限状态。

11.3.3 EN 1998-3 与 GB 50023—2009 抗震鉴定设防标准的对比

EN 1998-3:2005 中 3 种极限状态与中国“小震不坏、中震可修、大震不倒”的抗震设防水准对比如表 11-3 所示。

GB 50023—2009 与 EN 1998-3:2005 抗震鉴定设防目标的对比 表 11-3

标准名称	设防目标	50年内超越概率(%)	重现期(年)
GB 50023—2009	小震不坏	63.2	50
	中震可修	10	475
	大震不倒	2~3	约 200
EN 1998-3:2005	破坏极限	20	225
	重大破坏	10	475
	接近倒塌	2	2475

从表 11-3 可以看出,GB 50023—2009 与 EN 1998-3:2005 关于现有建筑抗震设防目标的规定主要有以下不同:

(1)抗震鉴定目标提出的角度不同,EN 1998-3:2005 基于极限状态下结构性能提出抗震鉴定目标,而 GB 50023—2009 则是引入后续使用年限(30 年、40 年、50 年)的概念,对不同后续使用年限的建筑确定不同的抗震鉴定目标。

(2)地震动水准不同,3 种极限状态大致与中国大震不倒、中震可修、小震不坏的三水准设防目标相对应,但 EN 1998-3:2005 中破坏损伤极限状态(DL)对应的 50 年 20% 的超越概率,与中国多遇地震 50 年 63% 的超越概率相比更加严格。

(3)对房屋使用期限期望值不同,GB 50023—2009 中后续使用年限的概念直观地表达了对房屋后续使用年限的期望值,而 EN 1998-3:2005 没有明确提到对房屋后续使用年限的期望,但从极限状态对应的超越概率以 50 年作为基准期来看,EN 1998-3:2005 对现有房屋的后续使用年限期望值均为 50 年。

(4)抗震鉴定目标检测的范围不同,EN 1998-3:2005 指出检测和试验的分类取决于构造有待检测的结构构件所占的百分比以及为进行试验所选的每一楼层的材料样本数量。也有一些情况对其进行修正,以及其中的一些值增大。这些情况在附录中都有说明。

GB 50023—2009 中,没有此类百分比的规定,而是从构件的重要性角度做了规定:

(1)建筑结构类型不同的结构,其检查的重点、项目内容和要求不同,应采取不同的鉴定方法。

(2)对重点部位与一般部位,应按不同的要求进行检查和鉴定(重点部位指影响这类建筑构造整体性能的关键部位和易导致局部倒塌伤人的构件、部件,以及地震时可能造成次生灾害的部位)。

(3)对抗震性能有整体影响的构件和仅有局部影响的构件,在综合抗震能力分析时应分别对待。

11.4 中欧标准抗震评估信息比较

在建筑抗震加固改造前,对现有建筑进行前期的抗震鉴定与评估,是建筑物加固改造的重要环节,而信息的收集与整理,既是建筑加固改造的前提,也是建筑加固改造的依据。

11.4.1 结构评估信息的重要性

EN 1998 特别针对结构抗震评估明确提出:在抗震改造过程中,旨在消除结构重大缺陷的定性评估是至关重要的,不应该由于本标准中所提出的定量分析而忽视定性的检查验证。另外,EN 1998-3:2005 第三章整章内容都是有关结构评估信息的,可见欧洲标准非常重视量化评估前对既有建筑的信息收集。毫无疑问,它既起到了对既有建筑结构进行定性评估的作用,也为后面进行量化评估、建模分析提供了依据。EN 1998-3:2005 针对不同的认知水平,要求结构评估资料具有相对应的几何、细节、材料特征,一般而言,结构评估资料包括以下内容:

(1)在评估现有结构的抗震承载力的过程中,应从多种来源收集输入数据,包括:

①所考虑建筑物可用的专门文件。

②相关的一般数据来源(如同期规范和标准)。

③现场勘查得到的相关资料。

④在大多数情况下,现场或实验室测量结果和试验结果。

(2)对不同来源的数据进行交叉校验,以尽量减少不确定性。

GB 50023—2009 中对结构评估信息的要求主要体现在两个方面:第三章基本规定中的第 3.0.1条要求收集原始资料、调查建筑物现状和第 3.0.4 条对现有建筑宏观控制与构造鉴定的基本要求;标准第五章 ~ 第十一章为根据震害经验总结的各种类型建筑的抗震构造要求。具体如下:

①收集建筑的勘查报告、施工和竣工验收的相关原始资料;当资料不全时,应根据鉴定的需要进行补充。

②调查建筑现状与原始资料相符合的程度、施工质量和维护状况,发现相关的非抗震缺陷。

此外,EN 1998-3:2005 在信息收集方面,可以根据不同的认知水平,对最关键的构件进行现场试验,在足以进行构件性能的局部验证的情况下建立线性或非线性结构模型。而在 GB 50023—2009中均没有此类要求和规定,但是 GB 50023—2009 对需要进行抗震鉴定的情况做了概括:

①接近或超过设计使用年限需要继续使用的建筑。

②原设计未考虑抗震设防或抗震设防要求提高的建筑。

③需要改变结构的用途和使用环境的建筑。

④其他有必要进行抗震鉴定的建筑。

EN 1998-3:2005 与 GB 50023—2009 相比，在标准编制意图上，更加强调结构评估信息在整个抗震鉴定过程中的作用，但在强调收集原始资料和调查建筑物现状的同时，没有体现更多构造上的信息搜集。从抗震概念鉴定的角度上看，欧洲标准对建筑物的定性评估缺乏基于震害经验的具体构造措施及要求。

11.4.2 结构评估信息的量化标准

EN 1998-3:2005 中结构评估信息的另一个主要特点是根据对评估信息的信息量要求，采取不同程度的现场构件检查和强度试验，分别包括有限的(limited)、更大范围的(extended)、全面的(comprehensive)，并给不同等级的检查试验定出了量化标准，具体如表 11-4 所示。

不同等级的检查和试验最低要求建议值 表 11-4

项　目	细节检查	材料试验
	对每种类型的主要构件(梁、柱、墙)	
检查和试验等级	细节检查构件比例(%)	每层材料样本
有限的	20	1
更大范围的	50	2
全面的	80	3

在 GB 50023—2009 中，未对不同目标鉴定的检测数量提出量化要求，只是指出抗震鉴定应该分为两级：第一级鉴定应以宏观控制和构造鉴定为主进行综合评价；并指出现有建筑宏观控制和构造鉴定的基本内容及要求，应符合下列规定：

(1)当建筑的平立面、质量、刚度分布和墙体等抗侧力构件的布置在平面内明显不对称时，应进行地震扭转效应不利影响的分析；当结构竖向构件上下不连续或刚度沿高度分布突变时，应找出薄弱部位并按相应的要求鉴定。

(2)检查结构体系，应找出其破坏会导致整个体系丧失抗震能力或丧失对重力的承载能力的部件或构件；当房屋有错层或不同类型结构体系相连时，应提高其相应部位的抗震鉴定要求。

(3)检查结构材料实际达到的强度等级，当低于规定的最低要求时，应提出采取相应的抗震减灾对策。

(4)多层建筑的高度和层数，应符合本标准各章规定的最大限值要求。

(5)当结构构件的尺寸、截面形式等不利于抗震时，宜提高该构件的配筋等构造抗震鉴定要求。

(6)结构构件的连接构造应满足结构整体性的要求，装配式厂房应有较完整的支撑系统。

(7)非结构构件与主体结构的连接构造，应满足不倒塌伤人的要求；位于出入口及人流通道等处，应有可靠的连接。

(8)当建筑场地位于不利地段时，还应符合地基基础的有关鉴定要求。

第二级鉴定应以抗震验算为主，结合构造影响进行综合评价，这就使得在本标准层面趋于模糊。实际操作时需根据其他相关规程如 GB/T 50344—2004、GB/T 50315—2011、JGJ/T 23—2011、JGJ/T 152—2008 等的规定实施。

从 EN 1998-3:2005 来看，认知水平是欧洲既有建筑抗震鉴定区别于新建建筑设计的一个重要概念。一方面，它反映了既有建筑使用过程中可能造成的建筑物基于初始设计某种程度的损失；另一方面，既有建筑不同于新建建筑，可能在建筑需要抗震鉴定时会出现一些结构信息的缺失，造成了结构的不确定性，通过选择适当的分析方法和置信因子来反映这种不确定性。

(1)认知水平的概念

由于既有建筑结构存在以下3种情况:①反映了建造施工时的技术水平;②可能存在隐藏的重大缺陷;③可能已经遭受过地震或者其他不明原因的偶然作用。所以,相对于新建建筑,既有结构评估通常都会面对不同程度的不确定性,这种不确定性程度可称为认知水平。

(2)认知水平的分级

结构评估信息(主要包括几何、详细信息、材料三个方面)的数量和质量反映了既有结构不确定性的程度,从而决定了认知水平等级。认知水平分为3个等级:有限认知(limited knowledge)、正常认知(normal knowledge)、完全认知(full knowledge),具体如表11-5所示。

认知水平和对应的分析方法及置信因子　表11-5

认知水平	结构、构件几何尺寸	细节信息(包括构件详细信息及连接构造等)	材料特性	分析方法	置信因子(CF)
KL1	(1)通过原始粗略图结合抽样外观质量检测获得的信息; (2)整体调查结果	(1)根据建造时期的相关设计经验; (2)有限的现场检测(inspection)结果	(1)与建造时标准一致的默认值; (2)有限的原位试验(testing)	LF-MRS(侧向力分析法和模态反应谱法,即线性分析方法)	CF_{KL1}
KL2		(1)由不完整的原施工详图结合有限的现场检测获得的信息; (2)由扩展的现场检测获得的信息	(1)原始设计规范结合有限的现场试验; (2)扩展的原位试验	欧洲标准中所有的分析方法都适用	CF_{KL2}
KL3		(1)由原施工详图结合有限的现场检测获得的信息; (2)广泛的现场检测获得的信息	(1)原始测试报告结合有限的原位试验; (2)广泛的原位试验	欧洲标准中所有的分析方法都适用	CF_{KL3}

注:1. 置信因子取值见国家附件。欧洲标准建议值 $CF_{KL1}=1.35$、$CF_{KL2}=1.20$、$CF_{KL3}=1.00$。
2. LF:侧向力分析法;MRS:模态反应谱法。

(3)置信因子与鉴定可靠指标

通过认知水平确定的置信因子主要是为了确定量化分析中需求模型和能力模型中的材料特性值,体现在两个方面:一方面,与结构需求比较进行安全性判定时,能力模型的材料特性值应是从现场检测或是其他信息来源获得的材料平均值除以置信因子值;另一方面,在计算给脆性构件传递作用效应的塑性构件的强度能力值时,材料特性值应取材料平均值乘以置信因子值。因此,置信因子可以理解为类似材料分项系数的一种系数,与材料分项系数不同的是,该系数是考虑到既有建筑信息不全面而确定的,相当于是对既有建筑进行抗震鉴定时采用的一种可靠指标。

GB 50023—2009中没有关于认知水平和置信因子等相关条文的提法,只是对现有建筑宏观控制和构造鉴定的基本内容及要求做了规定。

对于不同的结构形式的抗震验算,GB 50023—2009在第四章~第十一章分别给出了验算公式。当标准未给出具体方法时,可采用GB 50011—2010规定的方法,按式(11-1)进行结构构件抗震验算:

$$S \leqslant \frac{R}{\gamma_{Ra}} \tag{11-1}$$

式中:S——结构构件内力(轴向力、剪力、弯矩等)组合的设计值;计算时,有关的荷载、地震作用、作用分项系数、组合值系数,应按GB 50011—2010的规定采用;其中场地的设计特征周期可按表11-6确定,地震作用效应(内力)调整系数应按本标准各章的规定采用,地震烈度为8、9度的大跨度长悬臂结构应计算竖向地震作用;

R——结构构件承载力设计值,按GB 50011—2010的规定采用;其中,各类结构材料强度的设计指标应按本标准采用，材料强度等级按现场实际情况确定；

γ_{Ra}——抗震鉴定的承载力系数，除本标准各章节另有规定外，一般情况下，可按 GB 50011—2010的承载力抗震调整系数值采用，A 类建筑抗震鉴定时，钢筋混凝土构件应按 GB 50011—2010 的承载力抗震调整系数值的 0.85 倍采用。

特征周期值(s) 表 11-6

<table>
<tr><th rowspan="2">设计地震分组</th><th colspan="4">场地类别</th></tr>
<tr><th>Ⅰ</th><th>Ⅱ</th><th>Ⅲ</th><th>Ⅳ</th></tr>
<tr><td>第一、二组</td><td>0.20</td><td>0.30</td><td>0.40</td><td>0.65</td></tr>
<tr><td>第三组</td><td>0.25</td><td>0.40</td><td>0.55</td><td>0.65</td></tr>
</table>

11.5 中欧标准鉴定方法比较

EN 1998-3:2005 中结构评估过程是一个定量的检查既有损坏或者未被损坏建筑是否满足极限状态要求的过程。量化评估主要步骤为结构建模—结构分析—评估判别(需求≤能力)。结构建模主要以结构评估信息为基础；结构分析的方法有：侧向力分析法、模态反应谱法、非线性静力分析法，非线性时程动力分析法、q 因子法。评估判别主要是在性能目标下，检查结构构件抗震需求是否满足能力要求。分析方法和安全性鉴定准则及材料特性取值具体如表 11-7 所示。

分析方法和安全性鉴定准则及材料特性取值 表 11-7

<table>
<tr><th colspan="2" rowspan="2">项　目</th><th colspan="2">线性模型(LM)</th><th colspan="2">非线性模型</th><th colspan="2">q 因子法</th></tr>
<tr><th>需求(作用效应)</th><th>能力(结构抗力)</th><th>需求</th><th>能力</th><th>需求</th><th>能力</th></tr>
<tr><td rowspan="6">构件类型</td><td rowspan="5">延性构件或延性破坏</td><td colspan="2">线性模型的可行性(通过验证 $\rho_i = D_i/C_i$ 值)</td><td rowspan="6">根据结构分析获得。模型中取材料特性平均值</td><td rowspan="5">进行承载力计算。材料特性值取材料特性平均值除以 CF 值和分项系数</td><td rowspan="5">根据结构分析获得</td><td rowspan="6">进行承载力计算。材料特性取材料特性平均值除以 CF 值和分项系数</td></tr>
<tr><td>根据结构分析获得。模型中材料特性取平均值</td><td>以强度表示。使用特性的平均值</td></tr>
<tr><td colspan="2">检查判别(如果线性方法可行)</td></tr>
<tr><td>直接由结构分析获得</td><td>变形计算。材料特性取材料特性平均值除以 CF 值</td></tr>
<tr><td colspan="2">检查判别(如果线性方法可行)</td></tr>
<tr><td>脆性构件或脆性破坏</td><td>如果 $\rho_i \leq 1$，从分析中获得需求值；如果 $\rho_i > 1$，塑性构件强度由平衡条件获得。材料特性取材料特性平均值乘以 CF 值</td><td>进行承载力计算。材料特性取材料特性平均值除以 CF 值和材料分项系数</td><td>进行承载力计算。材料特性值取材料特性平均值除以 CF 值和分项系数</td><td>参考欧洲抗震标准相关部分的内容</td></tr>
</table>

注：1. 在关于钢筋混凝土结构的附录中，延性构件是指弯曲和轴力组合作用下的梁、柱和墙；脆性构件是指剪力机制的梁、柱、墙和节点。

2. D_i 表示第 i 个延性构件通过地震作用效应组合分析确定的地震需求；C_i 表示第 i 个延性构件的承载力；CF 为置信系数，其值在各国家附件中给出。

GB 50023—2009 采用两级鉴定方法：第一级鉴定以宏观控制和构造鉴定为主进行综合评价，第二级鉴定以抗震验算为主结合构造影响进行综合评价。从规范中可以看出，中国抗震鉴定方法中抗震概念鉴定和抗震验算紧密联系、相互协调，共同决定了抗震鉴定结果。与GB 50023—2009相同的是，欧洲标准评估方法也强调从定性评估和量化评估两个方面对结构进行抗震鉴定；而不同之处在于欧洲标准评估方法中定性评估与量化评估两者相对独立，定性评估并不对鉴定结果产生直接影响。另外，抗震能力评定指标也不相同，中国标准采用楼层综合抗震能力指标β，它综合反映了结构体系、局部构造、抗震承载力3个方面；而欧洲标准采用结构分析得到的构件需求值与能力值的比值ρ作为抗震能力评定指标，该指标中没有反映结构体系、构造要求等概念鉴定对鉴定结果的影响。

中国建筑的抗震鉴定是通过检查现有建筑的设计、施工质量和现状，按规定的抗震设防要求，对其在地震作用下的安全性进行评估。建筑抗震鉴定的目的是在对现有建筑的抗震能力进行鉴定，并进行抗震加固或采取其他抗震减灾措施，使现有建筑在遭遇到相当于抗震设防烈度的地震影响时，一般不至于倒塌伤人或砸坏重要生产设备，经修理后仍可继续使用。对现有建筑的抗震鉴定应包括下列内容及要求：

(1)原始资料搜集。收集并审阅原设计图和竣工图，以及工程地质报告、历次加固和改造设计图、事故处理报告、竣工验收文件和检查观测记录等。

(2)现状调查。应调查原始资料与现状的符合程度、施工质量和维护状况，并注意有关的非抗震问题。

(3)综合抗震能力分析。应根据各类建筑结构的特点，采取相应的逐级鉴定的方法，综合考虑结构布置构造和抗震承载力的确定。

(4)鉴定结论和处理意见。应对现有建筑整体抗震性能做出评价，对不符合抗震要求的建筑提出相应的抗震减灾措施。

对现有建筑的抗震鉴定，应根据不同情况区别对待。不同的建筑结构类型，检查的重点项目和要求可不同，鉴定方法也可不同。对于建筑的重点部位与一般部位来说，应着重检查影响该类建筑结构整体抗震性能的关键部位和易导致局部倒塌伤人的构件与部件，并检查地震时可能造成次生灾害的部位，对难以加固的一般部位可以适当降低鉴定要求。现场检查的顺序宜为先建筑外部，后建筑内部。

建筑外部检查的重点宜为：

(1)建筑的结构体系及其高度、宽度和层数。

(2)建筑的倾斜、变形。

(3)场地类别及地基基础的变形情况。

(4)建筑外观损伤和破坏情况。

(5)建筑附属物的设置情况及其损伤与破坏现状。

(6)建筑疏散出口及其周边的情况。

(7)建筑局部坍塌情况及其相邻部分已外露的结构、构件损伤情况。

建筑内部检查时，应对所有可见的构件、配件、设备和管线等进行外观损伤及破坏情况的检查；对重要的部位，可剔除其表面装饰层或障碍物进行核查。对各类结构的检查要点如下：

(1)对多层砌体建筑和砖混民房的地震破坏，应着重检查承重墙、楼、屋盖与楼梯间墙体构件及墙体交接处的连接构造，圈梁、构造柱的设置与连接构造；并检查非承重墙和容易倒塌的附属构件。检查时，应着重区分：抹灰层等装饰层的损坏与结构的损坏；震前已有的损坏与震后的损坏；承重(包括自承重)构件的损坏与非承重构件的损坏以及沿灰缝发展的裂缝与沿块材断裂、贯通的裂缝等。

(2)对钢筋混凝土框架建筑的地震破坏，应着重检查框架柱，并检查框架梁和楼板以及框架填充墙和围护墙。检查时，应着重区分抹灰层、饰面砖等装饰层的损坏与结构损坏，震前已有的损坏与震后的损坏，主要承重构件及抗侧向作用构件的损坏与非承重构件及非抗侧向作用构件的损坏,一般裂缝与剪切裂缝,有剥落、压碎前兆的裂缝,黏结滑移的裂缝及搭接区的劈裂裂缝等。

(3)对高层钢筋混凝土结构的地震破坏,应着重检查框架柱、梁、抗震墙和连梁,并检查楼、屋盖梁、板及框架填充墙和围护墙,以及突出屋面的结构构件和设施。

(4)对底部框架砌体建筑的地震破坏,应着重检查底部抗震墙和底部框架柱,并检查框架梁和上部砖墙以及容易倒塌的附属构件。同时,应检查两种结构结合部及框架托墙梁的损坏,检查时,应区分底部抗震墙的损坏与填充墙的损坏。

(5)对多层内框架砌体建筑的地震破坏,应着重检查其结构体系、承重墙体、顶层墙体,并检查内框架柱、梁及柱头、梁端的损坏;支承处墙体开裂等,以及非承重墙包括纵向外墙(墙垛)的损坏状况。

(6)对单层钢筋混凝土柱厂房的地震破坏应着重检查屋盖与屋架支撑、柱顶与屋架连接,检查天窗架、柱间支撑和墙体(围护墙),并注意检查高低跨封墙、山墙顶部、女儿墙封檐墙等的状况,检查时应注意区分的情况见上述各类结构检查要点的(1)、(2)。

(7)对单层砌体柱厂房的地震破坏,应着重检查砌体柱(墙垛)、纵墙和山墙,并检查屋盖及其与柱的连接。

(8)对单层空旷建筑的地震破坏,应着重检查山墙、大厅与前、后厅连接处和大厅与前、后厅的承重墙及舞台口大梁等;若为影剧院和大会堂,还应检查舞台口的悬墙、屋盖等。

(9)对传统结构民房的地震破坏,应着重检查木柱、砖、石柱、石过梁、承重砖、石墙和木屋盖,以及其相互间锚固拉结情况,并检查非承重墙和附属构件。

11.6 中欧标准抗震加固及改造措施比较

EN 1998-3:2005 附录中分别对钢筋混凝土结构、钢混组合结构、砌体结构的加固及改造做了说明。而国内的结构加固及改造主要依据《建筑抗震技术加固规程》(GJ 116—2009)等相关规范。

11.6.1 抗震加固及改造的方向

从国内外范围看,抗震加固及改造的方向大致有以下几个方面:

1)性能结构抗震设计理论

目前多数国家的抗震标准都采用了小震不坏、中震可修、大震不倒的多级设计思想,从震害调查看,按标准小震不坏、中震可修、大震不倒的多级设计正常施工、正常使用的建筑均可以做到在地震时避免倒塌而不危及人们的生命。但随着社会经济的飞速发展,地震造成的灾害损失却成倍增加,甚至一次中等大小的地震所造成的损失,也大大超出了社会和建设单位所能接受的程度。这表明地震损失不仅仅是主体结构的安全所能控制的,也表明小震不坏、中震可修、大震不倒的多级设计思想的实质是以保证人的生命安全为原则的一级设计理论。现代及未来的建筑不仅要防止倒塌,还要考虑控制经济损失、保证结构使用功能的延续等问题。

性能结构抗震设计(performance-based seismic design),也称为基于功能的结构抗震设计、性态抗震设计、抗震性能明示型抗震设计等,其基本思想是基于投资—效益的准则和强调结构个性的设计,以结构抗震性能分析为基础的设计方法。针对每一级设防标准,将结构的抗震性能划分成不同等级。设计师根据建设单位的要求(或向建设单位推荐),采用合理的抗震性能目标和合适的结构措施进行设计,结构物在未来地震作用下可能遭受的破坏程度,是建设单位可以接受的,也是投资—效益分析所能达到的最优效果。也就是说,在未来地震中结构的性能表现,是社会和建设单位能够预期的。

随着经济建设的发展及建筑类型的多样化,性能结构抗震设计已成为必然的发展趋势,目前强调共性,各类建筑大致一样的抗震设防标准的设计方法必将让位于强调个性,各个建设单位、各个建筑不同的设防标准的性能结构抗震设计。新建建筑如此,既有建筑的抗震加固也不例外,而且随建设单位的变更、使用功能的变更,其要求将更迫切,这为性能结构抗震设计在抗震加固领域的应用创造了良好的条件,虽然由于科研、规范及其他许多因素的影响,目前对新建结构进行性能结构抗震设计尚不具备充分的条件,但对既有结构抗震加固的影响更直接,可能更易于实施,主要表现在以下几个方面:

(1)现行的抗震鉴定标准和抗震加固规程适用于抗震设防烈度为6、7、8、9度地区。现有建筑的抗震鉴定和加固,主要是以现阶段国家经济条件和建筑的实际情况,根据政府的有关政策确定的。“现有建筑”是指中国颁发《建筑抗震设计规范》(GB 50011—2010)以前建成的建筑,但对已按原TJ 23—77进行鉴定符合要求的建筑或不符合要求但已进行了加固的建筑,可不按GB 50023—2009和JGJ 116—2009进行加固。这些规定的主要出发点有两个:其一是国家经济条件和政府的有关政策,即国家的抗震设防政策;其二是抗震设防的技术要求。这两点之间的关系是对立统一的,单纯从国家的抗震设防政策出发,抗震设防的投入是越少越好,而单纯从抗震设防的技术要求出发,和当代发达国家相比,中国抗震设防的投入还远不够。因此,抗震设防的投入不仅是一个技术问题,更是一个经济政策问题,国家的经济水平直接决定了抗震设防的投入。国家抗震规范、抗震鉴定标准和抗震加固规程的制定、颁布、实施,直接与当时国家的总体经济水平相联系。但抗震规范、抗震鉴定标准和抗震加固规程的制定、颁布,往往需要一个比较长的时间,由于中国的经济水平提升较快,各地区存在较大的经济差距,规范制定时的情况不一定符合规范颁布实施的情况,如GB 50011—2001从规范管理组1994年6月提出建议,对GBJ 11—1989进行修改,到2001年7月正式颁布,耗时达7年之久,这期间中国的经济建设突飞猛进、经济实力增长迅速,因此,即使如现行的GB 50011—2010,也不能完全反映中国现阶段的实际经济水平,这意味着按原TJ 23—77进行鉴定符合要求的建筑,其材料、设计方法、构造措施等有些已不符合目前的要求,抗震性能距现行抗震标准已有较大的距离,不一定满足建设单位的抗震性能要求。因此,对既有建筑而言,按建设单位的要求及建筑物的使用功能和性能结构抗震设计的理论进行抗震鉴定与加固,是具有很大的现实意义的。

(2)现有建筑的抗震加固,大部分存在着建筑的使用功能的改变,有些建筑是整体改变了使用功能,如办公楼改为电信传输机房,仓库改为变电站等。有些建筑是局部改变了使用功能,如候车室改为地震监测站,住宅改为珍贵文物存放处等。这些功能的改变,往往意味着建筑原有抗震性能不能满足功能改变后建筑的抗震性能要求,因此,即使这些建筑满足现行抗震规范和抗震鉴定标准的要求,也由于建筑使用功能的改变而不得不进行加固,这一点是与性能结构抗震设计的理论相吻合的。

(3)建设单位的变更对现有建筑的抗震加固提出了新的要求,现有建筑均是按照当时的抗震规范设计和建造的,是与当时普遍的经济实力和科研水平相适应的,主要是满足共性的要求,基本上不考虑建设单位的个性要求。众所周知,城市住宅与农村住宅相比,其安全度要高一些,而发达国家的住宅与中国的住宅相比,其安全度也要高一些,不同的建设单位有不同的安全度要求,不同的建设单位也有不同的抗震性能要求。目前建设单位变更的明显标志是装修标准的变更,相信今后建设单位将对建筑的安全水平(对地震区而言,主要就是抗震能力的高低)给予更多的重视,这是与性能结构抗震设计的理论一致的。

2)结构减震控制工程

随着经济水平的提高,人们对抗震的要求越来越高,传统抗震方法不论是增加刚度的硬抗,还是减少刚度的躲避,或者目前广泛采用的延性设计,均不能完全满足人们的需求和性能结构抗震设计的要求。目前的设计方法和抗震加固方法,虽然大大减轻了地震中房屋的破坏,有效保护了人们的生命财产安全，但地震造成的破坏仍然触目惊心，而且由于经济的发展，所造成的损失越来越大，影响越来越广。因此，工程结构减震控制技术已成为国际工程抗震界关注的热点、前沿问题，其中许多技术已经在新建工程和抗震加固工程中应用，取得了明显的技术效益和经济效益。结构减震控制包括隔震、消能减震和各种被动控制、主动控制、混合控制等内容。传统的抗震结构体系是通过加强结构的途径来提高结构的抗震能力，但结构减震控制体系则是通过调整结构动力特性的途径大大减小了结构在地震中的振动反应，从而保护结构以及结构内部的设备、仪器、管线和装饰物等不受损坏。这是一种采用新概念、新机理的新结构体系、新理论和新技术方法。在很多情况下，它比传统抗震方法更加有效、合理和经济，为工程结构的地震防护、减振抗风提供了一条崭新的途径。尽管该技术仍处于不断发展和完善的阶段，但到目前为止，该技术在美国、日本、新西兰及中国等许多国家已被应用在多项新建和抗震加固工程上，有些已经受到了实际地震的考验，表现良好，技术和经济效益非常显著，具有良好的发展前景。

3）房屋抗震加固程序

首先，应根据原设计图纸、工程现状和当前荷载要求，按 GB 50023—2009 对已有建筑进行抗震鉴定，查清现有建筑不满足现行规范的方面。一般而言，对现有房屋的鉴定主要基于两方面：一是整体结构是否满足抗震要求。主要指整个建筑的设防烈度、结构总体方案是否满足现行规范要求。二是单个构件能否满足抗震要求。单个构件的检测可利用超声仪、回弹仪、裂缝显微镜、原位轴压仪、万向取芯机、点荷仪、拔出仪、经纬仪、水准仪等仪器检测建筑构件强度、缺陷，评定建筑物性能，依据鉴定结果制定合理的加固方案。同时，应保证其满足 GB 50011—2010 的要求，并以提高建筑的综合抗震能力作为衡量抗震加固的标志。

其次，对已确定的加固方案，做进一步的细化，绘制施工图纸，并对施工工艺、施工方法、施工用料、施工注意事项等提出具体的要求。尽量避免损伤原构件，以防止加固过程中对原有结构造成新的破坏。

4）房屋抗震加固方法

（1）加大截面尺寸或增设抗震构件。采用加大截面尺寸或增设抗震构件的方法，既能提高构件的承载力，又能加大构件或结构的刚度。当检验原有结构无法满足抗震刚度要求或单个构件不满足承载力要求时，常采用这一方法。

（2）外包钢、黏结钢加固法。该法是用结构胶（专门的黏钢胶）把钢板粘贴在构件外部，通过后粘钢板和原构件的共同作用，以提高结构承载力的一种加固方法。工艺流程：混凝土及钢板表面处理—卸荷—黏结剂配制—涂胶—粘贴并固定加压—固化—卸支撑检验—防腐粉刷。这种加固方法的优点是加固后几乎不改变构件的外形和使用空间，却能提高结构构件的承载力和正常使用阶段的性能。施工简单、快速，对生产和生活影响较小，加固后 72 小时即可投入使用。

（3）碳纤维片材加固法。碳纤维片材作为一种新型的加固材料，能够粘贴于任意形状的构件表面并对原有结构尺寸无影响，具有轻质高强、耐腐蚀、易操作、施工周期短、适应性强等优点。为工程界提供了一种易行、高效、耐久的抗震加固手段。与粘钢法一样，采用该方法加固混凝土结构时，其长期使用结构温度不应高于 60℃。

11.6.2 中欧标准中不同类型结构加固改造及措施的比较

具体而言，EN 1998-3：2005 以材料为基础将建筑分为钢筋混凝土结构、钢混组合结构、砌体结构 3 种类型，分别对 3 种不同的结构形式进行加固改造的说明。现行的 JGJ 116—2009 与 GB 50023—2009 相配合，明确了不同后续使用年限的建筑抗震加固要求，在保持原规程综合抗震能力指数加固方法的基础上，增加了按设计规范方法进行加固的内容，新增了粘贴钢板、碳纤维布、钢绞线网—聚合物砂浆、消能减震加固技术。加强了对重点设防类建筑、超高超层建筑、不利于结构抗震的结构的加固要求,并且与 GB 50367—2013 进行了协调。

11.6.2.1 钢筋混凝土结构加固及改造措施比较

钢筋混凝土结构加固包括两方面含义:其一,对已受损钢筋混凝土结构的加固,使其恢复或超过原有结构的抗力;其二,提高原有结构的抗力,对完好钢筋混凝土结构进行加固。

混凝土建筑结构已成为20世纪建筑领域中技术发展最迅速、应用最广泛的一种结构体系,但在使用过程中,由于自身老化、各种灾害和人为损伤等原因,使建筑物不断产生各种结构安全隐患。特别是一些新建工程项目,由于勘察、设计和施工过程中的技术和管理问题,工程在建设过程中或建成初期就出现各种质量安全隐患,如不及时采取加固措施,就有可能导致重大的质量安全事故。为此,如何采取有效的加固措施对受损建筑物进行处理以恢复其使用功能是工程技术人员面临的重要课题。

(1)EN 1998-3:2005 分别从混凝土外壳、钢外壳、FRP(纤维增强聚合物)板和包裹材料几个方面考虑钢筋混凝土结构加固及改造方法。

以增大承压能力,增大抗弯或抗剪强度,增大变形能力,改进搭接头强度为目的,在柱和墙上使用混凝土外壳。此种方法应该考虑几点:壳板的厚度应考虑到纵向和横向的布置有足够的保护层;当壳板是为了提高抗弯强度时,纵向钢筋应通过穿透楼板的孔继续伸到相邻楼层,而水平系筋穿过钻在梁上的水平孔布置在节点区内。如果是完全约束内部节点,则可忽略系筋;如果仅关心抗剪强度和变形能力的增强以及可能的搭接改进,那么混凝土外壳(包括混凝土和钢筋)应与板之间留出一个 10mm 的间隙。

钢外壳主要用于柱上,以增加抗剪强度并改进搭接头的强度,也可以考虑通过约束将其用于增加延性;矩形柱的钢外壳通常由四个角钢组成,每个角钢上焊有钢板或较厚的非连续水平钢带。可使用环氧树脂将角钢粘到混凝土上,或仅沿整个长度无间隙地将其黏合到混凝土上,也可在即将焊接前进行预热,以对柱提供正约束。钢壳可在搭接区内提供有效夹固,以提高循环变形能力。

通过 FRP 外壳约束混凝土可使变形能力提高,这些 FRP 外壳可用在潜在塑性铰区内有待加固的构件周围。现有钢筋混凝土构件的抗震加固改造时使用的外部黏结 FRP 的主要作用是在使用外部黏结 FRP 后,且 FRP 纤维沿环筋方向,可以提高柱和墙的剪切性能;也可以增加约束,来提高构件端部的有效延性;还可以再次增加搭接约束,防止接头破坏。

(2)由于 JGJ 116—2013 与 EN 1998-3:2005 的分类方法不一样,主要采用直接加固改造法和间接加固改造法两种方式。

直接加固改造法:

①增大截面加固法。增大截面法是钢筋混凝土结构加固方法中最为常见的,通过一定程度地增大构件截面尺寸、加大受力配筋,从而提高构件结构承载力的一种加固方法。它可适用于混凝土梁、柱、板等多类构件。采用增大截面法的优点在于:施工技术成熟,对施工人员无特殊的专业要求,施工方便,质量易于控制,可靠性高,可有效提高结构构件抗力,能够较大限度地提高柱的稳定性。但该方法也在一定程度上受到空间、使用功能要求等条件的限制,其缺点表现为一定程度上占据建筑物空间,缩小正常使用面积,现场施工湿作业工作量大,养护时间较长,特别在使用过程中加固对生产、生活有一定影响,而且会影响建筑物的结构外观。

②置换混凝土加固法。该方法适用于对受压区混凝土存在强度偏低或密实度达不到要求的严重质量缺陷的混凝土梁、柱等承重构件的加固。置换法就是要把原有的缺陷部位局部清除并用新的混凝土替代,其优点主要表现为构件加固后能恢复原貌,且不改变原有空间和建筑结构布置(建筑净空不受影响),但该方法也存在缺点和不适用性,主要表现为施工的湿作业时间长、清除旧混凝土的工作量大并需对周边有影响的原有结构进行必要的支撑和临时性加固。

③外包钢加固法。该法主要是利用钢板、角钢等钢型材将混凝土构件(主要用于柱构件)

包裹起来，通过四周各边的约束来增加构件的抗压能力，适用于在不允许增大原构件截面尺寸，但又要求大幅度提高截面承载能力的混凝土结构，一般主要有干式外包钢法和湿式外包钢法两种。其中干式外包钢法主要是用焊接连接方式将混凝土构件外所包的型钢连接起来，实现对原构件的约束，从而提高构件的承载能力和抗变形能力；湿式外包钢法是应用环氧树脂、水泥砂浆等黏结材料将钢材和原构件混凝土面层紧密连接，其湿作业工作量大但整体性较好。

这种施工方法简便、易操作，能明显提高结构构件的承载能力，较为可靠，同时其对使用空间影响小、现场工作量也较小，施工时间较短，但存在用钢量较大的缺点，加固费用相对较高。另外，该方法不宜在60℃以上高温场所且无防护的情况下使用。

④粘贴钢板加固法。粘贴钢板加固法是采用黏结剂和锚栓将钢板粘贴固定于混凝土结构受拉面或其他薄弱部位，使钢板与加固混凝土构件形成结构整体，来达到提高结构承载能力的目的。该方法近些年来被公路部门广泛采纳，多用于钢筋混凝土桥梁的加固维修，同样在建筑工程梁、板构件的加固中也较为常见。该法有基本不改变原一侧结构的截面尺寸、施工工艺较为简单、工期短、技术可靠性高、工艺成熟且短期加固效果较好等优点，特别是随着该技术的推广应用，单位面积加固费用呈下降趋势，一般情况下，与增大截面法以及体外张拉预应力法等方法相比，总的加固费用是最低的，是当前一种前景十分被看好的加固方法。

其主要缺点表现为：使用环境的温度有限制，耐腐蚀性差、节点部位不易处理等。然而，易被腐蚀是该加固方法面临的突出问题，粘贴钢板加固后表面均需进行必要的防护处理，如水泥砂浆保护或环氧砂浆层，但是钢板长期使用过程中的锈蚀程度较难估计，一定程度上降低了加固构件的可靠性，增加了后期养护费用。

此外，为便于施工过程中对粘贴钢板加压及防止钢板剥离，粘贴钢板时须采用必要的螺栓锚固措施，不可避免地会对原结构造成一定的损伤，故通常不宜用于钢筋密度较大且走向复杂的构件节点部位加固。

⑤粘贴纤维复合材加固法。纤维复合材主要包括碳纤维、芳纶纤维和玻璃纤维3种，而目前加固市场上主要采用碳纤维材料。碳纤维加固法是近年来迅速发展起来的一种混凝土结构加固技术，它通过将高强度碳纤维织物或预成型板材通过改性环氧树脂粘贴于被加固构件表面达到改善结构受力性能的目的。其缺点主要表现为使用环境的温度有限制，并且需要做专门的防护和处理。若防护不当，易遭受火灾和人为破坏。

⑥绕丝加固法。该法主要是用于提高混凝土构件的位移延性，采用该法具有加固后构件自重增加较小、外形截面尺寸变化小等优点；但缺点表现为对混凝土结构构件承载力提高不明显，因此其应用范围受到了较大限制。

⑦喷射混凝土加固法。该法采用的是借助喷射机械，利用压缩空气或其他动力，将按一定比例配合拌制的拌和料，高速喷射到受喷面上凝结硬化而成的一种混凝土。喷射混凝土与混凝土、砖石、钢材有很高的黏结强度，且有较高的力学性能和良好的耐久性，并可以在结合面上传递剪应力和拉应力。其缺点主要表现为施工过程中需要用到大型喷射专用机械，而且施工作业面要求较大。

⑧结构胶植筋加固法。该法不是用于提高被加固植筋构件的自身承载力，而是在既有混凝土结构或构件上钻适当深度的钻孔，把周边需加固或增加的构件的受力钢筋植入孔内，并用化学胶黏剂（俗称结构胶）使原构件混凝土与植入的钢筋黏结牢固，并使新增钢筋能发挥设计所期望的抗拉性能。结构胶植筋方法和操作工艺比较简单，锚固效果好，安全可靠，故广泛应用于存在补埋钢筋、后埋钢构件的加固工程中。

间接加固改造法有：

①增加支承加固法。通过增设支撑点减小结构计算跨度、改变结构内力分布、提高承载能力的加固方法被称为增加支承加固法。该法适用于对使用条件和外观要求不高的建筑物，抢险

工程的临时性支顶,具有受力明确、易于安装拆卸、简单可靠等优点;缺点表现为显著影响使用空间,对建筑物的原貌和部分使用功能造成一定损害。

②预应力加固法。设置外预应力拉杆或撑杆并施加预应力,使拉杆或撑杆受力,改变原结构内力分布,达到降低结构原有内力水平,提高结构承载能力的加固方法称为预应力加固法。该法具有三重效果:改变结构内力分布,卸载和加固,对其他加固方法中常见的应力应变滞后现象能较好地消除。因此在重型结构、大跨度构件或处于高应力、高应变状态下的混凝土构件的加固中适用,其缺点表现为:对原结构外观有一定影响,且在无防护的情况下,不宜用于混凝土收缩徐变大的结构,也不能用在60℃以上温度环境中。

11.6.2.2 钢混组合结构加固及改造措施比较

(1)EN 1998-3:2005 分别从体系加固改造、构件加固改造、连接加固改造3个方面加以规定。

在体系加固改造中,对于抗弯框架,应通过剪力钉提高钢架和混凝土之间的组合作用,并在RC内的梁和柱上使用外壳,以增强所有极限状态下的整体刚度;也可以通过半刚性和部分强度的刚节点或组合节点,对抗弯框架进行加固改造。

对于支撑框架,如果是对带中心支撑的框架进行加固改造,应首选带偏心支撑的框架和角撑框架(角撑框架是这样一种体系:在其中,支撑连接到耗能区,而不是采用梁—柱连接)。在通过试验证实了铝或不锈钢的用途后,才可将铝或不锈钢结构用于同心、偏心或角撑框架中的耗能区。也可以在加固改造中使用钢、混凝土或组合墙,以增强延性反应并防止梁—柱不稳定。还可以在抗弯框架中加入支撑,以提高框架的侧面刚度。

在构件加固改造中,EN 1998-3:2005 从梁、柱、支撑三种不同的构件形式出发,分析在稳定性不足、承载力不足、屈曲和断裂翼缘的修复等情况下应该采取的加固改造措施。

(2)钢结构加固改造是较为常见的加固方式,其主要分成以下两大类型:

①转变结构计算简图。这种加固方式是运用添加支撑系统变一榀一榀的排架结构为空间结构;通过添加支撑改变构件长细比来加强稳定及承载能力;将铰接转化成刚接,降低构件计算长度。

②加大构件截面。钢梁和钢柱的加固是否能够利用焊接或高强度螺栓连接来完成,需要对施工条件进行全面的分析,需要对施工条件、加固构件的应力分布等要素进行研究,重点分析由于焊接加固引起的残余应力和附加变形。

11.6.2.3 砌体结构加固及改造措施比较

1)EN 1998-3:2005 中采取的是结构性修复和加固技术

裂缝的修复:如果裂缝相对较小(如不到10mm)并且墙厚度相对较小,则可以用砂浆填封裂缝;如果裂缝宽度较小但砌体厚度较大,则应灌注水泥薄浆,如果有可能,应使用无收缩水泥浆。相反,对于细裂缝,可使用环氧注浆;如果裂缝相对较宽(如超过10mm),则应使用细长(缝合用)的砖石对损伤区进行重建,否则,应使用鸠尾夹、金属板或聚合物格栅,以将裂缝的两面扎在一起,应用具有适当流动性的水泥砂浆填充空隙;若平缝相当平整,则通过在平缝内埋入小直径的钢绞线或聚合物栅带,可显著提高墙体对垂直裂缝的抵抗能力;关于较大的斜裂缝的维修,可将垂直混凝土肋浇筑到砌体墙内(通常是两侧上)的不规则槽内,这种肋应使用封闭箍筋和纵向钢筋加筋。

墙体相交处的修复和补强:为了改善相交墙体之间的连接,应利用交错砌合的砖石,通过不同的方式使连接更有效:

(1)构筑钢筋混凝土带。

(2)在平缝内加设钢板或钢筋网。

(3)在砌体所钻孔内插入斜筋并随后灌浆。

(4)后张法。

对水平横隔板进行加固和加强:①将附加的(正交或倾斜的)木板层钉到现有木板层上;②浇筑一层用焊接钢丝网加筋的混凝土覆盖层。混凝土覆盖层与木楼板之间应有剪力连接且应锚固到墙上;③布置锚固到梁和围墙上的扁系筋的双斜向钢筋网;④屋顶桁架应撑牢并锚固到支撑墙上,应在桁架底部弦杆的水平面上加设(如通过增加支撑)水平横隔板。

系梁:如果墙和楼板之间的现有系梁受到损坏,应对其进行修复或重建;如果原始结构内无细梁,则应加设此类系梁。

用系筋对建筑进行加固:①沿着墙体方向或垂直于墙的方向,在墙体的钻孔外或孔内加设系筋,是连接墙体和改善砌体建筑整体性能的一种有效方式;②可使用后张系筋,以增强墙体对拉应力的承载能力。

对毛石核心砌体墙的加固:如果薄浆的渗透率是符合要求的,则可通过水泥灌浆对毛石核心进行加固;如果薄浆对毛石的黏着力可能不强,则应通过插入钢筋穿过毛石核心并锚固到墙的外层上来对灌浆进行补强。

通过钢筋混凝土外壳或型钢对墙体进行加固:①应通过喷射混凝土法来铺设混凝土,并应通过焊接钢丝网对混凝土外壳进行加固;②混凝土外壳可仅用于墙的一面或最好两面都用上。铺设到墙的相对两面上的两层混凝土外壳应通过穿过砌体的横向系筋连接。仅用于一面的混凝土套应通过槽与砌体连接;③可以以类似方式使用型钢,但前提是它们正确地连接到墙的两面或仅连接到一面。

通过聚合物格栅外壳对墙体进行加固:可使用聚合物格栅对现有的和新的砌体构件进行加固。如果是现有构件,栅格的一侧或两侧都应与砌体墙连接,且应锚固到垂直墙上。如果是新构件,施加的干预可包括在砌砖之间的水平砂浆层内另外插入格栅。覆盖聚合物格栅的灰泥应为延性灰泥,最好是带有纤维增强材料的石灰水泥。

2)中国标准:砌体结构加固技术

在JGJ 116—2009中,主要对多层砌体房屋的加固改造进行了规定。主要包括以下几个方面:

(1)当房屋抗震承载力不满足要求时,宜选择下列加固方法:

①拆砌体或增设抗震墙:对局部的强度过低的原墙体可拆除重砌;重砌和增设抗震墙的结构材料宜采用与原结构相同的砖或砌块,也可采用现浇钢筋混凝土。

②修补和灌浆:对已开裂的墙体,可采用压力灌浆修补,对砌筑砂浆饱和度差且砌筑砂浆强度等级偏低的墙体,可用满墙灌浆加固。

修补后墙体的刚度和抗震能力,可按原砌筑砂浆强度等级计算;满墙灌浆加固后的墙体,可按原砌筑砂浆强度等级提高一级计算。

③面层或板墙加固:在墙体的一侧或两侧采用水泥砂浆面层、钢筋网砂浆面层、钢绞线网面层或现浇钢筋混凝土板墙加固。

④外加柱加固:在墙体交接处增设现浇钢筋混凝土构造柱加固,外加柱应与圈梁、拉杆连成整体或与现浇钢筋混凝土楼、屋盖可靠连接。

⑤包角或镶边加固:在柱、墙角或门帘洞边用型钢或混凝土包角或镶边;柱、墙垛还可用现浇混凝土套加固。

⑥支撑或支架加固:对刚度差的房屋,可增设型钢或钢筋混凝土支撑或支架支固。

(2)房屋的整体性不满足要求时,应选择下列加固方法:

①当墙体布置在平面内不闭合时,可增设墙段或在开口处增设现浇混凝土框,形成闭合。

②当纵横墙连接较差时,可采用钢拉杆、长锚杆、外加柱或外加圈梁等加固。

③楼、屋盖构件长度不满足要求时,可增设托梁或采取增强楼、屋盖整体性等措施;对腐蚀

变质的构件进行更换；对无下弦的人字屋架应增设下弦拉杆。

④当构造柱或芯柱设置不符合鉴定要求时，应增设外加柱；当墙体采用双面钢筋网砂浆面层或钢筋混凝土板墙加固，且在墙体交接处增设相互可靠拉结的配筋加强带时，可不另设构造柱。

⑤当圈梁设置不符合鉴定要求时，应增设圈梁；外墙圈梁宜采用钢筋混凝土，内墙圈梁可用钢拉杆在进深梁端加锚杆代替；当采用双面钢筋网砂浆面层或钢筋混凝土板墙加固，且在上下两端增设配筋加强带时，可不另设圈梁。

⑥当预制楼、屋盖不满足抗震鉴定要求时，可增设钢筋混凝土现浇层或增设托梁加固楼、屋盖，钢筋混凝土现浇层做法应符合相关规定。

(3)对房屋中易倒塌的部位，宜选择下列加固方法：

①窗间墙宽度过小或抗震能力不满足要求时，可增设钢筋混凝土窗框或采用钢筋网砂浆面层、板墙等加固。

②支撑大梁等的墙段抗震能力不满足要求时，可增设砌体柱、组合柱、钢筋混凝土柱或采用钢筋网砂浆面层、板墙加固、组合柱加固的设计。

③支撑悬挑构件的墙体不符合鉴定要求时，宜在悬挑构件端部增设钢筋混凝土柱或砌体组合柱加固，并对悬挑构件进行加固。

④隔墙无拉结或拉结不牢，可采用镶边、埋设钢夹套、锚筋钢拉杆加固；当隔墙过长、过高时，可采用钢筋网砂浆面层进行加固。

⑤出屋面的楼梯间、电梯间和水箱间不符合鉴定要求时，可采用面层或外加柱加固，其上部应与屋盖构件有可靠连接，下部应与主体结构的加固措施相连。

⑥出屋面的烟囱、无拉结女儿墙、门脸等超过规定的高度时，宜拆除、降低高度或采用型钢、钢拉杆加固。

⑦悬挑构件的锚固长度不满足要求时，可加拉杆或采用减少悬挑长度的措施。

(4)当具有明显扭转效应的多层砌体房屋抗震能力不满足要求时，可优先在薄弱部位增砌砖墙或现浇钢筋混凝土墙或在原墙加面层；也可采取分割平面单元，减少扭转效应的措施。

(5)现有的空斗墙房屋和普通黏土砖砌筑的墙厚不大于180mm的房屋需要继续使用时，应采用双面钢筋网砂浆面层或板墙加固。

圈梁和钢拉杆的要求分别如表11-8和表11-9所示。

增强纵横墙连接的钢筋混凝土圈梁纵向钢筋(mm)　　表11-8

<table>
<tr><th rowspan="3">总层数</th><th rowspan="3">圈梁设置楼层</th><th rowspan="3">砂浆强度等级</th><th colspan="2">6度</th><th colspan="2">7度</th><th colspan="2">8度</th><th colspan="2">9度</th></tr>
<tr><th colspan="2">墙厚</th><th colspan="2">墙厚</th><th colspan="2">墙厚</th><th colspan="2">墙厚</th></tr>
<tr><th>370</th><th>240</th><th>370</th><th>240</th><th>370</th><th>240</th><th>370</th><th>240</th></tr>
<tr><td rowspan="2">六</td><td>5~6</td><td>M1,M2.5
M0.4</td><td rowspan="4">4ϕ8</td><td rowspan="4">4ϕ8</td><td>4ϕ10
4ϕ12</td><td>4ϕ8
4ϕ10</td><td>4ϕ12
4ϕ14</td><td>4ϕ10
4ϕ12</td><td>—</td><td>—</td></tr>
<tr><td>1~4</td><td>M1,M2.5
M0.4</td><td>4ϕ8
4ϕ10</td><td>4ϕ8</td><td>4ϕ12</td><td>4ϕ10</td><td>—</td><td>—</td></tr>
<tr><td rowspan="2">五</td><td>4~5</td><td>M1,M2.5
M0.4</td><td>4ϕ10
4ϕ12</td><td>4ϕ8</td><td>4ϕ12</td><td>4ϕ12</td><td>—</td><td>—</td></tr>
<tr><td>1~3</td><td>M1,M2.5
M0.4</td><td>4ϕ8
4ϕ10</td><td>4ϕ8</td><td>4ϕ12</td><td>4ϕ12</td><td>—</td><td>—</td></tr>
</table>

续上表

<table>
<tr><td rowspan="3">总层数</td><td rowspan="3">圈梁设置楼层</td><td rowspan="3">砂浆强度等级</td><td colspan="2">6 度</td><td colspan="2">7 度</td><td colspan="2">8 度</td><td colspan="2">9 度</td></tr>
<tr><td colspan="2">墙厚</td><td colspan="2">墙厚</td><td colspan="2">墙厚</td><td colspan="2">墙厚</td></tr>
<tr><td>370</td><td>240</td><td>370</td><td>240</td><td>370</td><td>240</td><td>370</td><td>240</td></tr>
<tr><td rowspan="2">四</td><td>3 ~ 4</td><td>M1,M2.5
M0.4</td><td rowspan="3">4φ8</td><td rowspan="3">4φ8</td><td>4φ8</td><td>4φ8</td><td>4φ10
4φ12</td><td>4φ10</td><td>4φ14</td><td>4φ12</td></tr>
<tr><td>1 ~ 2</td><td>M1,M2.5
M0.4</td><td>4φ8</td><td>4φ8</td><td>4φ10</td><td>4φ10</td><td>4φ12</td><td>4φ12</td></tr>
<tr><td>三</td><td>1 ~ 3</td><td>M1,M2.5
M0.4</td><td>4φ8</td><td>4φ8</td><td>4φ10</td><td>4φ10</td><td>4φ12</td><td>4φ12</td></tr>
</table>

增强纵横墙连接的钢拉杆直径(mm) 表 11-9

<table>
<tr><td rowspan="3">总层数</td><td rowspan="3">拉杆设置楼层</td><td>6 度</td><td colspan="2">7 度每层隔开间</td><td colspan="2">8 度每层隔开间</td><td colspan="2">8 度隔层每开间</td><td colspan="2">8 度每层每开间</td><td colspan="2">9 度每层隔开间</td></tr>
<tr><td>墙厚</td><td colspan="2">墙厚</td><td colspan="2">墙厚</td><td colspan="2">墙厚</td><td colspan="2">墙厚</td><td colspan="2">墙厚</td></tr>
<tr><td>≤370</td><td>≤240</td><td>370</td><td>≤240</td><td>370</td><td>≤240</td><td>370</td><td>≤240</td><td>370</td><td>≤240</td><td>370</td></tr>
<tr><td>六</td><td>1 ~ 6</td><td rowspan="6">φ12</td><td rowspan="6">φ12</td><td>φ16</td><td>—</td><td>—</td><td>—</td><td>—</td><td>—</td><td>—</td><td>—</td><td>—</td></tr>
<tr><td>五</td><td>4 ~ 5
1 ~ 3</td><td>φ16</td><td>—</td><td>—</td><td>φ14</td><td>φ16</td><td>φ12</td><td>φ16
φ12</td><td>—</td><td>—</td></tr>
<tr><td>四</td><td>3 ~ 4
1 ~ 2</td><td>φ16</td><td>φ16</td><td>φ20</td><td>φ14</td><td>φ16</td><td>φ12</td><td>φ14
φ12</td><td>φ16
φ12</td><td>φ20
φ14</td></tr>
<tr><td>三</td><td>1 ~ 3</td><td>φ14</td><td>φ16</td><td>φ20</td><td>φ12</td><td>φ14</td><td>φ12</td><td>φ14</td><td>φ16</td><td>φ20</td></tr>
<tr><td>二</td><td>1 ~ 2</td><td>φ14</td><td>φ16</td><td>φ20</td><td>φ12</td><td>φ14</td><td>φ12</td><td>φ14</td><td>φ16</td><td>φ18</td></tr>
<tr><td>一</td><td>1</td><td>φ14</td><td>φ16</td><td>φ18</td><td>—</td><td>—</td><td>φ12</td><td>φ12</td><td>φ14</td><td>φ16</td></tr>
</table>

11.6.2.4 JGJ 116—2009 其他结构加固及改造措施

除此之外,JGJ 116 2009 还分别对 EN 1998-3:2005 中不曾涉及的地基基础、内框架和底层框架砖房、单层钢筋混凝土柱厂房、单层砖柱厂房和空旷房屋、木结构和土石墙房屋、烟囱和水塔等结构类型提出了相应的加固改造方法。

1)地基和基础

当地基竖向承载力不满足要求时,可做下列处理:

(1)当基础底面压力设计值超过地基承载力特征值在 10% 以内时,可采用提高上部结构抵抗力不均匀沉降能力的措施。

(2)当基础底面压力设计值超过地基承载力特征值在 10% 及以上时或建筑已出现不允许的沉降和裂缝时,可采取放大基础底面积、加固地基或减少荷载的措施。

当地基或柱基的水平承载力不满足要求时,可做下列处理:

(1)基础顶面、侧面无刚性地坪时,可增设刚性地坪。

(2)沿基础顶部增设基础梁,将水平荷载分散到相邻的基础上。

液化地基的液化等级为严重时,对乙类和丙类设防的建筑,宜采取消除液化沉降或提高上部结构抵抗不均匀沉降能力的措施;液化地基的液化等级为中等时,对乙类设防的 B 类建筑,宜采取提高上部结构抵抗不均匀沉降能力的措施。

对消除液化沉降进行地基处理时,可选用下列措施:

(1)桩基托换。将基础荷载通过桩传到非液化土上,桩端(不包括桩尖)伸入非液化土中的长度应按计算确定,且对碎石土,砾、粗、中砂,坚硬黏性土和密实粉土不应小于 0.5m,对其他非岩石土不宜小于 1.5m。

(2)压重法。对地面高程无严格要求的建筑,可在建筑周围堆土或重物,增加覆盖压力。

(3)覆盖法。将建筑的地坪和外侧排水坡改为钢筋混凝土整体地坪。地坪应与基础或墙体锚固,地坪下应设厚度为300mm的砂砾或碎石排水层,室外地坪宽度宜为4~5m。

(4)排水桩法。在基础外侧设碎石排水桩,在室内设整体地坪。排水桩不宜少于两排,桩距基础外缘的净距不应小于1.5m。

(5)旋喷法。穿过基础或紧贴基础打孔,制作旋喷桩。桩长应穿过液化层并支承在非液化土层上。

对液化地基、软土地基或明显不均匀地基上的建筑,可采取下列提高上部结构抵抗不均匀沉降能力的措施:

(1)提高建筑的整体性或合理调整荷载。

(2)加强圈梁与墙体的连接。当可能产生差异沉降或基础埋深不同且未按1/2的比例过渡时,应局部加强圈梁。

(3)用钢筋网砂浆面层等加固砌体墙体。

2)内框架和底层框架砖房

底层框架、底层内框架砖房的底层和多层内框架砖房的结构体系和抗震承载力不满足要求时,可选择下列加固方法:

(1)横墙间距符合鉴定要求而抗震承载力不满足要求时,宜对原有墙体采用钢筋网砂浆面层、钢绞线网—聚合物砂浆面层或板墙加固,也可增设抗震墙加固。

(2)横墙间距超过规定值时,宜在横墙间距内增设抗震墙加固;或对原有墙体采用板墙加固且同时增强楼盖的整体性和加固钢筋混凝土框架、砖柱混合框架;也可在砖房外增设抗侧力结构,减小横墙间距。

(3)钢筋混凝土柱配筋不满足要求时,可采用增设钢构套、现浇钢筋混凝土套、粘贴纤维布、钢绞线网—聚合物砂浆面层等方法加固;也可增设抗震墙,减少柱承担的地震作用。

(4)当底层框架砖房的框架柱轴压比不满足要求时,可增设钢筋混凝土套加固或按GB 50011—2010的相关规定增设约束箍筋,提高体积配箍率。

(5)外墙的砖柱(墙垛)承载力不满足要求时,可采用钢筋混凝土外壁柱或内、外壁柱加固;也可增设抗震墙以减少砖柱(墙垛)承担的地震作用。

(6)底层框架砖房的底层为单跨框架时,应增设框架柱,形成双跨;当底层刚度较弱或有明显扭转效应时,可在底层增设钢筋混凝土抗震墙或翼墙加固;当过渡层刚度、承载力不满足鉴定要求时,可对过渡层的原有墙体采用钢筋网砂浆面层、钢绞线网—聚合物砂浆面层加固或采用钢筋混凝土墙替换底部为钢筋混凝土墙的部分砌体墙等方法加固。

内框架和底层框架砖房整体性不满足要求时,应选择下列加固方法:

(1)底层框架、底层内框架砖房的底层楼盖为装配式混凝土楼板时,可增设钢筋混凝土现浇层加固。

(2)圈梁布置不符合鉴定要求时,应增设圈梁;外墙圈梁宜采用现浇钢筋混凝土,内墙圈梁可用钢拉杆或在进深梁端加锚杆代替;当墙体采用双面钢筋网砂浆面层或板墙进行加固且在上下两端增设配筋加强带时,可不另设圈梁。

(3)当构造柱设置不符合鉴定要求时,应增设外加柱;当墙体采用双面钢筋网砂浆面层或板墙进行加固且在对应位置增设相互可靠拉结的配筋加强带时,可不另设外加柱。

(4)外墙四角或内、外墙交接处的连接不符合鉴定要求时,可增设钢筋混凝土外加柱加固。

(5)楼、屋盖构件的支承长度不满足要求时,可增设托梁或采取增强楼、屋盖整体性的措施。

内框架和底层框架砖房易倒塌部位不符合鉴定要求时,可按《建筑抗震加固技术标准》

(JGJ 116—2009)第5.2.3条的有关规定选择加固方法。

现有的A类底层内框架、单排柱内框架房屋需要继续使用时,应在原壁柱处增设钢筋混凝土柱形成梁柱固接的结构体系或改变结构体系。

3)单层钢筋混凝土柱厂房

厂房的屋盖支撑布置或柱间支撑布置不符合鉴定要求时,应增设支撑,地震烈度为6、7度时也可采用钢筋混凝土窗框代替天窗架竖向支撑。

厂房构件抗震承载力不满足要求时,可选择下列加固方法:

(1)天窗架立柱的抗震承载力不满足要求时,可加固立柱或增设支撑并加强连接节点。

(2)屋架的混凝土构件不符合鉴定要求时,可增设钢构套加固。

(3)排架柱箍筋或截面形式不满足要求时,可增设钢构套加固。

(4)排架柱纵向钢筋不满足要求时,可增设钢构套加固或采取加强柱间支撑系统且加固相应柱的措施。

厂房构件连接不符合鉴定要求时,可采用下列加固方法:

(1)下柱柱间支撑的下节点构造不符合鉴定要求时,可在下柱根部增设局部的现浇钢筋混凝土套加固,但不应使柱形成新的薄弱部位。

(2)构件的支承长度不满足要求时或连接不牢固,可增设支托或采取加强连接的措施。

(3)墙体与屋架、钢筋混凝土柱连接不符合鉴定要求时,可增设拉筋或圈梁加固。

女儿墙超过规定的高度时,宜降低高度或采用角钢、钢筋混凝土竖杆加固。

柱间的隔墙、工作平台不符合鉴定要求时,可采取剔缝脱开、改为柔性连接、拆除或根据计算加固排架柱和节点的措施。

4)单层砖柱厂房和空旷房屋

砖柱(墙垛)抗震承载力不满足要求时,可选择下列加固方法:

(1)地震烈度为6、7度时或抗震承载力低于要求在30%以内的轻屋盖房屋,可采用钢构套加固。

(2)乙类设防或地震烈度为8、9度的重屋盖房屋或延性、耐久性要求高的房屋,宜采用钢筋混凝土壁柱或钢筋混凝土套加固。

(3)除上述(1)、(2)款外的情况,可增设钢筋网面层与原有柱(墙垛)形成面层组合柱加固。

(4)独立砖柱房屋的纵向,可增设到顶的柱间抗震墙加固。

房屋的整体性连接不符合鉴定要求时,应选择下列加固方法:

(1)屋盖支撑布置不符合鉴定要求时,应增设支撑。

(2)构件的支承长度不满足要求时或连接不牢固时,可增设支托或采取加强连接的措施。

(3)墙体交接处连接不牢固或圈梁布置不符合鉴定要求时,可增设圈梁加固。

(4)大厅与前后厅、附属房屋的连接不符合鉴定要求时,可增设圈梁加固。

(5)舞台口大梁的支承部位不符合鉴定要求时,可增设钢筋网砂浆面层组合柱、钢筋混凝土壁柱等加固。

局部的结构构件或非结构构件不符合鉴定要求时,应选择下列加固方法:

(1)舞台的后墙平面外稳定性不符合鉴定要求时,可增设壁柱、工作平台、天桥等构件增强其稳定性。

(2)悬挑式挑台的锚固不符合鉴定要求时,宜增设壁柱减少悬挑长度或增设拉杆等加固。

(3)高大的山墙山尖不符合鉴定要求时,可采用轻质隔墙替换。

(4)砌体隔墙不符合鉴定要求时,可将砌体隔墙与承重构件间改为柔性连接。

(5)舞台口大梁上部的墙体、女儿墙、封檐墙不符合鉴定要求时,可按规程的相关规定处理。

5)木结构和土石墙房屋

(1)木结构。木结构房屋的抗震加固,应提高木构架的抗震能力。可根据实际情况,采取减轻屋盖重力、加固木构架、加强构件连接、增设柱间支撑、增砌砖抗震墙等措施。增设的柱间支撑或抗震墙在平面内应均匀布置。

木结构房屋抗震加固时,可不进行抗震验算。

木构架的加固应符合下列要求:

①旧式木骨架的构造形式不合理时, 应增设防倾倒的构件。

②穿斗木骨架的柁柱连接未采用银锭榫和穿枋时,应采用铁件和附木加固;当榫槽截面占柱截面大于1/3 时,可采用钢板条、扁钢箍、贴木板或铅丝绑扎等加固。

③康房底层柱间应采用斜撑或剪刀撑加固,且不宜少于两对。

④木构架倾斜度超过柱径的1/3 且有明显拔榫时,应先打牮拨正,后用铁件加固;也可在柱间增设抗震墙并加强节点连接。

⑤当地震烈度为9 度且明柱的柱脚与柱基础无连接时,宜采用铁件加固。

木构件加固应符合下列要求:

①木构件截面不符合鉴定标准要求或明显下垂时,应增设构件加固,增设的构件应与原有构件可靠连接。

②木构件腐朽、疵病、严重开裂而丧失承载能力时,应更换或增设构件加固;增设构件的截面尺寸宜符合 GB 50023—2009 的规定且应与原构件可靠连接;木构件开裂时可采用铁箍加固。

当木柱柱脚腐朽时,可采用下列方法加固:

①腐朽高度大于300mm 时,可采用拍巴掌榫墩接;墩接区段内可用两道8 号铅丝捆扎,每道不应少于4 匝;当地震烈度为8、9 度时,明柱在墩接接头处应采用铁件或扒钉连接。

②腐朽高度不大于300mm 时,应采用整砖墩接;砖墩的砂浆强度等级不应低于 M2.5。

砖墙的加固应符合下列要求:

墙体空臌、酥碱、歪闪或有明显裂缝时,应拆除重砌。当地震烈度为8 度时,砖墙的砌筑砂浆强度等级不应低于 M1;当地震烈度为9 度时, 砌筑砂浆强度等级不应低于 M2.5。

增砌的隔墙应符合下列要求:

①高度不大于3.0m,长度不大于5.0m 的隔墙,可采用120mm 砖墙,砌筑砂浆的强度等级宜采用 M1。

②高度大于3.0m,长度大于5.0m 的隔墙,应采用240mm 砖墙,砌筑砂浆的强度等级不应低于 M0.4。

③当地震烈度为9 度时,沿墙高每隔1.0m 应设一道长700mm 的2ϕ6 钢筋或8 号铅丝与柱拉结。

④当地震烈度为8、9 度时,墙顶应与柁(梁)连接。

⑤增砌的隔墙应有基础。

增设的轻质隔墙,上下层宜在同一轴线上,墙底应设置底梁并与柱脚连接,墙顶应与梁或屋架连接,隔墙的龙骨之间宜设置剪刀撑或斜撑。

柁、梁上增设的隔墙,应采用轻质隔墙;原有的砖、土坯山花应拆除,更换为轻质墙。

无锚固的女儿墙、门脸、出屋顶小烟囱,应拆除、降低高度或采取加固措施。

(2)土石墙结构。土石墙房屋的加固,可根据实际情况采取加固墙体、加强墙体连接、减轻屋盖重力等措施。

土石墙承重房屋抗震加固时,可不进行抗震验算。

墙体加固时应符合下列要求:

①墙体严重酥碱、空臌、歪闪,应拆除重砌。

②前后檐墙外闪或内外墙无咬砌时,宜采用打摽或增设扶墙垛等方法加固。

③横墙间距超过规定时,宜增砌横墙并与檐墙拉结,或采取增强整体性的其他措施。

④防潮碱草已腐烂时,宜更换。

屋盖木构件加固时,应符合下列要求:

①木构件截面不符合鉴定要求或明显下垂时,应增设构件加固,增设的构件应与原有的构件可靠连接。

②木构件腐朽、疵病、严重开裂而丧失承载能力时,应更换或增设构件加固;新增构件的截面尺寸宜符合 GB 50023—2009 的要求,且应与原有的构件可靠连接;木构件的裂缝可采用铁箍加固。

木构件支承长度不满足要求时,应采取增设支托或夹板、扒钉连接。

尽端三花山墙与排山柁无拉结时,宜采用扒墙钉拉结。

屋顶草泥过厚时,宜结合维修减薄。

房屋易损部位加固时,应符合下列要求:

①对柁眼(山花)的土坯和砖砌体,应拆除或改用苇箔、秫秸箔墙等材料。

②当出屋顶烟囱不符合鉴定要求时,在出入口或人流通道处,应拆除、降低高度或采取加固措施。

6)烟囱和水塔

(1)烟囱。砖烟囱不符合抗震鉴定要求时,可采用钢筋砂浆面层或扁钢构套加固;钢筋混凝土烟囱不符合抗震鉴定要求时,可采用现浇或喷射钢筋混凝土套加固。

烟囱加固时,高度不超过 50m 的砖烟囱及设防烈度不高于 8 度、高度不超过 100m 的钢筋混凝土烟囱,可不进行抗震验算。

地震时有倒塌伤人危险且无加固价值的烟囱应拆除。

(2)水塔。水塔不符合抗震鉴定要求时,可选择下列加固方法:

①容积小于 $50m^3$ 的砖石筒壁水塔,当地震烈度为 7 度时和地震烈度为 8 度 Ⅰ、Ⅱ类场地时,可采用扁钢构套加固;容积不小于 $50m^3$ 的 A 类砖石筒壁水塔,当地震烈度为 7 度时和地震烈度为 8 度Ⅰ、Ⅱ类场地时,可采用外加钢筋混凝土圈梁和柱或钢筋砂浆面层加固,当地震烈度为 8 度Ⅲ、Ⅳ类场地和地震烈度为 9 度时, 可采用钢筋混凝土套加固。

②砖支柱水塔,当为 A 类且地震烈度为 7 度时和地震烈度为 8 度 Ⅰ、Ⅱ类场地时,当为 B 类且地震烈度为 6 度和地震烈度为 7 度 Ⅰ、Ⅱ类场地时,高度不超过 12m 的可采用钢筋砂浆面层加固。

③钢筋混凝土支架水塔,当地震烈度为 8 度Ⅲ、Ⅳ类场地和地震烈度为 9 度时,可采用钢构套或钢筋混凝土套加固。

④当地震烈度为 7 度Ⅲ、Ⅳ类场地和地震烈度为 8 度时的倒锥壳水塔及地震烈度为 9 度Ⅲ、Ⅳ类场地的钢筋混凝土筒壁水塔, 可采用钢筋混凝土内、外套筒加固, 套筒应与基础锚固并应与原筒壁紧密连成一体。

⑤水塔基础倾斜,应纠偏复位;对整体式基础尚应加大其面积,对单独基础尚应改为条形基础或增设系梁加强其整体性。

按本节规定加固水塔时,抗震验算应符合下列规定:

对于 A 类水塔,遇下列情况之一时应进行抗震验算:

①当地震烈度为 8 度Ⅲ、Ⅳ类场地和地震烈度为 9 度时,采用钢筋混凝土套或钢构套加固

的砖石筒壁水塔和钢筋混凝土支架水塔。

②当地震烈度为7度Ⅲ、Ⅳ类场地和地震烈度为8度时，采用钢筋混凝土套筒加固的倒锥壳水塔。

③当地震烈度为9度Ⅲ、Ⅳ类场地采用钢筋混凝土内、外套筒加固的钢筋混凝土筒壁水塔。

对于B类水塔，遇下列情况之一时应进行抗震验算：

①地震烈度为7度和地震烈度为8度Ⅰ、Ⅱ类场地时，采用钢筋混凝土套或钢构套加固的砖石筒壁水塔。

②地震烈度为8度Ⅲ、Ⅳ类场地和地震烈度为9度时，采用钢筋混凝土内、外套筒加固的钢筋混凝土筒壁水塔。

水塔加固的抗震承载力验算方法和材料强度，可按GB 50023—2009的有关规定执行，但加固的承载力调整系数应符合JGJ 116—2009第3.0.4条的规定，混凝土和钢筋的强度应乘以折减系数0.85，钢材强度应乘以折减系数0.70。

地震时有倒塌伤人危险且无加固价值的水塔应拆除。

11.7 本章小结

建筑抗震鉴定是唐山大地震以后，开始在全国地震区兴起的一项新工作。经过二十多年的努力，旧有建设工程抗震能力得到了很大的提高，修订后的《建筑抗震鉴定标准》（GB 50023—2009）的贯彻执行也必将使现有建筑的抗震能力进一步提高。

EN 1998-3：2005与GB 50023—2009在规范编制思路和鉴定方法上存在一定区别。EN 1998-3：2005推荐的基于性能目标下整体建模的结构分析，综合考虑延性构件的变形能力和脆性构件的承载力，对结构抗震性能进行评价的鉴定方法，以及认知水平等概念，对于GB 50023—2009来说具有一定的借鉴意义。同时，深刻理解欧洲抗震鉴定与加固规范在理论支撑和具体操作等方面与中国抗震鉴定标准的异同，可以帮助中国科研工作者和工程设计人员更好地进行既有建筑的抗震评估和鉴定工作。

第12章 总结

本书主要依据GB 50011—2010和EN 1998-1:2004,分章节进行了对比。全书包含12个章节,包含建筑结构抗震中的相关内容,前4章对中欧标准在抗震设计思路、设计依据、设计方法、计算方法等宏观内容方面进行了对比;后续各章节分别针对不同的结构形式(钢混、钢结构、组合结构、木结构、砌体结构等)做了区别分析;另外,还就隔振和消能方法做了描述。各章的内容如下:

第1章 绪论:本章对中国结构抗震设计规范发展历程及中国建筑抗震设计标准的主要特点做了详细介绍,历数了中华人民共和国成立后到现在抗震规范历经的四个阶段和5部规范的特点和变化;对欧洲标准,尤其是EN 1998-1 ~ EN 1998-5的范围,以及抗震设计标准在整个欧洲标准中的地位、作用和特点进行了总体介绍;另外,对中欧标准的研究现状做了整体的描述。

第2章 性能要求及合格标准:本章重点从中欧标准的范围、基本要求、合格标准和具体措施上分别做了比较。其中需要强调的是中欧标准在抗震设计上最大的不同点在于:①GB 50011—2010有三水准设防目标(小震不坏、中震可修和大震不倒)和两阶段设计(承载力验算阶段和弹塑性变形验算阶段);而EN 1998采用两水准抗震设防目标:无(局部)倒塌和限制破坏。②GB 50011—2010是按照小震进行承载力验算和位移验算,同时满足第二水准损坏可修的目标,对大部分结构通过概念设计和构造措施满足第三水准设计要求,对于特殊要求的结构进行弹塑性变形的验算;欧洲抗震设计规范在不倒塌要求水准上进行结构承载力设计,但是考虑到此水准下结构进入塑性,考虑利用后期结构的延性,从而引入性能系数q进行折减。对于限制破坏标准的极限状态(性能水平)应该由变形极限来表达。上述不同点引起了中欧标准基本要求和合格标准的区别。在其他方面,如范围和具体措施上,虽然各有侧重但是可以统一。

第3章 场地条件和地震作用:本章主要介绍了中欧标准在场地条件、地震作用和抗震设计反应谱上的区别。在场地条件部分,针对中欧标准关于地段划分和场地类型识别做了对比。欧洲抗震设计规范中仅按等效剪切波速大小划分;中国抗震设计规范评价场地类型,同时考虑等效剪切波速和覆层厚度。本章的重点是地震作用,中欧标准都采用地震反应谱的方法确定地震作用,但是形式上有所区别,如反应谱的形状、结构自振周期的范围、场地特征周期、衰减指数等方面。本章还针对多遇地震和罕遇地震下的双层框架和多层框架进行了实例计算对比,给出了比较直观的比较结果。从结果对比可见,按照多遇地震进行设计,根据欧洲标准计算的地震作用比按照中国标准计算的增加58%左右。究其原因,欧洲地震力是按照不倒塌要求进行计算,相当于中国的中震作用;而此处中国标准是按照小震设计的,所以欧洲标准要求得更为严格,计算作用力也相对偏大。按照不倒塌的要求,欧洲标准计算结果比中国标准的小50%左右。究其原因,是欧洲标准的不倒塌要求相当于中国的设防地震(中震)作用,而中国的不倒塌对应的是罕遇地震(大震)作用。

第 4 章　建筑设计：本章主要介绍了中欧关于建筑结构抗震设计方面的异同。在建筑结构等级分类上，中欧标准类似，都采用了 4 个等级划分。在建筑结构抗震的有关概念中，欧洲标准阐述了如下问题：结构简单性、均匀性、对称性和超静定性、双向抗力和刚度、抗扭强度和刚度、楼层的隔板功能、适当的基础。对比中国和欧洲标准中关于结构规则性的规定可以看出，中国标准是从结构平面和竖向不规则角度进行定义的，而欧洲标准则是从结构规则性的标准进行衡量的。在地震作用的计算方法上，两标准计算方法及其适用范围基本相同。EN 1998-1 对不被高阶振型影响很大的结构进行抗震设计时，采用侧向力分析法（底部剪力法、水平地震力分布法）进行计算；对于上述方法计算不安全的结构，采用模态反应谱分析方法（振型分解反应谱法）进行抗震计算；在计算结构的单元强度和弹性后性状（post-elastic behavior）时所采用的方法是静力弹塑性分析法；对于计算结构加载-卸载过程可采用非线性时程分析方法（动力时程分析法）。

第 5 章　多层和高层钢筋混凝土房屋：本章对比分析了中欧标准在多层和高层钢筋混凝土房屋上抗震设计方面各自的特点。本章详细介绍了中国几本抗震标准在多、高层钢筋混凝土房屋上的发展历程，从钢混房屋的抗震等级，结构类型，层间位移，框架梁、框架柱、抗震墙的构造措施，以及框架梁、柱的剪切抗力取值，强柱弱梁的构造措施等方面进行了深入对比。欧洲标准将钢筋混凝土结构分为以下几类体系：抗震混凝土建筑的结构体系类型包括倒立摆体系、扭转柔性体系、框架体系、墙体系、双重体系、大型少筋墙体系；中国标准将钢筋混凝土结构分为以下几种类型：框架、抗震墙、框架-抗震墙、部分框支-抗震墙、筒体结构、包括少筋框架-核心筒和筒中筒、板柱-抗震墙。中国标准规定钢筋混凝土结构在多遇地震作用下的抗震变形验算时，对其楼层内最大的弹性层间位移有所限制；欧洲标准采用的是两级设防思想，当验算是否满足损伤限制要求时，就应对结构进行损伤限制状态下的验算，通过对结构的层间位移的限值进行控制来实现。在框架梁、框架柱、抗震墙方面，中国标准按照一级、二级、三级、四级抗震等级进行区别处理，而欧洲标准按照结构不同延性等级，即 DCH、DCM、DCL 进行区别设计。欧洲标准中混凝土构件局部延性的详细设计规则包括梁中最小纵向钢筋、梁临界区域纵向最大配筋率、横穿梁柱节点的纵向钢筋最大直径、梁柱节点剪力验算、梁和柱临界区剪切钢筋的尺寸设计、柱和延性墙中临界区的箍筋、延性墙临界区端部截面的边界构件、延性墙临界区域的剪力验算、DCH 墙中跨施工缝的最小箍筋量等方面。

第 6 章　钢结构抗震设计：本章针对钢结构抗震设计，对比了中欧标准的异同点。在钢结构房屋的高度要求、延性要求、防震缝设计、地震作用的折减系数、截面宽厚比限制、梁柱刚接节点的塑性转动能力要求、层间位移限值、地震作用计算方法及结构影响系数比较、材料、结构类型等方面做了对比。欧洲的钢结构性质主要分为：抗弯框架、带有偏心支撑的框架、倒摆结构、带有混凝土核心或混凝土墙的结构、与中心支撑组合的抗弯框架和与填充物组合的抗弯框架；中国标准中涉及的结构类型主要有框架结构、框架-中心支撑结构、框架-偏心支撑结构和筒体结构。本章重点对抗弯、中心支撑和偏心支撑 3 种框架形式做了详细对比。对比中欧标准的内容可知，中欧标准在钢结构框架的设计思想上有相同之处，即要求塑性铰不得出现在柱端。欧洲标准的表述为确保在梁内或梁-柱连接内形成塑性铰，中国标准中则提出“强柱弱梁”。本章还结合实例计算，对中欧偏心支撑钢框架结构抗震设计进行了对比。

第 7 章　钢-混凝土组合结构的抗震设计。本章内容依据中欧标准，总结了中国与欧洲钢混组合结构抗震设计中，在材料、结构类型及构造措施方面的不同之处，并对钢混组合结构的 3 种不同结构类型的抗震设计要求做了比较。虽然，目前中国所使用的 GB 50011—2010 在钢混组合结构的抗震设计方面没有具体规定，但是从目前的实际应用来看，根据结构体系间的不同组合方式，钢-混凝土组合结构体系发展为以下类型：组合框架结构体系（钢管或型钢混凝土柱、钢-混凝土组合梁、钢-混凝土组合板),横向组合结构体系(组合筒体-组合框架结构体系),竖向混合结构体系,巨型结构体系。欧洲标准根据地震作用下钢混组合结构的抗震性能,归为下列类型:组合抗弯框架,组合中心支撑框架,组合偏心支撑框架,倒摆结构,组合结构体系,组合钢板剪力墙。本节重点针对抗弯框架、中心支撑框架和偏心支撑框架这 3 种组合结构形式做了比较。需要说明的是:欧洲标准中本章节内容大多是从 EN 1998-1 第 6 章钢结构抗震部分演变而来;在中国标准中,没有明确的关于组合结构抗震的章节,因此仿照欧洲标准的思路,本章节主要内容是按照 GB 50011—2010 的第 8 章钢结构房屋抗震构造要求来处理的。

第 8 章　木结构建筑抗震设计:本章根据中欧标准在木结构抗震设计中的特点,对耗能区的材料及其特性、延性级别和性能系数、结构分析、详细设计、安全验算、设计和施工等方面进行了解释和对比。GB 50011—2010 在第 11 章中对木结构房屋的规定多数是构造措施的规定,没有提及类似于欧洲标准中的范围、设计方案等内容。总体而言,欧洲标准关于木结构抗震的内容更加系统。欧洲标准中的规定从适用范围到材料到设计及分析,再到安全验算和设计及施工控制等,形成了一个较为完整的设计系统,设计思路清晰。而 GB 50011—2010 在这部分只是给出了一些构造措施的规定,比较重视结构的整体性(标准中多处提到整体性的要求),而且在屋架、屋盖这方面的规定较多。中国标准没有提及类似于欧洲标准中的范围、设计方案等内容,没有提出木结构耗能区的概念,也不涉及分析验算等内容,因此不会形成欧洲标准的系统。因此,欧洲标准在这方面的成果对中国木结构抗震设计规范的发展是一个很好的借鉴。

第 9 章　砌体结构抗震设计:本章根据中欧标准在砌体结构抗震设计上的特点进行对比分析。针对两部标准在抗震构造措施、墙体尺寸、建筑布置、高度限制、材料、结构类型及性能系数和结构分析等方面做了全面的对比。中国标准是按照不同烈度区对砌体房屋进行设防的,欧洲标准将砌体分为 3 类:无筋砌体、约束砌体、配筋砌体。按这 3 类砌体,欧洲标准分别给出了地震区域相应的设计标准和建造规则。本章依据中欧标准,对某四层砌体结构教学楼抗震设计进行了计算结果的对比。总的说来,中国标准借助抗震圈梁、构造柱大大提高了结构的抗倒塌能力,而欧洲标准则采用配筋混凝土砌块剪力墙结构作为承重和抗侧力构件。在横向对比中欧抗震标准中关于砌体结构的条款时,可以看出中欧标准是从不同角度进行规定的,但均是按照地震区由低到高而逐渐增加配筋和加强构造措施,从而达到抵抗地震作用的目的。

第 10 章　隔震及消能:本章主要是针对中欧标准关于隔震和消能设计上的异同进行描述的,主要分为两个大的方面:一是基底隔震,二是消能设计。在基底隔震上,针对隔震层的选择、布置、设计、计算、验算,中欧标准都有一套成熟的体系架构。在消能设计上,中国标准从整体到细节都有完整的设计方法,包括消能减震设计的设计思想、计算应符合的规定、消能部件附件结构有效阻尼比和有效刚度的确定、消能部件设计参数的规定、性能检验的规定、结构的计算方法等。欧洲标准没有消能设计的概念,而是针对不同结构类型的耗散结构性能设计标准、延性级别、性能系数等加以规定,从而达到消能减震的目的。

第 11 章　建筑物抗震性能评估及加固:本章针对中欧标准关于建筑抗震性能的评估与加固进行了对比。中国标准主要根据 GB 50023—2009 和 JGJ 116—2009,欧洲标准是基于 Eurcode 8 的第 3 部,即 EN 1998-3:2005。结果表明,EN 1998-3:2005 以材料为基础划分建筑类型,而GB 50023—2009是根据中国实际情况划分建筑类型。中国标准中专门针对场地、地基和基础的抗震鉴定提出要求,而欧洲标准没有此类规定。在鉴定目标上,从角度、地震动水准、房屋使用期限期望值以及抗震鉴定目标检测的范围这几个方面阐述了中欧标准之间的异同。本章还比较了中欧标准抗震的评估信息和鉴定方法。中国标准采用楼层综合抗震能力指标 β,它综合反映了结构体系、局部构造、抗震承载力 3 个方面;而欧洲标准采用结构分析得到的构件需求值与能力值的比值ρ作为抗震能力评定指标,该指标中没有反映结构体系、构造要求等概念鉴定对鉴定结果的影响。本章还从性能结构抗震设计理论、结构减震控制工程、房屋抗震加固程序和房屋抗震加固方法这4个方面对比了中欧标准抗震加固改造的方向,并重点比较了中欧标准中不同类型结构的加固改造及措施。

参 考 文 献

[1] BS EN 1990. Eurocode:Basis of structural design[S]. London:British Standards Institution,2002.

[2] Eurocode 2:Design of Concrete Structures Part 1-1:General Rules and Rules for Buildings[S]. London:British Standards Institution,2004.

[3] BS EN 1991-1-1. Eurocode: Actions on structures Part 1-1: General actions-Densities, self-weight,imposed loads for buildings [S]. London:British Standards Institution,2002.

[4] EN 1992-1-1: 2004, CEN (European Committee for Standardization). Design of concrete structures—Part 1-1:General rules and rules for buildings.

[5] EN 1993-1-1,CEN(European Committee for Standardization):Design of steel structures,Part 1-1:General rules and rules for buildings,Brussels,Belgium,2005.

[6] EN1993-1-5,CEN(European Committee for Standardization):Design of steel structures,Part 1-5:Plated structural elements,Brussels,Belgium,2006.

[7] CEN. European Standard EN 1998-1:2004. Eurocode 8: Design of structures for earthquake resistance . Part 2:Bridges[S]. Brusells:Comite Europeen de Normalisation,2004.

[8] CEN. European Standard EN 1998-3:2005 . Eurocode 8: Design of structures for earthquake resistance. Part 3: Assessment and retrofitting of buildings[S]. Brusells :Comite Europeen de Normalisation,2004.

[9] CEN. European Standard EN 1998- 4:2006 Eurocode 8: Design of structures for earthquake resistance. Part 4: Silos, tanks and pipe lines [S]. Brusells: Comite Europeen de Normalisation,2004.

[10] CEN. European Standard EN 1998-5:2004. Eurocode 8: Design of structures for earthquake resistance. Part 5: Foundations, rctaining structures and geotechnical aspects [S]. Brusells: Comite Europeen de Normalisation,2004.

[11] CEN. European Standard EN 1998-6:2005. Eurocode 8: Design of structures for earthquake resistance. Part 6 : Towers, masts and chimneys [S]. Brusells: Comite Europeen de Normalisation,2004.

[12] 中华人民共和国国家标准. 建筑抗震设计规范:GB 50011—2010[S]. 北京:中国建筑工业出版社,2018.

[13] 中华人民共和国国家标准. 钢结构设计标准:GB 50017—2017[S]. 北京:中国计划出版社,2018.

[14] 中华人民共和国国家标准. 工程结构可靠性设计统一标准:GB 50153—2018[S]. 北京:中国建筑出版社,2018.

[15] 中华人民共和国国家标准. 混凝土结构设计规范:GB 50010—2010[S]. 北京:中国建筑出版社,2016.

[16] 中华人民共和国国家标准. 中国地震动参数区划图:GB 18306—2015[S]. 北京:中国标准出版社,2016.

[17] 中华人民共和国国家标准. 建筑地基基础设计规范:GB 50007—2011[S]. 北京:中国建筑出版社,2012.

[18] 中华人民共和国国家标准. 建筑抗震鉴定标准:GB 50023—2009[S]. 北京:中国建筑出版社,2010.

[19] 中华人民共和国国家标准. 砌体结构设计规范:GB 50003—2011[S]. 北京:中国建筑出版社,2019.

[20] 中华人民共和国国家标准. 木结构设计标准:GB 50005—2017[S]. 北京:中国建筑出版社,2018.

[21] 中华人民共和国国家标准. 建筑工程抗震设防分类标准:GB 50223—2008[S]. 北京:中国建筑出版社,2008.

[22] 中华人民共和国建筑行业标准. 建筑抗震加固技术规程:JGJ 116—2009[S]. 北京:中国建筑出版社,2010.

[23] 王亚勇,戴国莹. 建筑抗震设计规范的发展沿革和最新修订[J]. 建筑结构学报,2010,31(6):7-16.

[24] 胡聿贤. 地震工程学[M]. 2 版. 北京:地震出版社,2006.

[25] 王亚勇,郭子雄,吕西林. 建筑抗震设计中地震作用取值——主要国家抗震规范比较[J]. 建筑科学,1999,15(5):36-40.

[26] 童根树,赵永峰. 中日欧美抗震规范结构影响系数的构成及其对塑性变形需求的影响[J]. 建筑钢结构进展,2008,10(5):53-62.

[27] 丁玉琴,张永兴. 欧洲抗震设计规范 Eurocode 8 简介及其与中国岩土抗震设计比较[J]. 地震工程与工程振动,2010,20(5):134-141.

[28] 胡兴. 中欧建筑抗震设计规范条款比较分析[D]. 武汉:武汉理工大学,2005.

[29] 陈国兴. 中国建筑抗震设计规范的演变与展望[J]. 防灾减灾工程学报,2003,23(1):102-113.

[30] 郭明珠,陈厚群. 场地类别划分与抗震设计反应谱的讨论[J]. 世界地震工程,2003,19(2):108-111.

[31] 陆文超,张俊海. 国内外抗震设防目标的分析[J]. 建筑与结构设计,2007:27-30.

[32] 刘洁平,李小东,张令心. 浅谈欧洲标准 Eurocode 8——结构抗震设计[J]. 世界地震工程,2006,22(3):53-59.

[33] 林淼童. 从各国规范比较看结构抗震设计思想的演变[J]. 工程建设与设计,2005,12(10):11-13.

[34] 扬媛,白绍良. 从各国规范对比看中国抗震设计安全水准评价中的有关问题[J]. 重庆建筑大学学报(增刊),2000,22(5):192-200.

[35] 梁莉军,黄宗明,杨溥. 各国规范关于结构地震下抗扭设计方法的对比[J]. 重庆建筑大学学报,2002,24(2):52-56.

[36] 王永强,王勇. 欧洲标准的现状与未来发展[J]. 公路工程,2007(5):167-170,184.

[37] 高小旺,龚思礼,苏经宇,等. 建筑抗震设计规范理解与应用[M]. 北京:中国建筑工业出版社,2003.

[38] 住房和城乡建设部. 高层建筑混凝土结构技术规程:JGJ 3—2010[S]. 北京:中国建筑工业出版社,2010.

[39] 蒋志楠. 中国建筑抗震规范中部分条款的演变及与欧美规范的对比探讨[D]. 哈尔滨:中国地震局工程力学研究所,2010.

[40] 吴雪萍. 考虑 R-μ 规律及其它综合影响的二级抗震措施改进方案研究[D]. 重庆:重庆大学,2007.

[41] 胡兴,张慧琴. 钢筋混凝土框架梁抗剪承载力取值比较[J]. 工程建设与设计,2006(6):23-26.

[42] 刘小映,李凤武,范云蕾. 中国与欧共体“强剪弱弯”抗震措施对比分析[J]. 建筑与结构设

计,2007:33-35.
[43] 住房和城乡建设部.建筑工程抗震设防分类标准:GB 50223—2008[S].北京:中国建筑工业出版社,2008.
[44] 魏勇.外钢框架——混凝土核心筒结构抗震性能及设计法研究[D].北京:清华大学,2006.
[45] 金波.抗震建筑的结构整体性分析和构造措施[J].世界地震工程,2009(2).
[46] 沙广璟.K形中心支撑钢框架的结构影响系数[D].苏州:苏州科技学院,2009.
[47] 赵小敏.Y型偏心支撑钢框架弹塑性动力分析[D].苏州:苏州科技学院,2009.
[48] 李宗文,马建勋,马鸿敏,等.中、欧、日建筑抗震设计规范相关规定的比较[J].建筑结构,2018,48(S1):325-328.
[49] 王祖平.中欧抗震设计规范地震动参数对比分析[J].广东建材,2018,34(5):51-55.
[50] 佘志斌,张法辉,王宝辉,等.中欧规范汽机基础地震作用的对比分析[J].建材世界,2017,38(2):103-105.
[51] 张金禹.中欧桥梁抗震规范对比及赞比亚PC连续梁桥抗震分析[D].兰州:兰州交通大学,2016.
[52] 唐志勇.桥梁桩-土共同作用研究方法及分析模型研究综述[J].工程与建设,2015,(6):823-825.
[53] 王一功,周诚.中国与新西兰抗震规范中的地震输入对比分析[J].建筑结构,2019,49(13):66-71.
[54] 范书立,赵绍宇,陈健云,等.新旧抗震规范下重力坝抗震安全性能分析[J].人民长江,2017,48(1):54-59.
[55] 张汉云,张燎军,李琳湘.地震动设计反应谱特性对进水塔增量动力分析结果的影响研究[J].水利水电技术,2017(9):84-88.
[56] 杨飞,董新勇,周沈华,等.ABAQUS混凝土塑性损伤因子计算方法及应用研究[J].工程结构,2017,37(6):173-177.
[57] 苏晨辉.基于损伤塑性的水电站厂房地震响应分析研究[D].西安:西安理工大学,2017.
[58] 苏晨辉,宋志强,曹伟,等.河床式水电站厂房地震响应软弱基岩弹模敏感性分析[J].水利水电技术,2017,48(11):69-74.
[59] 刘昱杰,宋志强,王建.基于能量法的水电站厂房抗震性能分析[J].水利水电技术,2018,49(3):39-45.
[60] 邹德高,韩慧超,孔宪京,等.近断层地震动作用下面板堆石坝的加速度分布系数[J].水利学报,2018,49(10):1236-1242.
[61] 徐叶波,于淼,史洪山,等.规范IBC2015和UBC1997抗震设计对比分析[J].低温建筑技术,2019,41(6):130-133,137.
[62] 项梦洁,秦云,王宪杰,等.基于新建筑抗震设计规范考虑场地土特性的人工波生成及可靠性研究[J].计算力学学报,2019,36(3):345-351.
[63] 刘亚南.地铁"建桥合一"车站结构抗震性能分析[J].城市轨道交通研究,2019,22(6):107-110.
[64] 张军文.中美石油化工工艺管道抗震规范的对比研究[J].石油化工设计,2019,36(2):75-78,8.
[65] 王少寒.中国与新加坡抗震设计规范对比分析[J].住宅与房地产,2019(15):74.
[66] 侯文彬.对房屋建筑在加强抗震措施方面的几点呼吁[N].建筑时报,2019-04-29(007).
[67] 陈楠.中国公路桥梁抗震设计规范探讨[J].工程技术研究,2019,4(4):172-173.

[68] 李亮,潘蓉,李晓洋,等. 对 GB 50267—1997《核电厂抗震设计规范》关于地震检测与报警有关条文的修改建议[J]. 工业建筑,2019,49(2):1-4,9.
[69] 柳建乔. 岩石地下工程抗震研究获进展[J]. 大地测量与地球动力学,2017,37(9):945.
[70] 陈国兴,陈苏,杜修力,等. 城市地下结构抗震研究进展[J]. 防灾减灾工程学报,2016(1):1-23.
[71] 苏晨辉,宋志强,耿丹. 水电站厂房地震响应分析研究综述[J]. 南水北调与水利科技,2016,14(5):137-145.
[72] 彭春辉,欧阳鹭霞. 基于持时的地震能量研究状况与进展[J]. 科技广场,2016,(9):154-158.
[73] 芦苇,赵冬,王玉兰,等. 基础刚度对砖石古塔地震响应影响研究[J]. 地震工程学报,2016,38(4):498-503.
[74] 李宗坤,赵梦蝶,徐建国,等. 反应谱衰减系数变化对高土石坝地震响应的影响[J]. 岩土工程学报,2015,(12):231-232.
[75] 何浩祥,陈奎. 梁端填入低屈服点钢材的梁柱连接减震性能试验与损伤分析[J]. 建筑结构学报,2017,38(5):1-7.
[76] 张家广. 防屈曲支撑加固钢筋混凝土框架抗震性能及设计方法[D]. 哈尔滨:哈尔滨工业大学,2015.
[77] 王亚勇. 结构抗震设计的时程分析法中地震波的选择[J]. 建筑结构,2017,47(11):15-22.
[78] 瞿浩川,杨学林,冯永伟,等. 基于高层结构的中美抗震设计规范对比分析[J]. 建筑结构,2018,48(S2):163-168.
[79] 李少英. 钢结构抗震分析与优化设计[J]. 住宅与房地产,2018(34):200.
[80] 吕大刚,周洲,王丛,等. 考虑巨震的四级地震设防水平一致风险导向定义与决策分析[J]. 土木工程学报,2018,51(11):41-52.
[81] 邓宇洁,梁发云. 地下结构地震反应规范计算方法的对比分析[J]. 地震工程学报,2018,40(5):996-1003.
[82] 罗开海,黄世敏. 中国抗震防灾技术标准的发展进程与展望[J]. 建筑科学,2018,34(9):18-25.
[83] 尹新生,李百隆,陈莎莎,等. 交错混凝土桁架剪力墙结构的抗震性能研究[J]. 工程抗震与加固改造,2018,40(4):27-33.
[84] 范萍萍,陆新征,叶列平. 不同抗震等级 RC 框架结构抗地震倒塌能力的研究[J]. 工程力学,2018,35(6):33-41.
[85] 李瑞山,袁晓铭,吴晓阳. 抗震规范等效剪切波速简化算法适用性研究[J]. 地震工程与工程振动,2018,38(3):30-36.
[86] 郑宇,毕鲁博. 中美抗震规范在某框架结构分析中的应用[J]. 工程建设与设计,2018(11):36-40.
[87] 朱春明,钱鹏. 中、美规范在建筑结构抗震设计中的对比[J]. 钢结构,2018,33(4):86-92.
[88] 郭强. 某校舍建筑结构抗震超限设计与分析[J]. 山西建筑,2018,44(11):45-46.
[89] 赵洪涛,罗开海,焦赞,等. 建筑抗震冗余度理论的研究与实践进展综述[J]. 工程抗震与加固改造,2018,40(2):43-49.
[90] 程卫红. 中澳抗震设计规范对比研究[J]. 建筑结构,2018,48(5):74-78.
[91] 马静. 反应谱法在变截面连续箱梁桥抗震计算中的应用[J]. 北方交通,2018(2):1-5.
[92] 杨银军. 二级公路改建工程中桥梁的抗震设计分析[J]. 工程技术研究,2017(12):

255-256.

[93] 欧华文. 新老抗震规范对钢筋混凝土框架结构的影响分析[J]. 住宅与房地产, 2017(35):106.

[94] 李奉阁,孙文晋,郝艳. 填充抗震墙加固既有框架结构的抗震性能分析[J]. 建筑科学, 2017,33(11):106-111.

[95] 李辉,李龙华,李锐. 中国与印尼抗震规范基底剪力的分析比较[J]. 武汉大学学报(工学版),2017(S1):285-288.

[96] 冀昆,温瑞智,任叶飞. 适用于中国抗震设计规范的天然强震记录选取[J]. 建筑结构学报,2017,38(12):57-67.

[97] 李龙龙,朱琳,李丙扬. 中美钢筋混凝土结构抗震设计理念的对比研究[J]. 水利与建筑工程学报,2017,15(5):211-215.

[98] 王红囡,刘华波. 某扩建热电主厂房框排架结构抗震性能评估[J]. 山西建筑,2017, 43(28):55-56.

[99] 王暄. 基于性能的高层建筑抗震设计方法分析[J]. 低碳世界,2017(25):151-152.

[100] 孙印,刘明军. 公路桥梁及城市桥梁抗震重要性系数与地震重现期[J]. 价值工程,2017, 36(27):198-200.

[101] 李峰侯,建国,安旭文,等. 国内外规范中目标可靠指标取值的比较研究[J]. 电力建设, 2009(5):13-16.

[102] 石永久,王萌,王元清. 循环荷载作用下结构钢材本构关系试验研究[J]. 建筑材料学报, 2012(3):293-300.